［シリーズ］メディアの未来 5

the history of sound media

音響メディア史

谷口文和・中川克志・福田裕大 著
TANIGUCHI Fumikazu, NAKAGAWA Katsushi & FUKUDA Yudai

ナカニシヤ出版

まえがき

❖本書の内容について

本書は音響メディアの歴史を通覧しうるような情報を提供するべく編まれた。ここでいう音響メディアとは，レコードやラジオ，電話など，19 世紀後半に登場した音を記録・再生産する技術によって，人々のコミュニケーションを媒介するものである。これらのメディアの歴史を辿る上で必要な事項を紹介しつつ，近年の研究成果を取り込みながら，音響メディアを対象化するうえで想定しうる視野のひろがりを示すことを本書は目指している。

私たちのあらゆる感性的経験は技術に影響されている。例えばなにかしらの音楽作品を聴くとして，その際の私たちの音の聴き方や，当の音楽作品の作られ方は，その時代その時代に存在している技術によって何らかの規定を受けている。とともに，そうした意味での音に対する感性が，今度は技術のありかたに影響を与え，後者の変化を促していく。私たちの音の文化はつねに同時代の技術と相互補完的に存在しているのだが，こうした意味での相関性を，音響メディアの具体的な歴史に即して議論していくことが，本書の具体的な目的となる。

従って本書のいう「音響メディアの歴史」とは，ただ単にある技術の進歩や展開だけを論じていく類のものではない。むしろ以下のページでは，1 つの技術が音響メディアとして世に広まり，何らかの音の文化と結びついていくその過程を，時代や社会との関連から広く論じていくことになるだろう。その際の議論を支える観点にしても，音楽の歴史にかかわるものはもちろん，文化史や社会史，また思想史や芸術史などの問題意識が導入されている。こうした視野の広がりは，音響メディアの歴史を対象とした他の書籍には見られない，本書独自の性格とみなすことができる。

そもそも音響メディアを対象にした研究は，近接領域たる視覚メディア研究などと比べて進度が大きく遅れているが，近年の英語圏では，Chanan（1995），Morton（2004），Nyre（2008）など，目配りの利いた歴史研究がまとめられている。それに対して日本の場合，かつてはジェラット（1981），岡（1986），森（1998）といった概説書が広く参照されてきたものの，いずれも出版から時間が経ち，現在は絶版となっている。

最近では森芳久他『音響技術史』（2011）の内容が本書と重なっているが，同書が音響技術の工学的な解説を中心としているのに対して，本書は音響メディアの役割や，そのメディアを介した音の経験という問題に焦点を当てている。音響メディアの形成過程をテーマとした本としては吉見俊哉『「声」の資本主義』（1995=2012）が挙げられるが，取り上げられている範囲は音響メディアの黎明期であると同時に社会の近代化が進んだ 1900 年前後の数十年に絞られている。本書では 19 世紀前半から 21 世紀までを全体的にカバーすることで，音響メディアが出現した当時から今に至るまでの，音をめぐる認識や音の社会的位置づけの変化を段階的に辿っていく。

❖本書の構成

本書は大きく分けて 3 部から構成されている。第 I 部「音響技術から音響メディアへ」では，録音技術が発明された当時における音をめぐる認識のありようと，その録音技術がレコードという商品形態を得て普及するまでの過程を詳述する。初期の録音技術の使われ方や理解のされ方の変遷に目を向けることで，この技術がメディアとして多様な可能性をもっていたこと，ならびに，そのあり方が 19 世紀末から 20 世紀初頭にかけての社会状況のもとで方向づけられていったことが見て取れる。

第Ⅱ部「音響メディアの展開」では，いったん社会に定着した音響メディアが，時代ごとに新たに開発された技術をそのつど取り込みながら次第に変化していく様子をみていく。その変化は最終的に，インターネットの普及とともにパッケージ商品としてのレコードが役目を終えようとするところにまで至る。しかし大きな流れとしてみれば，その変化は「デジタル以前／以後」といった単純なものではなく，さまざまな水準での変化が積み重なった結果であると理解できるだろう。

第Ⅲ部「音響メディアと表現の可能性」では，表現手段という観点に的を絞って音響技術の可能性を検証する。電子音響技術やレコーディング・スタジオ，そしてデジタル技術は，音楽にとって新しい音を生み出すために用いられたばかりでなく，「演奏」や「存在感」など，音楽のあり方の根本に関わる要素に大きな変容を引き起こした。一方で美術の領域では，あたりまえとなった音響メディアのあり方について再考を促すような作品が出現している。音の表現について深く掘り下げて考えることは，単に作品そのものについて理解するだけでなく，音響技術と音響メディアの歴史性に目を向けるきっかけを与えてもくれるのである。

なお，本書は音響メディアの成立や発展を古い時代から順に追っていくが，歴史を１つの直線として描くわけではない。むしろ，章ごとのテーマに基づいて時間軸を繰り返し辿り直すことになる。そこで，各章の内容を関連づけながら読めるよう，他の章とつながりのある箇所にはその章への「リンク」を明示してある。したがって，特定の章から読み始め，関心の拡がりに応じて別の章へと読み進めていくこともできるだろう。

❖本書企画について

本書は，谷口文和，中川克志，福田裕大の三名によって企画され，各章の分担を決めた後は，各章の概要，アウトライン，下書き，第1稿，第2稿，最終調整のすべての段階において，3名で何度も相互チェックを繰り返すことで作成された。著者たちは全員1970年代後半生まれであり，それぞれが20代だった90年代の後半から2000年代前半にかけて，音楽産業をとりまく状況が激変した時代をリアルタイムに経験している。この環境変化に伴い自分たちの音楽経験のあり方が大きく変わったことが，音響メディアの歴史に関心をもつようになったきっかけの1つとなった。とはいえ，そうしたきっかけから出発した本書の構想が，上記のような議論と作業を重ねていくなかで，音楽の話題のみに限定されない文字通りの「音響メディア」史へとかたちを変えていったことの意義は，手前味噌ながら強調しておきたい。

最後にこの場を借りて，本書執筆にあたりお世話になった方々に心からの感謝を捧げたい。どなたかを忘れるといけないのでいちいちお名前をあげることはさし控えるが，みなさまのもとに私たちの感謝の念が届いているに違いないと思っている。さまざまな段階で3名の相互チェックを繰り返す作業にはかなりの労力と忍耐とが必要だったが，それ相応の強靭さとしなやかさを備えた本になったと自負している。その分，ナカニシヤ出版の米谷さんには総計で5年以上にもなる作業にお付き合いいただくことになり，随分とご迷惑をおかけした。これだけ長くかかると人生は変化する。関係者の肩書や社会的な立場も色々と変わったが，今後この本が様々な人のもとに届いて長く読まれていくことを著者一同心より願っている。

谷口文和・中川克志・福田裕大

【引用・参考文献】

岡　俊雄（1986）．レコードの世界史―SPからCDまで　音楽之友社

坂田謙司（2005）．「声」の有線メディア史―共同聴取から有線放送電話を巡る〈メディアの生涯〉　世界思想社

ジェラット, R.／石坂範一郎［訳］（1981）．レコードの歴史―エディソンからビートルズまで　音楽之友社（Gelatt, R.（1977）. *The fabulous phonograph, 1877-1977*. London: Macmillan.）

森　芳久（1998）．カラヤンとデジタル―こうして音は刻まれた［改訂版］，ワック出版部

森　芳久・君塚雅憲・亀川　徹（2011）．音響技術史―音の記録の歴史　東京藝術大学出版会

吉見俊哉（2012）．「声」の資本主義―電話・ラジオ・蓄音機の社会史　河出書房新社

Chanan, M.（1995）. *Repeated takes: A short history of recording and its effects on music*. London: Verse.

Morton, D. Jr.（2004）. *Sound recording: The life of a technology*. Westport, CT: Greenwood Press.

Nyre, L.（2008）. *Sound media: From live journalism to musical recording*. Abingdon, UK: Routledge.

本書は京都精華大学による出版助成を受けています。

目　次

第II部 音響メディアの展開

第Ⅲ部　音響メディアと表現の可能性

音響メディアへのアプローチ

身近な経験を歴史的にとらえなおす

谷口文和

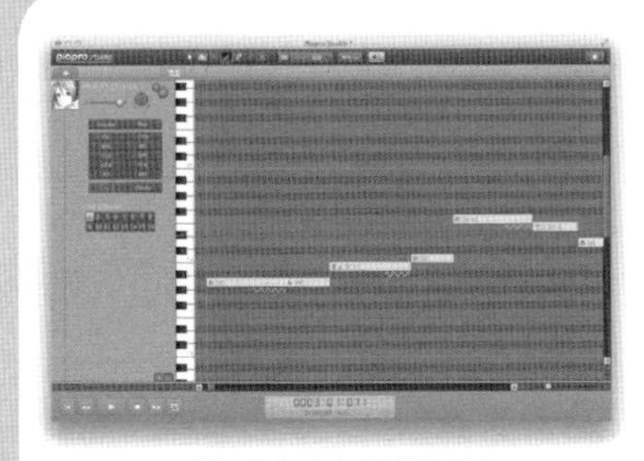

「初音ミク」編集画面

私たちの回りには音があふれている。声によってやりとりされる言葉はもちろん，意識しているかどうかにかかわらず耳に入ってくるさまざまな音から，私たちは周囲の状況や起こっていることに関する情報を得ている。

19 世紀後半に登場した音響メディアは，音を通じて触れることのできる世界を大きく拡張した。いまや世界の裏側にいる人ともすぐに会話ができる。世界中の人々が同じヒット曲に耳を傾ける。さらには，現実のどこにもないような世界を，音楽というかたちで描くこともできる。人によっては，身の回りで鳴っては消える音よりもむしろ，音響メディアを介して聞こえてくる遠くの音や過去の音，あるいは架空のキャラクターが歌う声を身近に感じているかもしれない。

では，音響メディアはいつから，どのようにして，この世界を作り変えていったのだろうか。

1 社会に組み込まれた音響メディア

✣電子機器が生み出す音

生活の中で耳に入ってくる音に1つずつ注意を向けてみると，それらの多くが「電子機器の音」であることに気づかされる。ありがちな休日の光景を思い浮かべてみよう。電車での移動中，イヤフォンからはお気に入りのバンドの歌が流れてくる。駅を降りて飲食店に入ると，ラジオ番組のトークや最近のヒット曲がかすかに聞こえてくる。一服したところでスマートフォンの着信音が鳴りだし，ボタンを押すと，待ち合わせの約束をしていた友人の声がスマートフォンから聞こえてくる――ここに描写した音はすべて，電子機器を通じて発せられたものばかりだ。

このような光景に慣れ親しんだ私たちにとって，音を電子的に操作する仕組は欠かせないものとなっている。離れた場所にいる人と会話できる「電話」は，用件をやりとりするだけでなく，他愛ないおしゃべりを通じて家族や友人同士が親しさを確かめ合う役割も担っている。別の場所にいる多数の人間へといっせいに音声を伝える「ラジオ放送」は，片手間に最新の話題やヒット曲を聴ける情報源として，あるいは勉強や仕事のお供として生活に組み込まれている。そして，好きな音楽を聴きたい時に繰り返し聴ける「レコード」がある。「レコード」という語は，CDが普及する以前に主流だったアナログ式の録音媒体（☞11章）を指す場合も多いが，現在でも「レコード会社」といった用語にみられるように，音楽などを録音し大量生産したパッケージ商品の総称とみなすことができる（本書でもそうした意味でこの語を用いる）。

これらのメディア――ここでは人と人とが情報をやりとりする際に仲立ちとなるものととらえておこう――には，空気中などに生じる振動の一種である音を，何らかの媒体において別のかたちへと変換し，そこから再び音を生み出す技術が使われている。この技術は19世紀後半に姿を現し，現在に至るまで少しずつあり方を変えながら社会に浸透してきた。本書ではこの技術を「音響再生産技術」と呼ぶことにする[1)]。そして，そうした音響再生産技術を用いたメディアを「音響メディア」と呼ぶことにしよう。

❖コミュニケーションを形作る音響メディア

そもそも，音は人間にとって最も根本的なコミュニケーション手段の1つである。人は身体や道具を操り，言語や合図，信号として音を発してきた。音楽もまた，何らかのメッセージを伝え，人々の間で価値を共有するといった作用をもたらすという点で，コミュニケーションの一種とみなすことができる。

先に挙げた「電話」「ラジオ放送」「レコード」はいずれも，鳴り響いたその場限りで消えてしまうという音の物理的制約を，音響再生産技術によって時間的かつ空間的に乗り越えることで可能となったコミュニケーション形態である。これらのメディアは用途に応じて異なる機能をもち，異なる音の経験をもたらす。電話によって，遠くにいる人同士が時間を置かずにやり取りする。ラジオ放送によって，別々の場所にいる多数の人々が同じ情報を同時に受け取る。録音によって，音楽や話芸が長年にわたり保存され，レコードという商品として売り買いされる。電話では2人の人間が相互に話しかけることができるが，ラジオの聴取者は放送を一方的に聴くだけだ。名作とされるレコードは何十年にもわたって聴き続けられるが，ほとんどの電話やラジオ放送はその時限りのものに過ぎない。

---

1)「音響再生産技術」という概念については，メディア研究者のジョナサン・スターンの議論に多くを拠っている。スターンは，音響再生産技術の出発点が，聴覚の持つ「鼓膜的機能」についての理解が19世紀に深まったことにあると論じている（Sterne, 2003）。

とはいえ，こうしたコミュニケーションのあり方は，それを可能にしている技術によっておのずと決定されているわけではない。ラジオは音声を電波に変換し，その電波を受信機で再び音にする技術によって成り立っている。しかしこの技術は同時に，個人間の無線通信にも使われてきた。つまり，私たちが日常的に使用している音響再生産技術は，複数のコミュニケーション形態のそれぞれに応じてメディアとして形成されたものなのである。

技術がメディアとしてのはたらきを発揮するにあたっては，ただ技術があるのではなく，その技術を実際に活用するためのモノ（機器や製品），社会生活に組み込むための制度や慣習や産業，そしてそれらを用いる人々の価値観などがセットになっている。本書では，技術が「何かを可能にするもの」であるのに対して，メディアは「物事の経験やコミュニケーションへと方向づけられた技術の使い方」である，という風に区別しておこう[2)]。したがって，私たちが普段の経験に基づいて思い浮かべることのできる音響再生産技術の姿は，メディアとしての役割を前提としたものなのである。

以上のような見方のもとに本書では，音響再生産技術がどのようにして音響メディアとなって社会に浸透してきたかを辿りながら，いまや音響メディアを抜きに考えることのできない私たちの音の経験について考えていくことにしたい。

---

2)「メディア論」「メディア研究」と呼ばれる研究領域においてメディアという概念は様々な角度から扱われており，一概に定義することは難しい。本書では，あるメディアを介して人々が特定の仕方で物事を経験することや，その経験を通じて物事が意味付けられていくことに着目している。メディアをそのような観点からとらえる立場については，ロジャー・シルヴァーストーン『なぜメディア研究か』（2003）やキャロリン・マーヴィン『古いメディアが新しかった時』（2003）を参照。

 音響メディアを歴史的にとらえる

❖変わりゆくメディア

2014年現在において，ここに述べてきた音響メディアは大きな変容の渦中にある。その流れを20世紀後半から段階的に押し進めているのが，インターネットやパーソナル・コンピュータ（パソコン），スマートフォンといったデジタル情報の流通経路の浸透である。さまざまなタイプの情報をデジタル・データとして扱うことのできる環境は，音の流通や経験にも影響を及ぼしている。

音楽をはじめとする音のパッケージ商品を膨大に生み出してきたレコード産業の市場規模は，世界的にみても1998年をピークとして急速に落ち込んでいる。今ではCDのようなパッケージを手に入れずとも，「YouTube」（2005年開始）に代表される動画共有サービスを使って目当ての音楽を手軽に楽しめるようになっている（☞12章）。音楽が好きでもCDを買ったことはないという人が増えていくなかで，レコード会社は「レコードというパッケージを売る」というビジネス自体を根本的に見直さなければならない状況に直面している。

加えて，従来は用意された製品を消費するばかりの立場だった人々が容易に情報を発信する側に立てるようになったことも，デジタル環境にみられる特徴の1つだ。インターネットに自身の音楽作品や演奏の録画を置いて多くの人に聴いてもらえるばかりか，電話をかけるのとほとんど変わらないような手軽さで，自分の声や姿を不特定多数に向けて即時的に配信できる「Ustream」（2007年開始）などのサービスもある。

インターネットが普及した1990年代から顕著になったこれらの傾向はしばしば，デジタル技術がもたらした「革命」であるかのようにもてはやされてきた。確かにこれらの現象は，生活をより便利にしているというだけに留まらず，社会環境や価値観の劇的な変

化を実感する契機となっている。しかしながら，この変化を素朴に「今までできなかったことが，新しい技術の力でできるようになった」と考えるべきではない。「これからどうなっていくのか」を問うためには，比較対象として「今まではどうだったのか」もわかっている必要がある。そうした関心のもとに歴史を掘り下げていけば，何かができるようになるということが技術の有無だけに還元できるわけではないこともみえてくるだろう。

❖再編されるメディア

この観点をふまえた上で，音響メディアの「変化」について考えてみよう。

レコード，ラジオ放送，電話という音響メディアにおいて，それぞれ「音の大量生産と商品化」「不特定多数への情報発信」「遠くにいる相手との会話」という目的に沿うかたちで音響再生産技術の使い方が固定されてきた。このなかで電話以外の２つは，少数の送り手（レコード会社や放送局，そこに所属したり出演したりする音楽家）と多数の受け手（購入者，聴取者）という構図を作り出してきた。そして，この構図が解体されつつあることがデジタル情報の流通経路における主要な変化だと目されてきた。例えば梅田望夫は，インターネットを通じて誰もが送り手となる「一億総表現社会」が到来すると主張し，そのありようを論じている（梅田, 2006）。現在に至るまでカジュアルな情報発信サービスが次々と登場していることに鑑みても，この見解には説得力があるように思われるかもしれない。

一方，こうした変化はある面で，既存のメディア形態の延長線上にあるものとしても理解できる。インターネットでのリアルタイム配信は，即時的に音声や映像を多数の人々に伝えられるという点で，テレビやラジオという放送メディアの一種とみなすことができる。しかしそれと同時に，スマートフォン１台あればその場で誰でも情報の発信者になれる点や，実際には仲間うちだけを相手に配信が行われることも多いといった点を考慮すれば，電話に近い側面も備えているといえる。そうした意味では，通話や録音再生，配信を含めたさまざまな機能を併せ持つことができるパソコンやスマートフォンは，既存のメディアを集約し，それらが担っていたコミュニケーション形態を再編する道具にもなっている。

そのように考えるなら，新しい技術によって今までできなかったことが実現されたという単純な理解だけでは偏りがあることがわかるだろう。メディア史研究者のキャロリン・マーヴィンは，「新しいメディアが社会に導入されていくとき，古いメディアが社会的相互作用の安定的な流れをもたらすことで維持してきた社会的な境界線のパターンが再審され，挑戦され，防衛されていく」と述べている（マーヴィン，2003：13）。技術とともに新しい経験がもたらされるのだとしても，その「新しさ」は，その技術を既存のメディアに当てはめてみることで初めてみえてくるものなのだ。

❖メディアの歴史をさかのぼる

時代とともに新しい技術が姿をみせ，その技術を用いたメディアのあり方も移り変わっていく。しかしその変化は，何もデジタル環境が普及する現在においてのみ特別に起こっているわけではない。元はといえば，レコード，電話，ラジオという音響メディアの諸形態もまた，ある時代に音響再生産技術の使い方が方向づけられていくなかで少しずつ姿を現したものであり，歴史の産物である。

一般的に，電話の発明は1876年，最初の録音再生機器である「フォノグラフ」の発明が翌1877年であることが知られている。しかしながら，現在メディアとして理解されているような電話やレコードがいつ確立されたかという観点からみると，両者の事情は大きく異なっている。電話はそれ以前の遠距離コミュニケーション手段だった電信（☞6章）に代わるものとして開発され，発明から程なく契約者同士の通話サービスとして展開された（☞7章）。それに対して録音技術の場合は，当初は電信システムの一部として構想されたフォノグラフの発明から，録音済みレコードを大量生産して売るというビジネス，すなわちレコード産業が定着するまでに，20年あまりの時間を要した（☞4，5章）。

一方，初のラジオ放送はそれからさらに遅れて1920年に行われたとされるが，放送を可能にする技術自体は20世紀初頭には出現していた。ただし，まずは電話同様の双方向的な通信手段になることが想定されていたラジオにそれとは別のメディア形態が見出されるには，技術以外に社会的な条件が整備される必要があった。さらに，放送というコミュニケーション形態は，1880年代には電話を用いるかたちで一時的に実現されてもいた（☞7章）。

このように，技術とメディアという異なる次元にある事象の間には，多かれ少なかれ時間のズレがあった。その間には，後に確立されたものとは異なるメディアのあり方へと向かう可能性もあった。また，音響メディアの方向性が固まった後にも，その可能性は潜在的には続いており，別の技術発展や社会変化をきっかけに再び浮上することもあった。

そうした点もふまえながら本書では，これらの音響メディアとして社会的に意味づけられるより前の音響再生産技術に目を向けるところから出発することにしたい。本書でいう音響再生産技術，すなわち音を何らかの媒体において別のかたちへと変換し，そこから再び音を生み出す技術は，19世紀前半から具体的に構想されるようになった。その背景には，音という物理現象やそれを知覚する人体に関する研究の深まりと，その知覚のメカニズムを機械によって再現したいという野望があった。メディアのあり方が社会状況の中で形成されたのと同様に，音響再生産技術の実現へと向かう過程も，音やその経験をめぐる認識によって方向づけられていた（☞2章）。

 音楽にとっての音響メディア

✣「ライブ音楽」と「レコード音楽」

音響メディアの歴史をめぐる本書の記述内容の大部分は，音楽文化に関する事項によって占められている。音楽以外の音によるコミュニケーション（何より口頭言語）の重要性に鑑みれば，この配分には偏りがあるかもしれない。万全な音響メディア史を用意するのであれば，ラジオのアナウンスや電話でのおしゃべりなど，話し言葉の事例をもっと取り上げるべきだっただろう[3)]。だとしても，音楽の話題がそれだけ目立つのには，これまでに生み出されたレコードやラジオ放送の内容の大半が音楽だったというような量的な根拠以上の理由がある。それは，どのように音楽と接するかという視点が，音響メディアを介した音の経験に目を向けるための有効な足掛かりとなるからだ。

20世紀のあいだに，ほとんどの音楽にとって音響メディアはなくてはならないものとなった。何百万人もの人間が同じ音楽を繰り返し楽しむといった現象は，レコードというメディアを抜きには起

3）音楽以外の音を中心とした音響メディア史研究の例をいくつか紹介しておきたい。クロード・フィッシャー『電話するアメリカ』（2000）は，電話が現在まで続く通話サービスとして確立されアメリカ全土に普及していくまでを，人々の仕事や生活へと定着する過程を中心に描く。竹山昭子『ラジオの時代』（2002）は，日本におけるラジオ放送の実験段階から占領期までを辿りながら，スポーツ実況やラジオドラマといった放送独自の番組形式がどのように確立されていったのかを検証している。坂田謙司『「声」の有線メディア史』（2005）は，ラジオ放送を受信できるだけでなく個人が自分の声を発信することもできる「有線放送電話」を取り上げ，電話と放送の要素を併せ持ったこのメディアが日本の農村地域のコミュニティにおいて果たした役割を考察している。

こり得なかった。たとえライブ演奏を活動の中心に据えている音楽家やそのファンであっても，レコードとして残る過去の音楽から影響を受けていたり，ライブで聴きたい音楽をレコードで予習復習していたりするなら，多かれ少なかれ音響メディアに基づく音楽経験を積んでいるといえる。

また，電気録音（☞6章）や磁気テープ（☞8章），ステレオ再生（☞9章）など，時代ごとに新しく音響再生産技術を取り入れていくなかで，レコード制作の場ではライブ演奏では不可能な音楽表現が生み出されていった（☞14章）。わかりやすいところでは，磁気テープを利用した多重録音によって，1人の人間の声を同時にいくつも聞こえるように重ねてコーラスを作るという手法が定着した。そうして作り込まれた音楽はその場での演奏だけでは再現できないため，あらかじめ録音された音を再生しながらライブが行われることも現在では珍しくない。レコードの音はライブ演奏の記録ではないどころか，現在ではむしろライブにおいてレコードの音の再現が意識されてさえいる。

しかしながら，録音技術を駆使して作られる音楽が，それまでの音楽とは根本的に異なる表現形式をもつことは，まだ十分に認識されているとはいいがたい。映像メディアを駆使した表現である映画と比較すると，そのことがより明確になるだろう。映画もまた，カメラワークや撮影されたショットの編集，さらにはさまざまな特殊効果によって，その場で出来事を目にするのとは根本的に異なる表現になっている。しかし映画の場合，同じく人が物語上の人物を演じる表現である演劇とは別のジャンルとして扱われているのに対して，レコードに固定された音楽とライブにおいて披露される音楽は，どちらもただ「音楽」として同一視されがちである。音響メディアが音の経験にもたらした作用を考えるにあたっては，まずはこの違いに目を向けることが必要だろう。そこで本書では，録音媒体に固定されるかたちで制作される音楽を「レコード音楽」と呼び，その場での演奏に基づく「ライブ音楽」と区別することにしたい[4)]。

❖何が「再生」されるのか

このように，レコード音楽は単に歌や演奏を録音するだけではなく，録音メディア上で音に加工や編集を施すことで1つの作品に仕上げられている。この点を突き詰めていくと「人は録音メディアから何を聴いているのか」という疑問に行き当たる。

「音源を再生する」という言い方を例に考えてみよう。ここでいう「音源」とは何らかの媒体に記録された音声情報を指しており，かつて録音されたその音声がいまここで現実の音として鳴り響くのだと理解できる[5)]。しかしながら，人が聴こうとしているものは，「記録された音」そのものであるとはいいきれない。

音響機器を取り扱う，いわゆる「オーディオ」の分野では，音質の良さを表すにあたって「高忠実性」という意味の「ハイ・フィデリティ（ハイファイ）」という言葉が20世紀なかばから使われている（☞9章）。そして「ハイファイ」の理想像として「原音再生」という理念がしばしば掲げられてきた。「原音」とはすなわち，現に再生機器から鳴り響いている音とは別の，媒体に記録されているはず

4）この二分法が「主にライヴで披露される音楽」と「主にレコードによって聴かれる音楽」という区別ではない点には注意が必要である。たとえ録音技術より長い歴史を持つクラシック音楽であっても，レコーディングを経て録音物に固定された状態にあれば「レコード音楽」であるといえる。つまり実際のところ，現在広く聴かれている音楽ジャンルの大半が，慣習的に「ライヴ音楽」「レコード音楽」の両方のかたちで並行して発表されているのだ。

5）音響工学や聴覚心理学の分野では，「音源」は音の振動を生み出す物体のことを指す。本書では混乱を避けるために，この意味では「音の発生源」という語句をあて，「音源」は「媒体に記録された音声情報」という意味のみに限定して用いる。

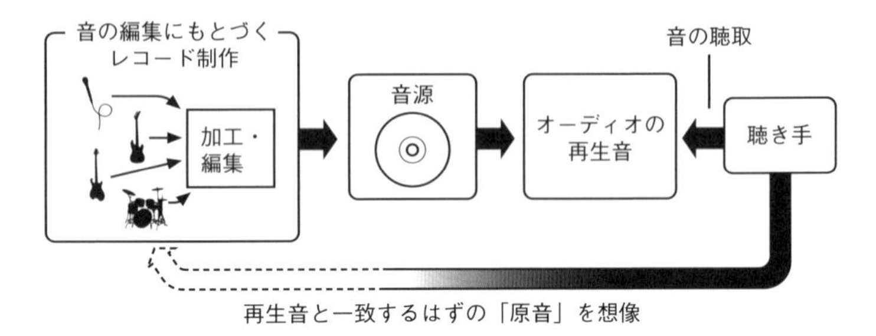

図 1-1 「原音再生」を求める聴取のあり方

の（それ自体は直接聴くことのできない）音である。「原音再生」という理念は，そうした原音が忠実に再生されることで，現に鳴り響く再生音が原音と一致するべきだという認識に基づいている。そうした「原音再生」の評価はしばしば，歌手の声の生々しさや，まるで演奏が目の前で行われているかのような臨場感として表明される。

しかし上に述べたように，再生に使われる「音源」はただ音を記録したものではなく，加工や編集の産物である。さらに，音楽に使われている音のなかには電子楽器によって電子的に合成されたものもある（☞ 13 章）。そうしたことをふまえれば，再生されるべき「原音」はレコードとして制作される以前には存在していない，少なくとも媒体に記録された「音源」と同一ではないと考えられる[6)]。し

6） これとは別に，最終的に固定された音源を「原音」とみなす立場もあり得る。確かに，音の歪みや元の音源に無いノイズがより少ない再生音は「より忠実な再生」であるといえる。ただし，この音源は何らかの機器で再生しない限りはけっして聴けないことに注意しなければならない。音源が完成する瞬間ですら，レコーディング・スタジオの再生環境によって耳に届く響きは多かれ少なかれ左右される。したがってこの意味での「原音再生」においても，再生音の比較対象となる「原音」はやはり聴き手の想像の中にしか存在しないことになる。詳しくは増田聡・谷口文和『音楽未来形』（2005）第 5 章の議論を参照。

たがって，「原音再生」は単に機器の性能の問題というより，音の聴き方に関わる問題なのである（図1-1）。

歴史をさかのぼると，この問題はレコード制作の技術が発展し「ハイファイ」という語が出現する以前の時代にも見出すことができる。発明から間もない録音技術を知らしめるための公開実演では，わざと音の高さや速さが変化するような仕方で再生が行われ，その音が「機械の音」として受け止められたこともあった。一方でレコードの普及期には，その場での演奏とレコードの再生音を聴き比べさせるパフォーマンスがレコード会社によって行われた（☞3章）。音響再生産技術の使い方だけでなく，音を聴くという経験もまた，音響再生産技術がメディアとしての役割を担うようになるとともに方向づけられていったのだ。

❖技術に与えられる意味

音響技術に関する歴史的視野は，新しい技術やそれを用いた文化に対しても1つの見方を与えてくれる。ここでは，音楽と技術の関係という点で近年注目を集めている事例として「ボーカロイド」について考えてみよう。

楽器メーカーのヤマハが開発し2004年に発売された「ボーカロイド」は，あらかじめデジタル・サンプリング（☞11章）された人の声を，音高や音を伸ばす長さといった要素を調整しながら組み合わせていくことで，歌声を合成できるコンピュータソフトである（図1-2）。ボーカロイドは発売当初，単に便利な音楽制作ソフトの1つという程度の評価に留まっていた。ところが2007年，ヤマハのライセンスを受けたクリプトン社からボーカロイドシリーズの1つ「初音ミク」が発売されると状況が一転する。インターネットの動画サイトを中心に，アマチュア音楽家の手によってボーカロイドを使用した音源が無数に発表されるようになり，「初音ミク」は日本

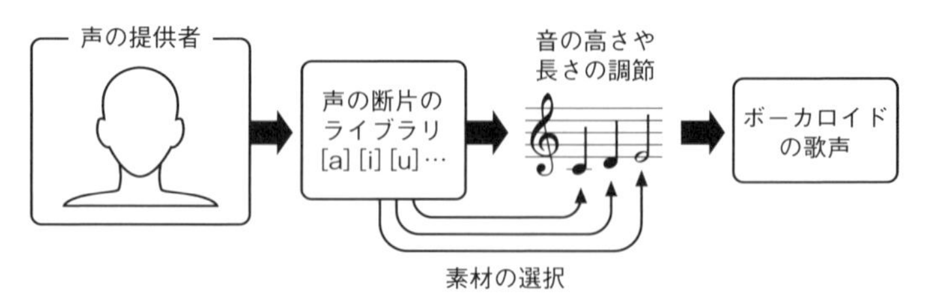

図 1-2　ボーカロイドの歌声合成の仕組

において，この種の音楽制作ソフトとしては異例の大ヒットとなった（柴, 2014：98-114）。

このブームの要因として，自分で歌ったりその歌を録音したりしなくても自作曲の音源を制作できるという，当初よりボーカロイドに期待されていた役割もさることながら，「初音ミク」がイラストなどのキャラクターイメージを全面に押し出したことも挙げられる。つまり，制作された音楽が「キャラクターが歌っている」とみなされたことが，多くの人の関心を集めたのだと考えられる。架空のキャラクターが歌うという理解の仕方は，アニメーションやビデオゲームといった分野と親和性が高い一方で，コンピュータソフト上で合成された歌声は人工的で不自然に聞こえるという意見も少なからず表明されてきた。極端にいえば，歌声の主が実在しないボーカロイドの歌は，人間が歌う「本当の歌」とは違うというわけだ。

しかしながら，ここまで述べてきたように，こんにち私たちが接している音楽全般に，多かれ少なかれ音響再生産技術は介在している。もしボーカロイドの歌が「人工的」に聞こえるのだとすれば，それは同時に，音楽に深く関わっている他の技術——マイクロフォン（マイク）や記録媒体上での音声編集や再生機器のスピーカー——を「自然」なものとして受け入れていることを意味する（Théberge, 1999：211）。一方に「技術が生み出した人工的な音楽」があり，もう一方に「技術を介さない生々しい音楽」があるのではない。音楽に生々しさを感じること自体が，音響再生産技術と結びついた経験なのだ。

時代ごとに新たに音楽へと取り入れられてきた音響再生産技術はそのつど，新奇な音の経験というインパクトを聴き手にもたらしてきた。しかしその技術が定着し，あたりまえに使われるものとなるにつれ，その技術は透明化していく。そして，そのように技術を人々の経験へと浸透させてきたことは，レコードのような音響メディアの作用の１つだといえる。その歴史的プロセスを理解することで，今目の前にあるボーカロイドブームもまた，そうした歴史の一断面として位置づけられるだろう。

4 本書について

❖本書のねらい

以上のような問題意識に基づき，本書では19世紀から現在にまで至る音響メディアの歴史を考察する。最後に，この問題意識の要点を改めて整理しておこう。

第一に，こんにちの私たちの生活における音のあり方は，音響メディアの発展が少しずつ積み重なった上に成り立っている。歴史を学ぶことは，今の自分たちが置かれた状況を理解するための大きな手掛かりとなる。これから起ころうとしているメディアの変化もまた，これまでメディアがたどってきた道のりに対して生じている。

第二に，私たちにとってあたりまえになっている音の経験自体に音響メディアの影響が組み込まれている。私たちはつい，目新しい技術によってもたらされた現象ばかりを技術の成果として評価しがちになるが，むしろ私たちが「自然」に感じている経験もまた技術の産物であることに注意しなければならない。日常に浸透し透明になった技術を捉えるには，その技術がメディアとなっていく過程に目を向けることが有効なアプローチとなる。

そして第三に，そうした音響メディアのはたらきを理解するために，音楽はうってつけの題材となる。レコードやラジオで音楽を楽しむという経験を通じて，人は音響メディアに慣れ親しんできた。こんにちの音楽文化は音響再生産技術の最大の成果なのである。

◉ディスカッションのために

1 電話，ラジオ，レコードという三つの音響メディアについて，それぞれを使用するシチュエーションをできるだけ幅広く挙げてみよう。
2 スマートフォンや携帯電話において音を発するさまざまな機能を挙げて，それらがスマートフォン／携帯電話以前から使われていなかったか，使われていたとすればどのような形態で存在していたかを考えてみよう。
3 本文中で論じた「録音された歌を聴く」例のように，ある行為において「ある技術が用いられていることを意識する」と同時に「別の技術を無意識に用いている」ような状況を挙げてみよう。

【引用・参考文献】

梅田望夫（2006）．ウェブ進化論―本当の大変化はこれから始まる　筑摩書房
坂田謙司（2005）．「声」の有線メディア史―共同聴取から有線放送電話を巡る〈メディアの生涯〉　世界思想社
柴　那典（2014）．初音ミクはなぜ世界を変えたのか？　太田出版
シルバーストーン, R.／吉見俊哉・伊藤守・土橋臣吾［訳］（2003）．なぜメディア研究か―経験・テクスト・他者　せりか書房（Silverstone, R.（1999）．*Why study the media?*. London: Sage.）
竹山昭子（2002）．ラジオの時代―ラジオは茶の間の主役だった　世界思想社
フィッシャー, C. S.／吉見俊哉・松田美佐・片岡みい子［訳］（2000）．電話するアメリカ―テレフォンネットワークの社会史　NTT出版（Fischer, C. S.（1992）．*America calling: A social history of the telephone to 1940*. Barkeley, CA: University of California Press.）
マーヴィン, C.／吉見俊哉・水越　伸・伊藤昌亮［訳］（2003）．古いメ

ディアが新しかった時—19世紀末社会と電気テクノロジー　新曜社（Marvin, C.（1988）. *When old technologies were new: Thinking about electric communication in the late nineteenth century*. New York: Oxford University Press.）

増田　聡・谷口文和（2005）. 音楽未来形—デジタル時代の音楽文化のゆくえ　洋泉社

Sterne, J.（2003）. *The audible past: Cultural origins of sound reproduction*. Durham, NC: Duke University Press.（スターン, J.／金子智太郎・谷口文和・中川克志［訳］（印刷中）. 聞こえくる過去—音響再生産技術の文化的起源　インスクリプト）

Théberge, P.（1999）. Technology. H. Bruce, & S. Thomas（eds.）*Key terms in popular music and culture*. Malden, MA: Brackwell. pp.209-224.

第Ⅰ部　音響技術から音響メディアへ

　録音技術という発明は，現代に生きる私たちが想定しているような「音楽ソフトの再生装置」としてこの世に生まれでたのではなかった。1877年にエジソンが制作した「フォノグラフ」は，実際には電信・電話産業のための研究開発から偶然生まれ出た「用途なき発明品」にすぎない。そこからこの技術が当時の欧米社会によって受け止められ，特定の役割を付与されるようになるには，さまざまな文化的・経済的実践が絡みあう複雑な過程を経る必要があった。こうした事実に鑑み，「音響技術から音響メディアへ」と題されたこの第Ⅰ部では，録音技術が登場した際の状況，ならびに，この技術の受容に関する初期の経緯を確認していく。

　第2章「音響メディアの起源：2つの技術の系譜」では，エジソンのフォノグラフ以前に存在していた音響技術をとりあげることによって，音響再生産技術の誕生の背景となった知的・文化的な条件を浮かびあがらせる。その際に重要な主題となるのは，人間の声の機械的再現を目指したヨーロッパの諸実践が，発声器官そのものを模倣しようとしていた当初の段階から，耳という新たなモデルを発見していく過程を確認することである。

　第3章「録音技術と感覚の変容：ハイファイ理念の前史」では，録音技術という新発明に触れた最初期の人々の反応，具体的には，この技術から生みだされた「再生音」に対する理解の変遷を辿っていく。そこから浮かびあがってくるのは，「再生音」を記録された音の忠実な再現とみなすような「ハイファイ」的認識が，当時見られたさまざまな言説や文化的実践のさなかで少しずつ形成されていく過程にほかならない。

　第4章「録音技術の利用法：記録される人間の声」，ならびに第5章「レコード産業の成立：文房具としてのレコードから音楽メディアとしてのレコードへ」は，録音技術が社会へと普及していく初期の過程を追うものである。とくに第4章では，オフィスでの口述筆記の補助機具としての用例をはじめとして，「人間の声」の記録を主眼とした普及例をとりあげ，つづく第5章では，こんにちの私たちが知るような録音技術と音楽産業との結びつきが形成されていくさまを実際に跡づけていく。

音響メディアの起源

2つの技術の系譜

福田裕大

エジソン（Morton, 2004：14）

1つの発明は，1人の（天才的な）科学者の着想によってこの世に生まれでると私たちは素朴にも信じてしまいがちである。だが，それは本当なのだろうか。歴史を事細かに追ってみると，1つの技術の誕生により大きな寄与を果たしているのは，むしろその技術に先立って存在している技術や科学的な知識などのほうである。蓄音機の原型とされるエジソンの「フォノグラフ」（1877）の場合も事態は同様であった。本章では，エジソン以前にすでに存在していた様々な技術や知のあり方を紹介するとともに，その作業を通じて，音響再生産技術の誕生を可能にした歴史的条件の一端を提示する。

1 エジソンのフォノグラフ

音の記録と再生を可能にした世界初の技術は，アメリカの発明家トーマス・アルヴァ・エジソンが1877年に発明した「フォノグラフ（Phonograph）」である。だが実際にはエジソン以前にも，音というものをさまざまなかたちで表現するテクノロジーは存在していた。エジソンのフォノグラフは完全にいちからの創造であったわけではない。本章の目的は，エジソン以前の音響技術を紹介するとともに，その作業を通じて，音響再生産技術の誕生を可能にした歴史的条件の一端を提示することである。

✣フォノグラフの誕生

1876年，エジソンはニューヨークからほど近いメンローパークの地に新たな研究施設を作る。この研究所でエジソンは，優れた技師たちとの協力体制を築くことにより，白熱電球をはじめとするさまざまな発明品を世に問うことになる。音という現象を記録し，それを再生するための機械が生み出されたのも，このメンローパークの地であった。

1877年の8月中旬，エジソンは当時の最大の関心事であった電信中継機（☞4章）の開発中に，機械が人間の声のようなうなり声を立てていることに気がつき，この経験から人間のように話をする機械を制作するという構想を漠然と抱きはじめる。この構想は，実際には直後にエジソンの心を占めはじめた白熱電球の開発によってしばらく宙づりのままにされてしまうが，およそ3ヶ月後の同年11月，メンローパークの工房はこの案件の実現を目指して急ピッチで稼働しはじめる[1)]。エジソンの指示を受けた技師クルーシとバ

1）大陸側で同種の発明がなされていたことが理由であるとされる（Welch & Burt, 1994：10-12）

チェラーは，1877年12月4日に開発の最終段階を迎え，「うまく聴こえますか？」という音声を再生することに成功する（Welch & Burt, 1994：16-17）。この実験から2日後の1877年12月6日には，バチェラーの工房ノートに装置の完成を告げる文言が記される。

図2-1　フォノグラフ
（図中の番号は表2-1に対応）
（Scientific American 1877/12/15）
（Charbon, 1981：45）

❖フォノグラフのしくみ

エジソンはこの新発明に「フォノグラフ」という名前を与えた。「フォノ」は「音」，グラフは「書き取ること」で，すなわち「音を書き取る装置」の謂いである。この装置はおおむね表2-1のようなしくみによって音の記録と再生を実現した。

このようにエジソンのフォノグラフは，円筒を回転させながら操

表2-1　フォノグラフのしくみ

①吹き込み器具	ラッパ型の小型の器具で，吹き込み口の反対に振動膜と記録針とが取り付けられている。音声を吹き込むと，空気の振動がまず振動膜に伝わり，さらにはそれと連動した記録針の運動へと変換されていく。
②本体	直径4インチほどの金属製の円筒のうえに記録媒体としてスズ箔を巻き付けたもので，ねじ式のシャフトに沿って横向きに取り付けられている。付属のクランクをまわすとシャフトを軸にこの円筒が回転し，かつ，水平方向に少しずつ移動していく。また，円筒表面には細い1本の溝が螺旋状に刻まれている。上記①の記録針はこの溝のうえに接地され，円筒の回転に従ってその振動を順次円筒表面に伝えていく。
③再生器具	上記の吹き込み器具とほぼ同じ組成を有した器具。スズ箔のうえに記された振動の跡を針によって辿り，針の運動を振動膜に伝え，さらに振動膜が空気をふるわせることによって，記録時に生じたものと同じ空気の振動をシミュレートする。

作者が音声を「吹き込む」(☞6章) という単純な動作をおこなうだけで，音の痕跡をスズ泊のうえに刻み込むことを可能にした。言い換えるとフォノグラフは，音を空気の振動として受け取り，それを別の物体の運動に変換するという純粋に機械的なプロセスのみに基づいて，音の記録と再生を成し遂げたのである。後に日本語で「蓄音機」とよばれることになる機械の原型がここにはあった。

❖エジソン以前の発明

こうした録音技術の着想を得ていたのは，なにもエジソン１人ではない。例えばフランスの地では，シャルル・クロという在野の科学者がエジソンより早く同種のテクノロジーの想を得ていた (☞3章)。また，電話の発明でエジソンに先行したアレクサンダー・グラハム・ベルなども，録音技術のみならず，電話や電信といったテクノロジーの開発・改良を通じ，エジソンと非常に近いところで探求に取り組んだ技師であった。

さらに時代を遡れば，フランスの植字工であったエドゥアール＝レオン・スコット・ド・マルタンヴィルが，1857年に「フォノトグラフ (phonautographe (仏) ／phonautograph (英))」なる装置を考案している。この装置は，再生機構こそもちあわせていなかった

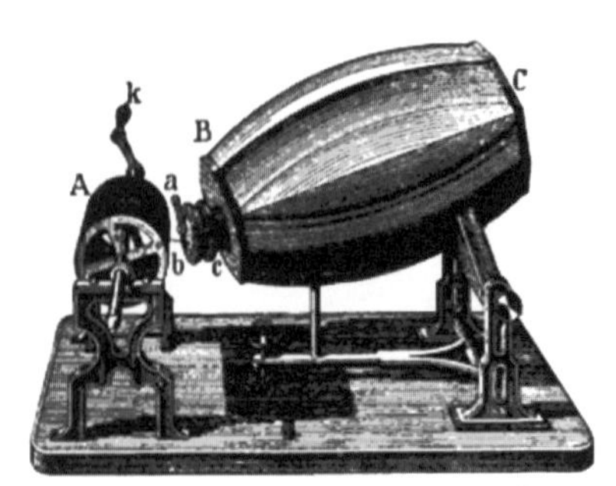

図 2-2　レオン・スコットのフォノトグラフ
(Charbon, 1981：12)

ものの，記録機構にかんしては20年後に現れるエジソンの考案物とほぼ同一といってよいしくみを取り込んでおり，原理的にはあらゆる音の振動を視覚的に書きとることができた。

このフォノトグラフについては後述するが，ここではそれに先立って１つの記事を紹介しておこう。2008年３月27日の『ニューヨーク・タイムズ』誌に，「エジソン以前に記録された曲を研究者たちが再生する」と題された文章が掲載された。この記事が報じたのは，「フォノトグラフ」を用いて1860年に記録されていた音（《月の光に（Au clair de la lune）》というフランス民謡）が，現代の科学技術を駆使することによって再生された，という出来事である。言い換えると，再生能力をもたない装置によって記録されていた（エジソン以前の）「音の痕跡」が，現代のテクノロジーによって「音」として甦ったということだ。

このように，エジソンのフォノグラフは完全にいちからの創造であったわけではない。むしろ蓄音機という技術は，それに先立ってなされていた様々な知的探求や発明の実践が一定の布置のもとに結びついていくなかで産み落とされたのである。そうした意味での背景をさぐるために，以下の部分では，この装置に先行する音響テクノロジーを，２つの系譜に分類して取り上げていくことにしたい。人間の音声を機械的に再現しようとした人工音声の試みと，音響を視覚的に捉えることを可能にした装置群の２つである。

2　フォノグラフ以前Ⅰ：人工音声

❖人工音声とはなにか

フォノグラフの発明の背景となったさまざまな知的・文化的実践の布置を確認するうえで，まず格好の事例となるのが，人工音声の試みである。人工音声とは文字通り，人工的な構築物によって音声

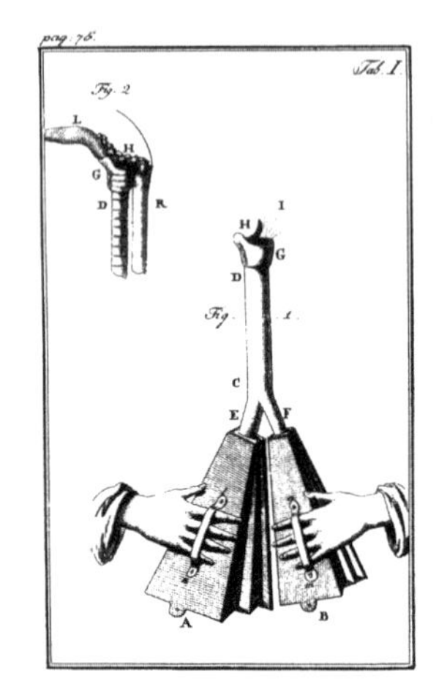

図 2-3　ケンペレンの音声合成装置
(Hankins & Silverman, 1995：194)

を生成させるための実験，ないしその実験において用いられた機械のことをいう。

1つ具体例を挙げると，ハンガリー生まれの技師であったヴォルフガング・フォン・ケンペレンは，1783年ごろから人工的に音声を作りだす装置の開発に取り組んでいる。その際彼は，人間の口蓋を模した構造を作りだし，手押し式のふいごと管によってそこに空気を送り込み，切切口蓋のなかにとりつけられたフィルターを共鳴させることで，いくつかの母音を生み出したという（Hankins & Silverman, 1995：196）。

ケンペレンのこの実践のうちには，大きくいって2つの特徴が見出される。まず，ここで生みだされる母音や単語の類は，ふいごという発生源から送り込まれる空気の流れや量を調整することで生みだされており，「音声」なるものを空気の振動として理解する姿勢がはっきりと認められる。次いで，「音声を作りだす」という目的を実現するために，ケンペレンは，そもそもの目的を完璧に遂行している人間の発声器官をモデルにしていた（Heudin, 2008：70-71）。つまり彼は，「肺」の機能を「ふいご」に，「舌」や「歯」の機能を人工の「口蓋」や「フィルター」に担わせることによって，人間の口腔(こうくう)器官が音声を生みだす際のはたらきを模倣したのである[2)]。

2）当のケンペレンは「機械を人間の身体構造に似せれば似せるほど，発声は良好になる」と述べていたという（ウッド, 2004：141）。

❖中世〜近代に至る身体観の変化：機械論

ケンペレンの「話す機械」は，ヨーロッパにおける近代的な身体観の成立を背景にして生みだされたものである。

中世のヨーロッパでは，人間の身体について，こんにちのそれとはまったく異なる理解が普及していた。なにより，キリスト教の教義に強く規定された当時の社会では解剖を実際におこなうことが許されておらず，そのために身体の客観的観察の機会が十分に得られてはいなかった。それとともに，当の宗教が説く世界観のもとでは，人間の身体が遂行するさまざまな活動が，つねに「神＝造物主」やその「摂理」といったものへの依存関係において説明されていた。当時の常識下において，人間の身体とはなにより「神」による「被造物」として理解されていたのであり，その作り手との関係を抜きにして論じられるようなものではありえなかったのである。

それに対し，ケンペレンらが生きた18世紀のヨーロッパは，身体というものが自律的に，それ自体として活動しているということが明らかになろうとしていた時期であった。例えば筋肉が刺激に反応してひとりでに動いたり，血液が心臓の鼓動とともに体内を循環することがすでに知られるようになっていたが，こうした個々の現象がすべて，(「神の意思」や「魂」のちからなどによるのではなく）人間の身体がもつ固有の法則に則っているということがようやく理解されつつあったのである（シンガー, 1983：191)[3]。

身体にかんするこの新たなまなざしを結晶化させるかたちで登場したのが,「人間機械論」とよばれる思考法である。その代表的論者であるラ・メトリは，旧来的な身体観のおおもとにあった宗教的概念をしりぞけ，人間の生理的はたらきを文字通り「機械」になぞ

3）なお，ケンペレンらが模倣しようとした人間の発声器官についても，16世紀半ば以降からその構造が明らかになろうとしていた（九州芸術工科大学音響設計学科, 2001：63)。

◉コラム：自動人形　［福田］

本文中にも触れた人間機械論の流行を背景にして，フランスを中心とする同時期のヨーロッパでは，自動人形（オートマタ）と呼ばれるテクノロジーの文化が隆盛を極めようとしていた。オートマタとは，人間の身体が遂行するなにがしかの機能を模倣・再現するために作られた，機械仕掛けの装置のことである。

これらのオートマタのなかには音を生みだすものもあった。例えば，フランスの発明家ジャック・ド・ヴォカンソンが制作した「フルート吹き」や，スイス人技師ジャケ・ドローの手による「女性音楽家」（オルガン弾き）などは，その名の通り自らの指で楽器を演奏する人形である。これらの作品の内部（人形の台座となる部分も含む）には，時計（カリヨン）やオルゴールといった自動演奏楽器の技術を応用した機構が隠されており，この機構の複雑な運動が「演奏者」の腕や指先の細かな運動を作りだすことで楽器が演奏される（後者の「女性音楽家」は現存しており，スイスのヌーシャテルという街の博物館で現物を鑑賞することができる)。機構が楽器の発音源に直接働きかけるのではなく，いちど人形の身体の運動へと変換されているところが，一般的にいわれる自動楽器との違いだろう。

この時代にはその他にもさまざまなオートマタが制作されている。なかでも有名なものは，上記のヴォカンソンが「フルート吹き」人形と同時に科学アカデミーに提出したアヒルの人形，ならびに，本文中でも触れたケンペレンの手による自動チェス指し人形，通称「トルコ人」である。前者は摂食したものを消化し，排泄するという一連の運動をゼンマイ仕掛けによって行い（フランス・グルノーブルのギャラリーにレプリカがある)，後者は文字通り，人間を相手に自動でチェスの対戦を可能にする――そのようなふれこみで世に出されたものの，ほどなくして，アヒルは摂食と排泄の機構が内部で完全に分離されており，「トルコ人」に至っては人形の台座の部分に操作役の人間が隠れていることが明らかにされた。

こうした「問題作」の問題を指摘することはたやすいが，ここではむしろ，オートマタという存在を受け取った当時のヨーロッパ社会において，科学的なものと娯楽的なものとがいまだ明確に分離していなかったという事実に目を向けておくべきだろう。オートマタの文化史に関連する書籍としては，竹下節子の『からくり人形の夢―人間・機械・近代ヨーロッパ』，ゲイビー・ウッドの『生きている人形』がある。

らえる理論を唱えることにより，身体を徹底して脱神秘化しようと試みた。と同時に，機械論を育んだ18世紀前半のヨーロッパでは，人間のさまざまな生理現象を1個のメカニズムとして抽出し，それが作動するさまを，その人工的代理物（＝機械）のうえで観察しようとする研究が実際になされていた。例えば，ルーアンの医師であったクロード＝ニコラ・ル・カは，血液が循環するさまを再現するための人体模型を作り，1744年にこの装置の素描をフランス科学アカデミー宛に送っている（Hankins & Silverman, 1995：183；☞コラム）。

❖人工音声と新たな身体観

近代にいたるまでのヨーロッパの文化は，長きにわたり，「声」という対象を神秘的な認識のもとに捉えてきた。キリスト教という宗教にとって「声」というものは世界創造の端緒であったのだから（「はじめに言葉ありき」），ある意味では当然のことかもしれない。ともあれ，ヨーロッパにおいて「声」というものが1つの物理現象として客観的に捉えられるようになるまでには，かなり長い歴史が必要とされたのである。

ケンペレンらの人口音声の試みは，ルネサンス以降の解剖学の発展を経たヨーロッパの文化が，人間の口腔という対象を，「声」を生みだす物理的な機構として理解しようとする時期と重なり合っていた。言い換えると，機械論の登場とほぼときを同じくして，人間の舌や歯，喉や肺などの一連の部位が，分節音を作りだすための空気の調整機構であるということが認識されるようになったのだ（Hankins & Silverman, 1995：186-198）。

端的にいえば，ケンペレンらの人工音声の試みは，上述した通りの機械論的身体観を口腔に適用し，人間の発声メカニズムを人工的にモデル化するためになされたものにほかならない。実際，さきに解説したケンペレンのほかにも，フランスのミカール神父やドイツのクラッツェンシュタインが，さらには世紀をまたいだのちも，ヨハン・メルツェルやファーバーといった人々が同種の発想を引き継いでいる。これらの人物による研究も，やはり，舌や唇，また喉頭などの器官のしくみとはたらきを綿密に調査し，これらの機能を代行する特殊な機構を作りだそうとするものであった（Hankins & Silverman, 1995：198）。このように口腔のはたらきを模倣することを通じて，音声，すなわち特定の空気の振動パターンがシミュレートされる。人工音声とは，このようにして，人間の「声」をその音源たる発声器官の状態ごと再現するための技術であったのだ[4)]。

 フォノグラフ以前II：音を視覚化する装置

❖音を視覚化する装置の系譜

エジソンのフォノグラフに先行する音響テクノロジーのなかには，ここまでみてきた人工音声とは異なるもう1つの系譜が存在する。前節でみた人工音声の試みが人間の発声器官のしくみを模倣するものであったとすれば，以下で扱う一連のテクノロジーは，さしあたり，音の痕跡を視覚的に獲得するための技術であったということができる。

音というものが物理的な振動に由来しているということは，ギリシア時代から知られていたが，かつての研究者たちはその振動を計測するために，自らの目に頼るほかなかった。例えば，17世紀に

4）余談だが，これら人工音声の試みは，まさにそれ自体が理想的な「口」として参照されることもあった。フランスの教育史家であったドジェランドの著作にある通り，ケンペレンの人工音声の試みは，当時の雄弁術や聾唖（ろうあ）教育のコンテクストにおいて，生徒たちが実現すべき理想的な口腔として示されたのである（Degerando, 1827：48）。

なされたメルセンヌによる和声研究は，一定の音を出す弦を数倍の長さに延ばし，その1秒あたりの振動数を目視と計算によって割り出すものであったという（ハント, 1984：140-147）。

こうした状況が改善される兆しがみえてくるのは，19世紀の初頭である。イギリスの科学者であったトマス・ヤングは，1807年に出版された書籍のなかで，物体の振動を視覚的に示すための実験を紹介している。ヤングがそこで提案したのは，金属製の棒に小型の鉛筆を取り付け，この先端の下に一定の速度で紙を走らせることにより，当の金属棒の振動が波形となって書き付けられるというアイデアであった（Hankins & Silverman, 1995：132-133）。

しくみこそ単純なものであるが，ヤングのこの提案は，音の要因たる物理的な振動を，視覚という感覚領域のもとに書き換えることを可能にした非常に画期的なものである。とはいえ，ヤングによって開拓された音を描く機械の可能性は，この時点ではただ1つの音源に限られていた。ヤング以降にも，ヴェーバーやデュアメルといった19世紀前半の科学者が同種のアイデアを洗練していくが，彼らが考案した装置もまた「音叉（おんさ）」という単一の物体から発される振動を扱うことしかできなかった。

本章ではすでに，エジソン以前に音の記録を可能にしていた技術として，レオン・スコットのフォノトグラフを紹介しているが，歴史的にみるとこのフォノトグラフは，ヤングらが提案した音を描く機械のあとを継ぐものとして位置づけられる。換言すれば，フォノトグラフという装置の意義は，ヤングらの装置にみられた制限，つまり単一の音源の物体振動しか扱えないという技術的制約を乗り越えて，対象となるものを音全般にまで拡張した点に認められる（細川, 1990：26）。

この装置は，漏斗状のラッパ口によって増幅された空気の振動を振動膜へと伝え，その板に取り付けられた豚の毛によって，煤（すす）を塗布したガラス板のうえに振動を書き付けるものであった。言い換えるとこの装置は，ヤングらの考案物にみられた「音源」の代わりにラッパ口をおくことによって，特定の物体の振動ではなく空気の振動全般を記録可能にしたのだ。まさにこうした点において，フォノトグラフは19世紀前半に登場した「音の視覚的痕跡を獲得する」装置の1つの到達点をなすものであったということができるだろう。

❖音源から空気の振動へ

これらの例とは技術的な発想が少々異なるが，この時代にはその他にも音を視覚的に捉えるための装置が複数考案されている。ドイツの物理学者であるエルンスト・クラドニは，1800年頃，砂を敷いた薄い板をバイオリンの弓でこすることによって，砂が規則的な図像を作り出すことを突き止めた（図2-4）。また，同じドイツの物理学者ルドルフ・ケーニヒが1862年に考案した「マノメトリック・フレイム」なる装置も，類似した発想に基づいている（図2-5）。すなわち，ガスを噴出するための部位と振動膜とが連動するしくみになっており，後者が音を受け取って振動するとガスに点った炎が

図2-4　クラドニによる実験
（Hankins & Silverman, 1995：131）

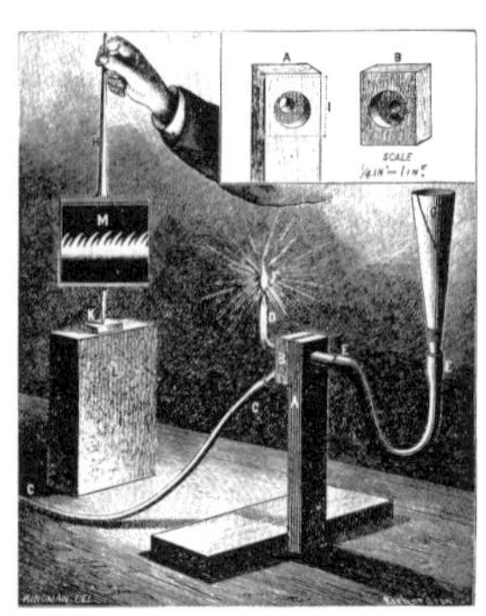

図2-5　ケーニヒのマノメトリック・フレイム
（Popular Science Monthly, 1878）

揺らめく。この揺らめきが残した煤(すす)のあとを観察することによって，音を視覚的に分析することができる，というアイデアである。クラドニの場合はいまだバイオリンの弓という特定の物体が使用されていたが，このケーニヒの実験は，その原理からいって，あらゆる空気の振動を対象化することを可能とした。

これら以前の音の研究においては，音というものはほとんどの場合その「発生源」から切り離されて考えられることがなかった。まさに前節でみた人工音声がそうであったように，そこでの基本的な問いのあり方は，１つの音がいかなる条件・状況下で発生するか，といったものであり，要は音を生みだす原因のほうがつねに前景化されていたのである。これに対して19世紀に生みだされつつあった音への新たな関心は，音という現象そのものを対象化しようとする意思に支えられたものであった。かつてとは異なり，音というものを発生源から自律した水準において捉えようとする発想こそが，音についての研究全般を動かす新たな指針となったのである(Sterne, 2003：31-35)。

前項からここまで取りあげてきた「音を視覚化する」一連の装置は，こうした当時の音響研究の変化と重なり合っている。すなわち，音という物理現象を研究するうえで，音源そのものを観察しようとしていた当初の段階から，当の発生源が生みだす振動の方へと対象の転換がなされる（ヤング／クラドニ）。さらにその後に，音源という存在に依存することなく，あらゆる音響現象を空気の振動として視覚化するための技法（フォノトグラフ／マノメトリック・フレイム）が生みだされることになったのだ。当然のことだが，これらの装置は後の世に現れる録音技術を可能にするために生みだされたのではない。フォノトグラフに連なる一連の発明は，なによりまず，音という現象の客観的観察を可能にするためのテクノロジーであったというべきである。

4 耳に関する研究の発展とフォノトグラフ

音を視覚化するための装置は，およそ18世紀のなかごろから19世紀にかけてみられた解剖・生理学の発展とも関係している。

❖五感の分離

ヨーロッパの地において，五感のうえに生起する諸々の印象（視像や音，におい等）の原因は，外的な刺激の側にあると長らく考えられてきた。例えば，ニュートンに端を発する伝統的な光学理論においては，赤や青といった色彩の印象は，光という物理的要因の方にあらかじめ備わった性質が，感覚器官のうえで発現することによって生じる，というふうに説明されてきた。しかしながら，人間が感覚することのできる印象は，外界の現象と厳密に対応しているとは限らない。よく知られた例としては，白と黒で塗り分けられた独楽（こま）を回転させると，観察者の眼の内側にさまざまな色の印象が作りだされる，というものがある。また，明滅する2つの光源を注視すると，2点のあいだを光が往復しているような印象が生じる，という例なども同様の事象に関わるものだろう。

18世紀末から19世紀全般にかけてのヨーロッパでは，主に視覚と聴覚の領域を中心にして，上記のような「刺激－感応」モデルによっては説明しきれない感覚現象を対象化するために，さまざまな探求がすすめられた。それまで単に光や空気の振動といった「要因」に感応するばかりのものと考えられていた眼や耳が，視像や聴覚像の形成に際して，器官固有のメカニズムを作動させているということが明らかにされようとしていたのだ。

「五感の分離」とは，眼や耳といった感覚器官のそれぞれに，外界の事象諸々から自律した固有の性質があることを認めようとする発想のことであり，近代ヨーロッパの生理学に非常に大きな転換をもたらした。聴覚研究においては，スコットランドの生理学者チャールズ・ベルがそうした姿勢をみせており，聴覚という感覚内部に固有の性質を探求するための研究に先鞭をつけている。ベルの業績を引き継いだドイツの生理学者ヨハネス・ミュラーもまた，人間の聴覚現象が特定の神経のはたらきによって生じていることを証明すべく，薬物の使用や耳の圧迫，また電気による刺激などによって音の印象が生まれる，ということを確かめる実験を行っている(Sterne, 2003：59-61)。

これらの研究者たちの業績を背景に，「音」なるものに関するヨーロッパの学問は新たな様相を帯びることとなった。すなわち，「音」というものの所在が，かつて考えられていたような「身体外部の世界」のみならず，「聴覚という内的世界」のうえにも認められるようになったということだ。外的世界に属する音の「物理的原因」を捉えることと，耳の内部で音の「感覚」が生じる際のしくみを知ろうとすることが，まったくレベルの異なる問題であるということが明らかになりつつあった，というべきかもしれない（Sterne, 2003：62-64)。いずれにせよ，こうした展開を背景にして，1つの新しい対象が音の研究のなかで開拓されていくことになる。人間の耳の内的なはたらきである。

✣「耳」に関する学問と音を視覚化する装置

そもそも耳という器官は，近代の解剖・生理学の歩みのなかでも開拓が最後まで遅れていた領域であったが，およそ18世紀の末ごろから19世紀全般にかけて，この器官の内的な組成を観察するための研究が進められるようになる（耳に関する医学が近代的な発展を見るのもちょうどこの時期のことだ)。現実としては，この段階で内耳より先のはたらきが解明されるなど望むべくもなかったが，それでも，耳という器官の機能を大局的に理解できるようになったことは大きな進展だった。すなわち，外耳から鼓膜，耳小骨をへて蝸牛へと向かう一連の部位が，外界で生じた空気の振動を受け取り，その振動を物的振動として変換・伝達していくための機構であるとの認識がようやく普及しはじめたのである[5)]。

興味深いことに，耳に関するこのような理解がもたらされるとともに，この器官のはたらきを人工的に再現するための試みがみられるようになる。要は，「口」の機能をモデルとした「人工音声」と同様の発想が，今度は「耳」に対して適用されるようになった，ということだ。そうした試みの最たる例といえるのが，かのレオン・スコットによるフォノトグラフである。植字工であった彼は，物理学の教本を校正している際に耳の解剖図を目にしたことが当の装置の着想をもたらしたとの証言を残しているのだ（Charbon, 1981：10）。

繰り返すがフォノトグラフとは，ラッパ口に吹き込まれた空気の振動を記録機構へと伝えることで，音の視覚的痕跡を得るための機器である。他方，耳という器官もまた，鼓膜から内耳へと至るプロセスで，音の響きを物体の振動へと変換する装置であると理解されはじめていた。こうした類似を前にしたレオン・スコットは，耳という器官の「物理的な機構」が「音の響きを刻み付ける装置の原型である」ことに思い至り，自身の考える技術の完成のために「人

5）例えば，ドイツ生まれの物理学者・生理学者フェルディナン・フォン・ヘルムホルツは，本文中で述べた物理主義と感覚主義とを綜合し，聴覚的現象なるものを「①音の物理的な特性」と「②耳の形態や力学」と「③聴覚の神経に固有の特性」の相互作用として理解しようとした（Sterne, 2003：62）。内耳の基底膜上に特定の周波数のみに反応する繊維があり，これらが外界から耳の内部へ到達した空気の振動に共鳴することで音の感覚が生じる——彼のこうした主張自体はのちの研究者に否定されるが，倍音や共鳴等にかかわるヘルムホルツの業績は近代音響学の発展に多大な貢献をもたらした。

図2-6　イヤー・フォノトグラフ
(Sterne, 2003：32)

間の耳の一部を模倣する以外の術があると信じることはできなかった」とまで述べることになる（Scott de Martinville, 1878：31）。

のみならず，レオン・スコットのフォノトグラフは，その誕生からおよそ20年ののちに，耳とのつながりをより明確にすることとなる。1874年，アレクサンダー・グラハム・ベルが協力者のクリアレンス・ブレイクとともに作りだした「イヤー・フォノトグラフ」なる発明がそれである（図2-6）。

この装置の最大の特徴は，その名の通り，フォノトグラフに人間の耳の一部を取り付けた点にある。前述のレオン・スコットの場合，テクノロジーと耳との類似性はその物理的な機能のうえに限られていた。だがベルとブレイクは，鼓膜から耳小骨へと至る耳の部位を実際に装置へと組み込んだのである。音を視覚化するための技術と人間の耳との類似に魅せられていたベルは，本当の耳の一部を用いることで装置の性能に改善がみられると想定していたのだ（Sterne, 2003：36）。音を視覚化するためのテクノロジーの開発に携わった研究者たちが，人間の耳が機能するさまを自らの研究対象のうえに重ねていたことを示す象徴的な事例であるといえるだろう。

5 まとめ

本章では，エジソンの発明に先行するテクノロジーとして，人間の口腔をモデルにした人工音声の試み――話す機械――と，耳をモデルとしたフォノトグラフに連なる機器――音を視覚化する機械――とを紹介してきた。ここまでの議論をふまえて述べるなら，エジソンによる発明は，人工音声と同じ発想に基づいて，つまりは人間の声をその「音源＝口腔」ごと再現しようとしていたのではない。むしろフォノグラフは，音というものを音源から自律した空気の振動として受け取り，その振動を円筒状のスズ箔に打ち付ける，というしくみによって成り立っていた。こうして得られたスズ箔上の痕跡をもとに，そもそもの音が発生した際の振動を再現することこそが，フォノグラフによる音の再生なのだ。

端的に述べてこのしくみは，ケンペレンらの人工音声ではなく，むしろレオン・スコットのフォノトグラフが実現していた「音を視覚化する」ためのメカニズムを，ほぼそのままの原理で引き継ぐものであったといってよい。のみならず，レオン・スコットやベルたちがフォノトグラフと耳を類比的に捉えていた，という事実を再度思い返しておこう。これらのことを踏まえるなら，エジソンによる史上初の録音技術は，口をモデルにした「喋る機械」であったのではなく，耳をモデルにした「音を視覚化する（音を聴く）」技術の延長線上にあるものとして理解されねばならないのである。

◉コラム：自動演奏楽器　［福田］

人間の手を借りず，機械的なしくみによって自動的に音を奏でる――ヨーロッパの地ではこうしたアイデアはかなり古くから存在していた。古代ローマのアレクサンドリアで活躍したヘロンによる「風力オルガン」などはその1つの例である。近代を迎えると，私たちにとっても馴染みの深いオルゴールが，優れた時計生産技術を誇ったスイスを中心としてヨーロッパに自動演奏の文化を花ひらかせる。そこからさらに，オルゴールのしくみを応用した「自動ピアノ」が普及しはじめるのが十九世紀の末ごろのことだ。オルゴールの場合はシリンダー（ないしディスク）状の媒体にある突起が，さまざまな音高が出るよう長さを調節された金属製の「櫛歯」を弾くことによって音が発生する。これに対し自動ピアノは，紙のロールにつけられた複数の孔から情報を読み取ることで，ピアノのハンマーが弦を叩くタイミングと強弱をコントロールするしくみになっていた。同じ時代にはギターやバイオリンといった楽器までもが自動化されたし，さらにはそれら複数の楽器を統合した「オーケストリオン」なる商品までもが製作されている。これらの自動演奏楽器は，当時のヨーロッパの各家庭に音楽を供給するメディアとして一定の存在感を有していたが，蓄音機の登場以降，おおよそ1930年ごろを境にしてその地位を喪失していく。

◉ディスカッションのために

1　フォノグラフによる音の記録・再生の原理はどのようなものであるか簡潔に要約しよう。

2　フォノグラフ以前に存在したさまざまな音のための装置を二種に分類し，その特徴を要約してみよう。また，それら2つのうちフォノグラフにより近い原理で音を表現しているのはどちらだろうか。

3　フォノグラフをはじめとする音響技術の背景には，近代のヨーロッパにみられた身体観の変化が大きく関係している。この身体観の変化にかかわる箇所を本文から抜き出し，この「変化」が意味するところのおおよそをまとめてみよう。

【引用・参考文献】

秋吉康晴（2008）．音響装置論―19世紀末のフォノグラフの声　美学芸術学論集 **4**, 48-64.

ウッド, G.／関口 篤［訳］（2004）．生きている人形　青土社（Wood, G. (1996). *Edison's Eve*. London: Anchor Books.）

キットラー, F.／石光泰夫・石光輝子［訳］（1999）．グラモフォン・フィルム・タイプライター　筑摩書房（Kittler, F. A. (1986). *Grammophon, film, typewriter*. Berlin: Brinkmann & Bose.）

九州芸術工科大学音響設計学科［編］（2001）．音響設計学入門―音・音楽・テクノロジー　九州大学出版会

クラーク, R. W.／小林三二［訳］（1980）．エジソンの生涯　東京図書（Ronald, W. C. (1977). *Edison : The man who made the future*. London: Macdonald and Jane's.）

ジェラット, R.／石坂範一郎［訳］（1981）．レコードの歴史―エジソンからビートルズまで　音楽之友社（Gelatt, R. (1977). *The fabulous phonograph, 1877-1977*. London: Cassell.）

シンガー, C.／西村顕治・川名悦郎［訳］（1983）．解剖・生理学小史―近代医学のあけぼの　白揚社（Singer, C. (1957). *A short history of anatomy from the Greeks to Harvey*. 2nd ed. New York, NY: Dover Publications.）

竹下節子（2001）．からくり人形の夢―人間・機械・近代ヨーロッパ　岩波書店

千葉　勉・梶山正登／杉藤美代子・本多清志［訳］（2003）．母音―その性質と構造　岩波書店（Chiba, T. & Kajiyama, M. (1958). *The vowel: Its nature and structure*. Phonetic Society of Japan.）

中川克志（2010）．音響記録複製テクノロジーの起源―帰結としてのフォノトグラフ，起源としてのフォノトグラフ　京都精華大学紀要 **36**, 1-20.

ハント, F. V.／平松幸三［訳］（1984）．音の科学文化史―ピュタゴラスからニュートンまで　海青社（Hunt, F. V. (1978). *Origins in acoustics: The science of sound from antiquity to the age of Newton*. New Haven, CT: Yale University Press.）

ブルース, R. V.／唐津　一［監訳］（1991）．孤独の克服―グラハム・ベルの生涯　NTT出版（Bruce, R. V. (1973). *Bell: Alexander Graham Bell and the conquest of solitude*. London: Gollancz.）

細川周平（1990）．レコードの美学　勁草書房

増田　聡・谷口文和（2005）．音楽未来系―デジタル時代の音楽文化のゆくえ　洋泉社

Charbon, P. (1981). *La machine parlant*. Strasbourg: Jean-Pierre Gyss.

Degerando, M. (1827). *De l'education des Sourds-Muets de naissance*. t. II, Paris: Jules Renouard.

Hankins, T. L., & Silverman, R. J. (1995). *Instruments and the imagination*. Princeton, NJ: Princeton University Press, p.131.

Heudin, J. C. (2008). *Les créatures artificielles: Des automates aux mondes virtuels*. Paris: Odile Jacob.

Morton, Jr., D. L. (2004). *Sound recording: The life story of a technology*. Westport, CT: Greenwood Press.

Popular Science Monthly (1878). Volume 14.

Scott de Martinville, É.-L. (1878). *Le problème de la parole s'écrivant elle-même*. Paris: Auteur.

Sterne, J. (2003). *The audible past: Cultural origins of sound reproduction*, Durham, NC: Duke University Press.（スターン, J. ／金子智太郎・谷口文和・中川克志［訳］（印刷中）．聞こえくる過去—音響再生産技術の文化的起源　インスクリプト）

Welch, W. L., & Burt, L. B. S. (1994). *From tin foil to stereo: The acoustic years of the recording industry, 1877-1929*. Gainesville, FL: University Press of Florida.

第3章 録音技術と感覚の変容

ハイファイ理念の前史

福田裕大

「違いはありません！
(No difference!)」
(The Outlook, 1915：97)

フォノグラフをはじめとする録音技術は，記録された音をそのままのかたちで再現するものであると一般には理解されている。例えば，CDプレーヤーから1人の歌手の歌声が聞こえてくるとき，私たちはそれを当の「歌手の声」として聴くのであり，CDプレイヤーという機械が音を出しているなどとわざわざ意識したりはしない。ある録音物が，かつてどこかで生みだされた現実の音声の「写し」である，とするような考え方にはおよそ100年に及ぶ歴史があり，同様の発想は私たちの現代的な音楽観の一部にもはっきりと伝えられている。しかしながら，エジソンのフォノグラフを受け取った当時の人々は，はじめからこうした理念をもってこの発明品と向き合ったわけではない。

1 はじめに

録音技術を通じて生みだされる音（再生音）が，録音の現場で鳴り響いたはずの音（原音）ときわめて近い状態にあることを「ハイ・フィデリティ（高忠実性：略してハイファイ）」という。ある録音物が，かつてどこかで生みだされた現実の音声の「写し」である，とするような考え方にはおよそ百年に及ぶ歴史があり，同様の発想は私たちの現代的な音楽観の一部にもはっきりと伝えられている。本章の目的は，フォノグラフの完成直後からおよそ50年にわたる期間のうちにみられた人々の反応を追うことで，こうした「ハイファイ」（☞9章）的な価値観が形成されていくさまを跡づけることにある。

あらかじめ図式化しておけば，録音技術を受け取った最初期の人々の反応のうちには，おおむね以下の2種類の傾向が観察される。すなわち，この装置から発される音を前にして，それを文字通り「機械が生みだした音」として受け取る1つ目の反応と，「音の発生源が機械とは別に存在している」と考える2つ目の反応である。さらに，フォノグラフの初期の受容史においては混在していたこの2種類の反応は，この装置のための産業が整備されはじめる1880年代の末を迎えるあたりから，ある方向性に収れんしていく。このころになると，蓄音機そのものが音を発する機械であるというあたりまえの事実から人々は目をそらしはじめ，かわって当の装置の背後に，音の発生源としての「原音」を求めようとする傾向が顕著になる。本章では以下3つの節をかけて，こうした人々の反応の段階的推移を確認していく。

2 新しい技術のもたらす衝撃

✣もう1人の発明者，シャルル・クロ

図3-1　シャルル・クロ
（Charbon, 1981：17）

録音技術の歴史のなかには，シャルル・クロというもう1人のパイオニアがいる。多才な人物であり，多種多様な文筆活動を行った詩人・作家でありながら，当時はまだ白黒だった写真をカラー化するためにさまざまな実験を行った科学者でもあった。のみならずこの人物は，エジソンによるフォノグラフの発明に半年先立つ時期に同種のアイデアを考案していたことによっても知られている。

1877年4月，クロは「聴覚によって知覚された現象の記録と再生の手法」なる短い文書を執筆し，フランスの科学アカデミーにこれを送付した。ここに記されたクロのアイデアの特徴は，煤の膜のうえに獲得した音の描線を，「カーボン印画法」なる印刷技術を応用して，別の媒体のうえに転写するという点にある。実際にはこうした転写のアイデアは，色彩写真研究のなかで培われた知識を流用したものに過ぎなかったが，後世に実現される円盤型レコードの「プレス」（母型となる1つの版から複数のレコードを作りだすこと（☞5章））を先取りしたものとして評価されることになる。事実，「グラモフォン」を開発したエミール・ベルリナーは，自身の論文のなかでクロの転写のアイデアを評価している（Berliner, 1887）。

科学者としてのクロの関心は，目や耳といった人間の感覚器官の機能を理解することに向けられており，彼は自身の色彩写真や蓄音機の研究を通じて，いわばそれらの器官の機械的な代理物を作り上げようとしていたのだと思われる（福田, 2014）。だが，クロの狙い

が理解されることはなかった。エジソンより先に想を得ておきながら，この人物がついに蓄音機の父としての栄誉を得ることがなかったのは，当のアイデアを具現化するための金銭的援助が得られなかったからだとされている。事実，クロが当時進めていた色彩写真の研究を援助していたある貴族は，録音技術に関するクロのアイデアに対してはほとんど理解を示さなかった。それどころか，この貴族の母親は，クロが「話す機械」を作りだそうとしていることを聞きつけて，その試みをおよそ次のような言葉によって告発しようとしたらしい。「言葉を生み出せるのはただ神のみで，そんな力があると信じこませて神とはりあおうとするなんて，恐るべき冒瀆です。」(Charbon, 1981：21)。

❖新たなメディアがもたらす衝撃

「神」や「冒瀆」といったことばが持ち出されていることに少し戸惑うが（世界のはじまりに神の声をおいたキリスト教文化特有の反応とみるべきだろう），もう少し一般的な観点からみるならば，録音技術というまったく新しい技術の構想を聞かされて，この母親が平静でいられなかったということは，ある意味でまったく「正常」な反応である。

19 世紀の欧米社会では，録音技術のみならず，写真術や映画といった新種のテクノロジーが生みだされたが，当の社会に暮らす人々は，これらの技術をはじめからすんなりと受入れたわけではない。むしろ 19 世紀のヨーロッパ社会は，いま現在私たちが自然に使いこなしているこれらの視聴覚メディアに備わった新しさを，まさに文字通りの新しさとして受け取らねばならなかった。

例えば写真という新種の視覚メディアは，それまでならことばや絵によって表わすほかなかったものを，はじめてありのままのすがたで写しとることを可能にした「魔法のような」存在だった（大久保, 2013：25)。映画の場合は，そうした客観的な世界像をさらに動かしてみせることで，現実に目にしている人物や光景とほぼ変わらない「運動する」イメージをひとびとの目に届けることになった (村山, 2003：42)。あるいはまた，自分自身が訪れたことのない場所，自らの目が届かないところの光景を見るという刺激を受けて，当時の人々が大いに熱狂したことも知られている。

録音技術もまた，まちがいなくこうした意味での新しさを備えた技術として世の中に投げ込まれ，それを受け取った人々にさまざまな衝撃を突きつけた。この衝撃はいかなるものであり，また，当時の人々はいったいどのようにしてこの衝撃に自身を慣らしていったのだろう[1)]。こうした意味での人々の反応を検証することは，録音技術が当時の西洋社会のうちがわに自身の占める位置を見出していく過程を追ううえで，重要な意味がある。

3 最初期の反応

❖既存のメディアを喩えにする：「声の写真」という理解

まず，クロのいたフランスでの反応からみておこう。先述の通りクロは蓄音機を実際に制作したわけではなかったが，本人の周辺で活動していた2人のジャーナリストが，次に紹介するような非常に興味深い記事を執筆している。『聖職週報』誌に著されたル・ブラン（ルノワール神父なる人物の筆名であるらしい)，ならびに，『ル・ラペル』誌のヴィクトール・ムーニエの文章である。

---

1) この点についてはジョナサン・スターンの議論が大いに参考になる。スターンは，録音技術という新発明がもたらしたインパクトをそれ単独で捉えようとするのではなく，この技術の誕生以前に存在していた音にかかわる様々な知や文化的実践との連続性においてそれを問題化しようとしている（Sterne：2003)。

> フォノグラフという名をもつことになるこの写真術は，人々の声，歌声，朗読を，彼らがいなくなってしまったずっとのちの世紀においても，彼らが生きていたときさながらに繰り返すことであろう。〔……〕こうした諸々の音は，フォノグラフのなかに保存され標本となるのである（Le Blanc, 1877）。
>
> 著名人の写真を買うように私たちは彼らの声をも買うことになるだろう。そして，写真の顔つきに見とれるのと同じように，彼らの声を聴く喜びを享受することができるようになるのである（Meunier, 1877）。

どちらの文章も，音の記録と再生を可能にする技術の構想を聞きつけて，まだ見ぬその装置のありようを想像しながら書かれたものである。なにより興味を惹くのが，いずれの記事も，録音技術という未知なるものを，写真という既知の技術に喩えることで，前者のもつ新たな技術的可能性を理解しようとしているところである。そもそも写真という技術が生まれたのはフォノグラフの発明におよそ40年先立つ1839年のことであり（フランス人のダゲールが「ダゲレオタイプ」を公表したのがこの年である），以来西洋の諸都市では，この技術を用いた新たな視覚イメージが急速に普及した。とりわけ大きな流行をみたのが，「肖像写真（ポートレイト）」や，「カルト・ド・ヴィジット」と呼ばれる名刺大の写真である。被写体の顔かたちをそのまま再現したこれらの写真イメージは，家族やなんらかの社会集団の記録を示す「アルバム」，また，社交の際に交換される「名刺」に類するものとして，まさに本人の代理物であるかのように流通していたのである（前川, 2007；2013）。

録音技術の想に触れたクロの周囲のジャーナリストたちがもたらした反応は，写真に比類しうるような客観的な像を，視覚ではなく聴覚の領域で実現しうるものとして当の装置を理解するものであった。言い換えると，ある人間がもつ音声の像をありのまま記録し，それをもって本人の（あるいはその声の）不在を埋めうるような「声の代理物」を実現する装置として録音技術を位置づける。実のところこうした発想は，フォノグラフを生みだしたエジソンの側でも共有されていたものである。実際のところこの発明家は，1878年2月に執筆された「フォノグラフとその未来」という文章（☞4章）のなかで，人間の声をありのままに記録しうるという可能性にフォノグラフの「未来」を重ねようとしていた。

❖初期の公開実演

ただし，そうした未来を実現するためには，録音技術による音の記録と再生が写真と同程度の客観性を備えていなければならない。だが，人間の声をありのままのかたちで記録するという理想は，この時点では理想でしかなかった。その最大の原因となったのは，当時のフォノグラフの音質，ならびにその技術的特性である。

1877年12月初旬，エジソンたちは完成したばかりのフォノグラフを，大衆科学誌『サイエンティフィック・アメリカン』の編集部に持参し，この装置を用いた史上初の公開実演（デモンストレーション）をおこなっている。このときの様子を報告した同紙12月22日号によれば，エジソンがフォノグラフのクランクをまわすと，「その機械は我々〔＝記者たち〕の健康を気にしたうえで，フォノグラフをどう思うか尋ね，調子はすこぶるよいと〔自分で〕答えると，ごく丁寧なお休みの言葉を告げた」らしい（Morton, 2004：13）。

もう1つ，最初期になされた公開実演としてよく知られているのは，1878年5月にパリの科学アカデミーを会場にして行われたものである。このとき，エジソンの側から派遣された技師のプシュカーシュは次のような文言をフォノグラフに吹き込み，それを再生させることによって集まった人々を大いに驚かせたという。「も（む）

っしゅー，ふぉのぐらふ，ふらんす ゴヲハナセマスカ？」「ハイ，ハナセマスヨ。」（Charbon, 1981：48）。

ここで見逃せないのは，これらの公開実演についての報告文が，思いのほか冷静な筆致でフォノグラフによる再生音の問題点を記していることである。実際，ある論者の言葉によれば，完成直後（1877-78年）のフォノグラフの再生音は「dとt」，「mとn」の区別もつかぬほどであり，なおかつそうした酷い音が（スズ箔という脆弱な記録媒体のせいで）ものの数回の再生ののちには文字通りの雑音に変わってしまったという（ジェラット, 1981：20）。と同時に，手回し式のハンドルで操作されるこの機械には，録音と再生をおこなうさい，つねに一定の速度でシリンダーを回転させないと音が変化してしまうという弱点があった[2)]。件の『サイエンティフィック・アメリカン』の報告文は，「時計仕掛け」などなにかしら正確な動力を設置しないことには，音をそのまま再現するなどという狙いが実現することなどないと述べている。事実，パリでの公演の場では，おそらくこうした回転速度のズレが原因だったのだろう，フォノグラフが発したフレーズが「ひどく変わったファルセット」のような声に変わってしまったという（Charbon, 1981：48）。

✣機械の発する音として聴く

とはいえこの時期の公開実演に参加した人々にとって，こうした忠実性の欠如はさほど問題にならなかったようだ。むしろ彼らの驚きや関心は，フォノグラフという１つの「機械」が人間の声を話し，音を生みだすという事実そのものに向けられている。例えば，件の

2）音の高さとは，振動の周期の長さにあたり，周期が短くなると音が高くなる。再生の際に録音時よりも速く記録媒体を回転させると，読み取られる振動の周期が短くなるために，再生音の音高が上がる。逆に回転数を落とす場合は，読み取られる周期が長くなり，音高が下がる。

『サイエンティフィック・アメリカン』の報告文は，この装置の音質の問題を技術的な観点から細かく指摘しつつも，「機械が自分の名前をはっきり明瞭に発話するなんてちょっとした不思議である」とも述べている。

さらに初期の公開実演のなかには，フォノグラフという機械の技術的特性を活かした興味深い演出がもちこまれたことも知られている。エジソン自らが立ち会ったとされるニューヨークでの実演時には，コルネット奏者による演奏を吹き込んだフォノグラフと，当のコルネット奏者との演奏合戦のようなことが行われた（ジェラット，1981：17-18）。その際，エジソンはフォノグラフのハンドルの回転速度をわざと早めることで，もともとの演奏を，奏者の手が追いつかないほどの速度で，さらには（その結果として）コルネットでは出るはずもない高音で「再生」した。また別の実演会の際には，現場で録音した「メリーさんの羊」をさまざまな回転速度で「再生」してみせることで，それが歌い手の性別さえ違って聴こえるほど変化するさまを体験させるパフォーマンスがなされたことも報告されている（秋吉，2008：60）。

世の中に投げ出されたばかりのフォノグラフは，手回しハンドルを操作する際に再生速度や音高が変化する，という技術的な性質を前景化させるようなかたちで公開されており，聴衆たちもまたそうした実演をさしたる違和感もなしに受けいれていた。「再生音」を「原音」の忠実な代理物とみなすような「ハイファイ」的理念は，ここではまだ表面化していないとみるべきだろう。むしろ当時の公開実演に身を置いた人々は，のちにその種の理念によって透明化されていくある事実，つまり，「再生音」なるものが音響メディアによって作りだされた「機械の発する音」にほかならないという事実から，いまだ目（耳？）をそらしていなかった。その証拠とまではいえないが，この時代（1878年）に制作されたある図像（図3-2）は，

図 3-2 《Mr. フォノグラフ》(Brady, 1999：41)

完成直後のフォノグラフが人々の目にどのように映じていたかを知るうえで，非常に興味深い資料である。そこでは当の機械が《Mr. フォノグラフ》なる名のもとに擬人化され，さながら 1 個の発話主体であるかのように描かれているのだ。

✣発生源を仮構する

とはいえ，人々の態度は一様であったわけではない。先述のパリ公演の様子を伝えた文章のなかには，次のような別種の反応があったことを知らせている箇所がある。アカデミーの席でフォノグラフがなにかしらのフレーズを反復してみせたとき，大半のアカデミー会員たちが驚きを隠せずにいるなかで，幾人かの口からこの実演がまやかしであるとの疑念が表明された。その疑念とは，どこかに腹話術師がかくれていて，本当はそこから声が生みだされているのではないか，というものだった（Charbon, 1981：48)。

こうしたもう 1 つの反応は，フォノグラフという技術がもたらした新しさの一端を浮かび上がらせているように思われる。この装置は，そもそもの音の発生源から離れた場所に音を届けることを可能にした技術の代表である。もちろん上記の例の場合，こんにちの観点からすれば，フォノグラフそのものが音の発生源とみなしうることが容易に理解される。しかしそうした判断は，人間の声に類する音が人間以外の事物から発されるという事態を，私たちが日常的に経験しているからこそ可能になるものである。逆に，1870 年代末の欧米諸都市に暮らした人々は，こうした意味で発生源から切り離された音を経験する機会をいまだほとんど有していなかった。同種の可能性をもたらした技術としては電話が即座に思い浮かぶが，発明はフォノグラフにわずか1年先立つに過ぎない。

このような技術的環境のもとに暮らす人々が，目の前にある機械からひとの言葉が発されていることを理解できなかったとしても，それは無理からぬことである。そうした反応をみせた人々の場合，当の音が聴こえている場のなかに，なにかしら自身が想定しうる「音の発生源」を仮構することによって，目の前の現象を理解しようとすることがほとんどであった。上記の「腹話術師」などはそうした代理物の例として比較的合理的なもので，なかには，フォノグラフから発される声を前にして「悪魔」の存在を疑うような反応も見られた（秋吉，2008：51）。

 黎明期のハイファイ言説

❖フランシス・バラウド《主人の声》

1888年ごろに蓄音機産業が本格化し，録音装置が社会のより広い範囲に普及していくにつれ，この装置に対する人々の反応にも変化が見られるようになる。

図3-3にあげたのは，《主人の声》（His Master's Voice）と題された絵画である（フランシス・バラウド作；1898年）。この絵に描かれ

図3-3　《主人の声》（His Master's Voice）（Sterne, 2003：302）

た「ニッパー（Nipper）」なる名の犬は，同じく絵のうえにある蓄音機から亡くなった主人の声が聴こえてくると，そこに近づいていってラッパ状の再生管のなかを覗き込んだのだという。のちにHMV社をはじめとするさまざまなレコード会社のロゴとなる（☞5章）この絵は，録音技術が生みだす音と，それを聴く人々との関係が新たな段階をむかえつつあったことを象徴するかのような作品だった。この絵のうえでは大きく分けて2つの考え方が表現されているといえるだろう。第一に，蓄音機というテクノロジーが，そのうえにかつて吹き込まれた音を忠実に再現しうるものである，ということ。第二に，そのような再生音の忠実さは，ときに当の音が技術的な代理物であることを忘れさせうるほどのものであるということ。言い換えると，その忠実さがしばしば，音を吹き込んだ当人の存在そのものと混同されるようなこともありうる，ということ。

注意しておかねばならないのは，ここにみた考え方が当時の蓄音機の技術的な実態と符合していたわけではないということだ。前節で取りあげた音質の問題は，産業化の過程を迎えて以降幾らかは改善されていたにしても，抜本的な解決に至っていたわけではない。そもそも，録音の過程に電気がもちこまれる以前の段階では，蓄音機の記録能力は一般的な言語運用に必要な音のひろがりをすべてカバーしうる水準にはなかった（☞6章：111頁）。にもかかわらず人々は，録音技術を産業の波にのせようとする過程のうえで，この装置の再生音と「原音」，ないし当の「原音」の担い手の存在とをすすんで混同するような言説を重ねようとしていた。「ハイファイ」的な理念が次第にかたちをとりはじめるのである。

✣初期の広告

同様の傾向は，1900年代に入り，録音技術が音楽ソフトを再生するための装置として位置づけられるようになると，さらに明瞭に

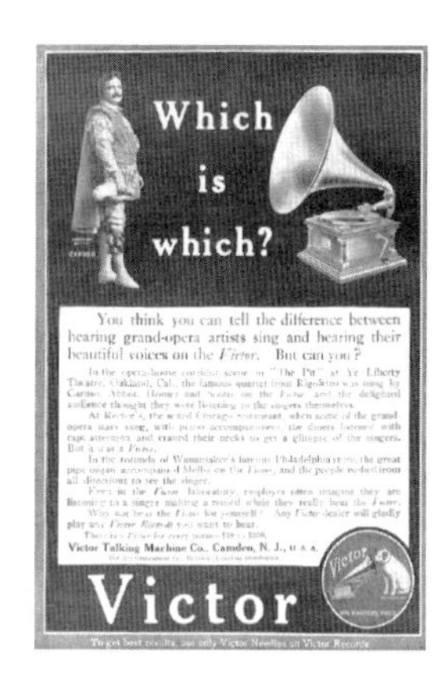

図 3-4　ヴィクター・トーキング・マシーン社の広告
（左：1908 年（The Outlook, 1908），右：1915 年制作（Popular Mechanics, 1915：3）

なる。

まず，ヴィクター・トーキング・マシーン社（米；1902 創設）が制作した２枚の広告をみてみよう。これら２枚の広告には，オペラ歌手のエンリコ・カルーソーのすがたと蓄音機とが併置されて描かれており，それぞれ，「どっちがどっち？」「両方ともカルーソーです」とのキャッチコピーが付されている。さらに，1908 年の広告のうえでは次のような問いかけがなされている。「グランド・オペラの芸術家たちが歌うのを聴く。『ヴィクター』〔同社の蓄音機〕で彼らの美しい声を聴く。２つの違いがわかるとお考えかもしれない。だが，本当にできるだろうか」。もちろん想定されている答えは，「できない」であろう。1915 年の広告に付された文言は，この問いかけに対する理想的な解答であるといっていい。「カルーソーのレコードを聴く」ことは，「メトロポリタン・オペラ・ハウスで彼（の歌）を聴くこと」と等価な体験とみなしうるのである。

要するにこれらの広告がいわんとしていることは，高い「忠実性」を誇る《ヴィクター》の再生音と，もともと吹き込みを行ったオペラ歌手による生の歌声とのあいだには違いが認められない，ということである。先述のニッパーの例同様，再生音を原音の等価物とみなす「ハイファイ」的理念の先駆的なあらわれであるといえようが，興味深いことに，こうした「再生音」と「原音」の聞き比べを実践するようなイベントが当時現実に存在していた。

❖トーン・テスト

1888年に設立されたエジソン・フォノグラフ社は，1915年ごろから北米諸都市を中心に「トーン・テスト」なるコンサート式のイベントを開催しはじめる。会場のステージでは，独唱を担当する歌手の脇に同じ歌手の歌声を収めたレコードが用意されているが，聴衆たちはカーテンなどで目隠をされており，これらを直接目にすることができない。そこから，歌手の「生の」歌唱の途中で担当者がレコードの再生を開始する。このようにして歌手の歌声とレコードの再生音の変わり目を聴衆たちに当てさせるというのがこのトーン・テストの主旨である。

この種の実演の様子を伝えるものとしては，例えば1919年になされたトーン・テストの結果をもとに制作された広告が残されている。ここに掲載された文章に従えば，ロライナ・ラザリなる女性歌手の歌声と，エジソン・フォノグラフ社の新作機器による再生音とを前にして，聴衆たちは歌手の唇の動きを注視する以外に両者の違いを認める術をもたなかったという。とはいえ，広告の制作者による文章を鵜呑みにして，トーン・テストの主催者たちが「ハイ・フィデリティ」の理想を現実のものとしていた，などと信じるべきではない。聴衆たちが実際には歌手と蓄音機の違いに気づいていたとする資料も存在する（秋吉, 2013：49；Harvith & Harvith, 1987：44）。

なんにせよ，ここで次のことをはっきり述べておかねばならない。すなわち，歌手の生の歌とレコード上の歌とが交換可能であることをアピールしようとする当のトーン・テストが，実態としては歌手の側からの歩み寄りによって支えられていたという事実である。このトーン・テストのためにエジソン・フォノグラフ社に雇われた専属歌手たちは，みなレコードに似せて歌うための優れた技術をもつものばかりだった。レコードに似せて歌う，とはこの場合，録音物のパフォーマンスを記憶しつつ，テンポを一定に保ち，歌い回しや息継ぎのタイミングまでをも正確に再現するということである。のみならず，いまだ扱いうる音の範囲が著しく限定されていたフォノグラフにあわせるようにして，それらの歌手たちは，この機械が録音可能な音量の枠内で歌う術を身につけていたという（Sterne, 2003：262）。

以上のことをふまえれば，「トーン・テスト」において歌手の声とレコードの声の違いを減じていたのは，蓄音機の側の忠実（フィデリティ）さなどではなかった。そうではなくむしろ，ステージのうえの歌手たちこそが，上記のようなしかたで蓄音機の音を忠実になぞることによって，トーン・テストという空間を支えていたのである。

5　おわりに

本章でみてきたように，エジソンのフォノグラフを受け取った人々の反応は，蓄音機による再生音を「機械の音」として受け取っていた最初期の段階から，この機械が介在しているという事実を少しずつ透明化していくそれ以降の段階へ，という図式によって要約することができる。とりわけ，このうち後者にあたる「ハイファイ」的な理念は，本章で扱った時期以降にもさまざまな言説や文化的実践を通じてくりかえし強調されていくことになる。

録音技術の再生音が歌い手や演奏者と混同されるほどに高い音質を備えていることは，確かに素晴らしいことなのかもしれない。だが本章の議論をふまえれば，こうした「原音」志向は蓄音機という装置に備わった性能から自然に導きだされたわけではなかった。蓄音機の受容史から浮かびあがってくるのは，当時の産業の担い手たちが，諸々の商業広告やトーン・テストといった実践を通じて，この種の理念の存在感を少しずつ大きくしてきたという事実である。

再生音と原音を同一視するような聴取のありかたは，私たちの日常的な音の文化のなかにも引き継がれている。しかしながら，録音技術と向き合う際，こうした「原音」志向の態度を唯一の自然と信じ込んでしまうような認識は，音の文化の多様性と向き合ううえで障害をもたらすものともなるだろう。詳細は後続章での議論に委ねるが，録音技術を媒介とした音の文化と向き合うためには，この技術が介在しているという事実を消し去ることのないものの見方を作り上げていく必要があることを忘れてはならない。

◉ディスカッションのために

1 「ハイファイ的理念」とはどのようなものか要約してみよう。また，自分たちの日常的な音楽体験のうちに，どのようなかたちでこのハイファイ的理念が入り込んでいるか話し合ってみよう。
2 エジソンのフォノグラフは，最初期になされた公開実演において，どのようなかたちで聴衆たちへと提示されたか。上記「ハイファイ的理念」と比較しながらまとめてみよう。
3 本文では「ハイファイ的理念」の先駆的あらわれとして，トーン・テストというイベントを紹介している。このイベントの実態がどのようなものであったか要約してみよう。

【引用・参考文献】

秋吉康晴（2008）．音響装置論―19世紀末におけるフォノグラフの声　美学芸術学論集 **4**, 48-64.
秋吉康晴（2013）．録音された声の身体―人間と機械のあいだから聞こえる声　美学芸術学論集 **9**, 38-53.
大久保遼（2013）．写真はどこにあるのか―イメージを複製するテクノロジー　飯田　豊［編］メディア技術史　北樹出版
岡　俊雄（1986）．レコードの世界史―SPからCDまで　音楽之友社

サドゥール, G.／丸尾　定・村山匡一郎・出口丈人・小松　弘［訳］(1992). 世界映画全史 第一巻 映画の発明—諸器械の発明1832-1895　国書刊行会 (Sadoul, G. (1946). *L'invention du cinéma 1832-1897*. Paris: Denoël)

ジェラット, R.／石坂範一郎［訳］(1981). レコードの歴史—エジソンからビートルズまで　音楽之友社 (Gelatt, R. (1977). *The fabulous phonograph, 1877-1977*. London: Cassell.)

バージャー, J.／伊藤俊治［訳］(1986). イメージ—視覚とメディア　パルコ出版 (Berger, J. (1972). *Ways of seeing*. London: Penguin books.)

福田裕大 (2014). シャルル・クロ 詩人にして科学者—詩・蓄音機・色彩写真　水声社

前川　修 (2007). ヴァナキュラー写真論の可能性　美術芸術学論集 **3**, 1-17.

前川　修 (2013). カルト・ド・ヴィジット論—ヴァナキュラー写真の可能性1　美学芸術学論集 **9**, 4-21.

村山匡一郎［編］(2003). 映画史を学ぶクリティカル・ワーズ　フィルムアート社

Berliner, E. (1887). The Berliner Gramophone. *The Electrical World,* November 12.

Brady, E. (1999). *A spiral way: How the phonograph changed ethnography.* Jackson, MS: University Press of Mississippi.

Charbon, P. (1981). *La machine parlant.* Jean-Pierre Gyss.

Edison, T. A. (1878). The phonograph and its future. *The North American Review* **126**(262), May-Jun.

Giffard, P. (1878). *Le phonographe expliqué à tout le monde, Edison et ses inventions.* Paris : Maurice Dreyfous.

Harvith, S. E., & Harvith, J. (1987). *Edison, musicians, and the phonograph : A century in retrospect.* New York: Greenwood Press.

Laing, D. A. (1991). Voice without a face: Popular music and the phonograph in the 1890s. *Popular Music* **10**(1), 1-9.

Leblanc, L. (1877). Le téléphone et le phonographe. *La Semaine du Clergé* **10**, octobre.

Meunier, V. (1877). Le son mis en bouteille par M. Charles Cros. *Le Rappel,* n. **2832**, 11 décembre.

Morton, Jr., D. L. (2004). *Sound recording: The life story of a technology.* Westport, CT: Greenwood Press.

Popular Mechanics (1915). vol. 23, no. 1, January.

Tournès, L. (2008). *Du phonographe au MP3: Une histoire de la musique enregistrée XIXe-XXIe siècle.* Autrement.

Scott de Martinville, É.-L. (1878). *Le problème de la parole s'écrivant elle-même.* Paris : Auteur.

Sterne, J. (2003). *The audible past: Cultural origins of sound reproduction.* Durham, NC: Duke university press.（スターン, J.／金子智太郎・谷口文和・中川克志［訳］（印刷中）．聞こえくる過去―音響再生産技術の文化的起源　インスクリプト）

◉ Topic 1：録音技術と文学―――福田裕大

電話，ならびに蓄音機といったテクノロジーは，現実の世界に影響を与えただけでなく，同時代の文学作品をも刺激した。西洋の近代小説のなかには，上記のような音響再生産技術をフィーチャーした作品が少なからず存在する。はじめにアメリカの作家エドワード・ベラミーが 1888 年に執筆した『かえりみれば』を見てみよう。不慮の事故によって生き埋めになった青年が，目覚めた先の 100 年後（西暦 2000 年）の世界を見聞するといったスタイルの近未来型ユートピア小説である。このなかでベラミーは，電話という（彼にとっては最先端の）音響技術が未来の世界で音楽配信のためのツールとして用いられるさまを描き出している。この未来の社会では，誰かしらの演奏家が二十四時間途切れることなく音楽を奏でており，電話を用いた通信の網の目がその演奏を個々の家庭に届けているというのだ。電話という技術を一対一の双方向的コミュニケーション・ツールとして用いている現代から見れば奇妙とも思える用途だが，こうした用例は現実の世界でも実際に見られたものである。1881 年のパリ国際電気博覧会で実演公開に供された「テアトロフォン」や，ハンガリーのブダペストで 1893 年から運用された「テレフォン・ヒルモンド」などのサービスが代表例である（☞ 7 章）。

怪奇小説の古典として現代にまで名を残すブラム・ストーカーの『ドラキュラ』もまた，蓄音機という新種の技術に非常に重要な位置づけを与えている。怪物退治という枠組みこそ単純だが，この作品は，手紙や日記など，複数の登場人物たちによる証言をパッチワークのように組み合わせた複雑な語りの手法を誇るものである。興味深いのは，こうした語りの一部を構成するジャック・セワードなる登場人物の証言が，文字ではなく音声として，つまりは蓄音機によって記録されている点である。まさに本書第 4 章で言及することになる「口述筆記機具」としてのありかたを地でいくような用いられ方がなされているわけだ。なお，この蓄音機による記録は，『ドラキュラ』なる作品の展開のうえで実に重要な役割を果たしている。この点に関しては武藤

The Outlook (1908). vol. 88 No. 16 April 18.
The Outlook (1915). Vol. 123, No.3.
Wood, G. (1996). *Edison's Eve*. London: Anchor Books, p.124. (ウッド, G.／関口　篤［訳］(2004). 生きている人形　青土社)
Welch, W. L., & Burt, L. B. S. (1994). *From tin foil to stereo: The acoustic years of the recording industry, 1877-1929*. Gainesville, FL: University Press of Florida.

浩史の『ドラキュラからブンガク─血，のみならず，口のすべて』が非常にスリリングな議論を展開しているので，ぜひそちらを参照してほしい。

これら同時代の小説作品を読むことのおもしろさの1つは，『かえりみれば』の場合なら電話，『ドラキュラ』なら蓄音機というように，世にすがたを見せたばかりの音響再生産技術が有していたはずの様々な用途，様々な可能性を再確認できることにある。フランスの小説家ヴィリエ・ド・リラダンもまた，『未来のイヴ』(1886) という一篇の小説作品のなかで，蓄音機という新技術の可能性を想像によって奔放に開拓している。作品の大部分は，イギリス人貴族エワルドと，その友人である「エジソン」との対話からなる。アリシア・クラリーなる絶世の美女と恋仲になりながらも，彼女の精神の見事なまでの俗悪さに絶望したエワルドを前にして，作中のエジソンは自身密かに進めてきたある研究を開陳することによって友を救おうとする。すなわち，アリシアの容姿を完璧にコピーした人造の人間に別個の精神を与えることによって，ひとりの「理想の女性」を生みだそうとするのである。この女性の母体となる人造人間を製作するために，作中のエジソンは，動力と伝達系には電磁気を，中枢の制御系にはパンチ・カードを思わせる穿孔式のシリンダーを取り入れたほか，彼女の声を司るパーツとして「黄金の蓄音機」を使用した。この蓄音機のシリンダーには当代の偉大な作家・詩人たちの言葉がアリシア当人の声で吹き込まれており，これらの音声のストックからその都度再生をなすことによってハダリーは会話のための能力を実現する。のみならずエワルドは，人形がつけている指輪に取り付けられた種々の宝石を押すことで，発話の内容の指令を送ることができるというのだ。

この人造人間にはペルシア語で理想を意味する「ハダリー」という名が与えられている。蓄音機という希代の新発明が，エワルドという一個人の，いかにも男性的な理想を実現するためのツールとして用いられているところがおもしろい。もう一点，作中のエジソン自らが強調している通り，ひとたび機械となって現実のかたちをとると，この理想（ハダリー）は決して老いることなく，不滅の存在となる。現代の私たちの想像力からすると及びもつかないが，録音技術を受け取った同時代の人々は，この技術のうえに人間の限りある生を永遠化する可能性を見ていたのかもしれない。同じフランスの作家であるジュール・ヴェルヌが6年後に発表した『カルパチアの城』という小説も，蓄音機を同じ欲望のもとに位置づけている――そこではひとりの登場人物が，すでに故人となった最愛の女優をいつまでも愛でるために，彼女のすがたを捉えた動態写真と蓄音機とを再生するさまが描かれるのだ。

以上，これらはすべて「たかが小説」で，そこに描かれていることが時代の感性と完全に合致しているわけではない。ただし，そうしたテクストとしての性質を見誤らぬかぎり，ここにみた同時代のいくつかの文学作品は，音響メディアが有していた歴史的な可能性を考えるうえで非常に有益な素材となりうるだろう。

【上記の作品は以下の版で入手可能】

ベラミー, E.／中里明彦［訳］(1975). かえりみれば―2000年より1887年／ナショナリズムについて　研究社（原著1888年）

ストーカー, B.／平井呈一［訳］(1971). 吸血鬼ドラキュラ　創元社（原著1897年）

ヴィリエ・ド・リラダン, A. de／齋藤磯雄［訳］(1996). 未来のイヴ　創元社（原著1886年）

ヴェルヌ, J.／安東次男［訳］(1993). カルパチアの城　集英社（原著1892年）

【引用・参考文献】

相野　毅 (2006). 機械に宿る理想―フランス世紀末の女アンドロイド　田村栄子［編］ヨーロッパ文化と〈日本〉―モデルネの文化学　昭和堂

武藤浩史 (2006).『ドラキュラ』からブンガク―血，のみならず，口のすべて　慶応義塾大学出版会

Schuerewegen, F. (1994). *A distance de voix*. Villeneuve d'Ascq, FR: Presses Universitaires de Lille.

第4章

録音技術の利用法

記録される人間の声

福田裕大

「速記者の友，エジソン・ビジネス・フォノグラフが成し遂げたこと」*

録音技術というと，音楽を聴くための装置だと考えるのがこんにちの「常識」だろう。また私たちは，こうしたあたりまえの考えを素朴にも過去へと延長し，エジソンもまた音楽を記録するためにフォノグラフを考案した，などと想像してしまいがちである。だが，いくつかの歴史的資料にあたってみると，そうしたものとは異なる現実がみえてくる。フォノグラフとは，当時エジソンがその熱意を割いていた電信・電話産業のための研究から偶然生まれ出た１つの「用途なき発明品」にすぎない。この発明品は，当時の欧米諸国のさまざまな文化的・経済的実践によって受け止められつつ，やがてある１つの役割を付与されることになる。「人間の声の記録」というつとめである。

*アメリカ議会図書館ウェブサイトより〈http://www.loc.gov/item/00694308（2015年1月21日確認）〉。

1 はじめに

本章，ならびに続く第5章は，録音技術という新たな発明が社会のなかへ浸透していく足取りを辿るものである。

エジソンのフォノグラフは，はっきりとした意義・用途を定められぬままに具現化され，世に出された。録音技術の受容史とは，こうした「用途なき発明品」が，当時の欧米諸国のさまざまな文化的・経済的実践によって受け止められるなかで，自身の役割をゆるやかに画定していくプロセスにほかならない。その際，大きくいって2つの方向性がみとめられる。なにより，蓄音機という「音の記録・再生テクノロジー」が，こんにちのような「音楽再生メディア」として理解され，社会的に位置づけられていく歴史の過程がある（☞5章）。もう一方で，録音技術という新たな発明を手にした初期の人物たちのなかには，この装置をより実務的な用途のもとに利用しようとしたものも存在する。その際，それらの人々が録音技術の記録対象としたものが，人間の声，あるいは人間による発話である。以下本章では，録音技術の初期の受容史のなかからこの「人間の声」という対象と結びついた使用例をさぐりだし，それらを具体的に紹介していく。

2 発明直後のフォノグラフ

❖用途なき発明

第2章でも述べた通り，エジソンがフォノグラフの原型的な発想を得たのは，電信を長距離送信するための中継機の開発に取り組んでいる時のことだった。1877年7月になされた実験のさなか，エジソンは，この機械が高速で電信信号を読み取る際に人間の声に似た音を立てていることに気がついた。そこから彼は，電信信号の代わりに人間の声を記録したり取り出したりすることを可能にする装置の構想を漠然と抱くようになる（☞2章）。

このようなごく荒い技術的着想が，いつ，どのようにして，「フォノグラフ」という新たな装置のアイデアへとつながったのかは明らかにされていない。少なくとも当初，この新たなアイデアは，電信や，前年に発明されていた電話を用いた通信事業の文脈から切り離されてはいなかった（事実，エジソンの工房ノートに従えば，1877年7月18日に最初の実験がなされて以降，この構想のために制作された装置には「スピーキング・テレグラフ」という名が与えられている）。他方で，エジソンの広報をつとめたジョンソンが1877年11月に著した雑誌記事には，ある重要な一節が記されている。ジョンソンはそこで，1人の話者によって吹き込まれた声が，話者が亡くなって「彼自身が灰と化してしまっても」そのままのかたちで再生されうるということの驚異に言及しているのだ（Johnson, 1877）。少なくともこの時点で，エジソンたちは，この機械によって「人間の声」の「記録」と「再生」が可能になるということを，1個の独立した可能性のようなものとして捉えはじめていた。

❖エジソンによる提案

ともあれ確実なことは，この装置の構想をエジソンが描きはじめた際，その背景にはっきりとした理念や具体的な用途のイメージがあったのではない，ということだ。そうではなくエジソンたちは，上記のようにして得られたごく粗雑な技術的アイデアを，何はともあれまずは具現化したのである。だからこそエジソンは，この装置を用いた新たなビジネスを興そうとする際に，それがどのような目的に資するものであるのかを，まず自分自身の手によってはっきりと提示する必要があった。

1878年5月，彼は『ノース・アメリカン・レヴュー』なる雑誌

表 4-1　フォノグラフの将来的な用途

・音を使った手紙の作成	・文書の口述筆記
・録音された声を通じて読まれる本	・教育用のソフト
・音楽の記録	・家族の声，とくに遺言などの記録
・音声による本の執筆	・おもちゃ，お喋り人形など
・録音を用いたアラーム時計	・音声による広告
・演説やその他諸々の発話の記録	・電話の会話の記録など，電信・電話システムの刷新

に「フォノグラフとその未来」と題された一文を寄稿し，この新たな発明品に秘められたさまざまな可能性を自ら論じてみせた。そこで提案されたフォノグラフの将来的な用途を便宜的にまとめると表4-1のようになる（月尾他, 2001：81-88）。

まず理解されるのは，誕生したばかりのフォノグラフが，何らかの娯楽に奉仕するためだけの機器として概念化されたのではないということだ。むしろフォノグラフを作りだした直後のエジソンは，まずは「口述筆記」や音声による「教育用ソフト」，また「広告」のような，ごく実務的な目的に奉仕するものとしてそれを世に出そうとした。あわせて注目すべきは，彼が提案するさまざまな使い道のなかで，フォノグラフがある特定の対象と密接に結びつけられている点である。「遺言」や「演説」等の記録といった用例が挙げられていることからもわかるように，誕生直後のフォノグラフは，なにより「人間の声」を記録・再生するための装置として位置づけられているのである。

❖最初期の公開実演

上記の『ノース・アメリカン・レヴュー』の記事と時をほぼ同じくして，エジソンはフォノグラフを用いたビジネスを実際に立ち上げることになる。エジソン・スピーキング・フォノグラフ社は，

1878 年 4 月，実業家のガーディナー・ハバード他複数の投資家たちを株主として設立された。このエジソン・スピーキング・フォノグラフ社の第一歩は，フォノグラフという新発明を，実機販売というかたちでいきなり世に投げ出すことから開始された。ニューヨークに開かれたという当初の店舗には 30 台ほどのフォノグラフが陳列されていたといわれている。とはいえ，この時点でのフォノグラフはいまだその用途すらも定まらない新奇な発明品に過ぎず，上記のような実機販売が順調に進むわけもなかった（Morton, 2004：14）。

ここから，エジソン・スピーキング・フォノグラフ社は実機販売という当初の方針を一転させ，フォノグラフをリースすることによって収入を得るべく，この機械を用いた公開実演（デモンストレーション）を企画するようになる（Morton, 2004：14-15）。その際エジソンらは，全米およびカナダの一部都市を約 30 の地域に分割し，フォノグラフを操作するための特別な訓練を受けた人々を各地へ派遣した。個々の公開実演を主催する権利を与える代わりに，彼らからフォノグラフの使用料を徴収したのである。

とはいえこれらの公開実演は，エジソンのフォノグラフの存在を世に知らしめるには十分な効果を発揮したが，人々の関心を長期にわたって繋ぎ止めることができたわけでない。「科学的珍品」としてのフォノグラフ・ブームは 1878 年の 1 年の間にほぼ終息し，そこからの打開策を見出すことができなかったエジソンは，次第に白熱電球の方へと関心を戻していくことになる。

3　口述筆記機器としての録音技術

❖産業化への流れ

エジソンがフォノグラフの研究開発から離脱したのちの空隙を押さえたのが，アレクサンダー・グラハム・ベルの周囲に集まった人

図 4-1　グラフォフォン（Charbon, 1981：74）

物たちである。電話を発明したことによりフランス政府からヴォルタ賞を受け取ったこの発明家は，1880 年，同賞の報酬をもとにして，音響再生産技術を開発するための研究所（ヴォルタ研究所）を設立する。その際，ベルのいとこで化学者であったチチェスター・ベル，ならびに機械工学を専門としたチャールズ＝サムナー・テインターが研究所のメンバーとなり，この二者が中心となって独自の研究開発が進められていくことになる。自身の機器に「グラフォフォン（Graphophone）」なる名をあたえた彼らは，以降 1887 年までの数年のあいだにさまざまな改良を加え，この装置の質を大幅に向上させることになった。

録音技術開発の流れのなかにベルたちが参入したことの意義は大きい。詳細は次章に委ねるが，以下の 2 点だけは確認しておくことにしたい。第一に，彼の「グラフォフォン」の登場を受けたエジソンが，再び録音技術の開発・改良に取り組むようになったこと。第二に，複数の企業の競合関係が形成されたことで，録音技術の開発・商業化の流れが一気に加速するようになるということ。

とりわけ後者に関して，この技術を世に知らしめ，それを用いたビジネスを実現するための動きがこの時期以降に活性化している点が興味深い。実際，1889 年をむかえると，エジソンは音楽作品をあらかじめ録音した円筒――この時期にはコーティングした鑞（ろう）の上に音を記録したため「鑞管（ろうかん）」と呼ばれた――を商品化したほかに（Charbon, 1981：113），フォノグラフを改良したコイン式の音楽鑑賞装置を複数の飲食店や商業施設に設置している[1]――とはいえこの時点での使用者たちの関心は，これらの録音物を現代的な意味での「鑑賞」の対象とすることにあったのではなく，むしろフォノグラフという新たな機器に直に接するという楽しみを（多くは集団的に）享受することのほうにおかれていたというべきだろう（Charbon, 1981：113-119）。

以上みた通り，録音技術産業の黎明期たるこの時期にあって，この技術をある種の集団的娯楽に供するようなビジネスは確かに存在したし，またそれは，収入面でも非常に大きなものをもたらしたといわれている（Morton, 2004：23）。だが他方で，録音技術という装置をこうした娯楽的用途とはまったく異なる仕方で用いようとする傾向が見られたことも事実である。

❖口述筆記機器としての用例

本項でとくに取りあげておきたいのは，オフィスなどで行われていた「口述筆記（ディクテーション）」の補助装置として録音技術を商品化する動きである。そもそも口述筆記とは，口頭で発された文言を書き取り，それを文書化するための作業のことをいう。近代以降の欧米の社会が（書き言葉による）「文書」を重視してきたのは周知の通りだが，こと19世紀にかんしては，「活字」という新たな種類の書字が「手書き」に代わるものとして大衆生活にまで浸透しはじめていた。その際，世紀前半にみられた印刷物の出版量の増加とともに見逃せないのが，1870年代に商品化がはじまったタイプライターの存在である。1880年代以降になると多くのオフィスや官庁には，この機器を扱

1）なお，後者の装置には両耳用のチューブが複数取り付けられており，コイン挿入口にニッケル銅貨（5セント）を入れると同時に4人まで蓄音機の再生音を聴くことができた。（Welch & Burt, 1994：87）。こうした仕組みから，やがてこの装置は「コイン・イン・ザ・スロット」と呼ばれるようになる（☞9章）。

図 4-2　グラフォフォン（フットペダル式）
(Charbon, 1981：76)

うために専門の訓練を受けた人々（そのうち多くは女性であった）が配備されており，会議や商取引，裁判の内容などを記録したり，あるいは何らかの書類を作成すべく，上司が口述する文言をタイプする労働に従事していた（Yates, 1993：39-45；キットラー, 1999：283）。

1880 年代の末に録音技術を商品化しようとする動きが生じた際，当事者たちは，こうした文書化のための作業過程に当の装置を組み込むことができると考えた。そうした試みの最初のあらわれとして，グラハム・ベル側が設立したアメリカン・グラフォフォン社による試作機が連邦議会に持ちこまれ，議事録の作成のほか，そこに勤める者たちの文書の口述を助けたという事例がある。この際に用いられたのはテインター作の機器であり，ミシン台のフットペダルによってシリンダーに安定した速度を供給することができた（Charbon, 1981：75-76）。

同様の動きをみせたのは，エジソンとベル双方の会社の権利を買い取るかたちで作られたノース・アメリカン・フォノグラフ社である（Chew, 1967：14）。ノース・アメリカン・フォノグラフ社は，全米を 30 余の地区に分割したうえで各地に子会社を設立し，それらを起点にした口述筆記用録音技術のリースを開始した。そのさい顧客は，グラフォフォンとフォノグラフのいずれかを選択することができたという。さらに 1900 年から 1910 年代に入ると，口述筆記機器としての用例はある程度の普及段階に到達する。一説によると，録音技術を導入したある鉄道会社の文書課では，タイピスト 1 人の

1日あたり文書作成数が，それまでの30～40本から60～80本へと増加したらしい（Yates, 1993：45）。

こうしたフォノグラフの使用法を支えていたのは，当時のオフィス・ワークの世界に導入されつつあった合理化の理念である。それ以前のオフィスを支えていた手書き式の速記システムは，たとえ個々の担当者がどれほど有能であっても，効率という面でいかんともしがたい限界を抱えていた。速記者たちはつねに話者と対面するかたちでしか仕事ができず，なおかつ，議会や裁判所のように複数の発話者がいる現場では，話される内容を洩らさず文書化するということが不可能に近かった。録音技術が有していた「音を機械的に書き取る」能力は，まさにこうした非効率的な業務のありかたにとってかわるものとして，当時のオフィスの現場に受入れられたのである。

そうした受容のありかたを示す象徴的な例として，ここでは，1904年にエジソン・スピーキング・フォノグラフ社が制作した一篇の映画広告を紹介しておきたい。「速記者の友，エジソン・ビジネス・フォノグラフが成し遂げたこと」と題されたものである（Sterne, 2003：212-213）。この映像広告では，タイピストの女性とその上司とが，定時を過ぎてもなお片付かない仕事をめぐって口論している。そこに1人のセールスマンがあらわれて，エジソンのフォノグラフを口述筆記機器として導入することを提案する。この装置があれば，録音済みのシリンダーを速記者に手渡しておくだけで，あとは彼女に文書作成を委ねてしまえばいい。つまり速記者たちは，口述をなす側の人間と対面状態におらずとも，文書化を遂行することができるというのである。のみならずそこには，録音されたものをくり返し再生することによって，書き間違えや書き漏らしを避けることができるという現実的な利点も見込まれることになる。口述筆記機器としての録音技術に期待されていたのは，まさにこのようなはたらきであった。

❖声を書き取ることへの欲望

こうした口述筆記機器としての使用が，開拓されはじめたばかりの蓄音機産業にとって唯一の戦略であったと述べるつもりはない。さきに述べた通り，ノース・アメリカン・フォノグラフ社などがこの事業に着手した際，多くの支店の売り上げを実際に支えていたのは，もっぱら娯楽事業を担当する部門のほうであったといわれている（Morton, 2004：23）。とはいえ，声の記録のために録音技術を用いることは，まったく見当違いな発想であったというわけではない。むしろフォノグラフという装置の創造や受容の背景には，声を機械的に書き取るということに対する欲望が，つねになんらかのかたちで忍び込んでいたというべきだ。

そもそも，エジソンに先立ってあの「フォノトグラフ」を考案していたレオン・スコットもまた，自身の考案物を文字通りの口述筆記機器として捉えていた（☞2章：36頁）。彼にとってフォノトグラフの最大の特徴は，通常なら口にされるや否や消えてしまうはずの声音を，その「細部に至るまで」，「自動的に」記録しうるという点にこそ認められる。あらゆる音の空気振動を記録しているフォノトグラフという装置は，生身の速記者たちのように「手」を緩めたり，書き落としをしてしまったりということが原理的にありえない。そうした無差別な書き取り能力を有しているからこそ，レオン・スコットはこの装置に対して，偉大な俳優や芸術家の発話の特徴を「余すところなく」記録したり，あるいは作家を襲う不意の「霊感＝創意」を書き取ったりする，という可能性をみようとしていたのだ（Scott de Martinville, 1878：30）。

本節が取りあげた口述筆記機器としての用例をみるかぎり，レオン・スコットのこのような期待は，エジソンのフォノグラフ以降の時代にも引き継がれているといえるだろう。先に引用した『ノース・アメリカン・レヴュー』におけるエジソン自身の文章を支えていたのも，やはり，録音技術という装置の機械的な記録能力にたいする期待，あるいは信頼であった。録音技術の初期の受容史のなかには，これらのものと同様の発想に支えられた用例が，その他にも複数みとめられる。次節ではそれらの例をいくつか紹介していくことにしたい。

4 録音技術を用いたアーカイブ構想

❖偉人たちの声の記録

前掲の『ノース・アメリカン・レヴュー』の記事においてエジソンは，フォノグラフが人々の「演説やその他諸々の発話の記録」を記録しうると述べていた。産業化のプロセスを迎えて以降の録音技術は，さまざまな文化的実践と結びつくなかで，このような用途を現実のものとする。録音技術はそこで，前節で述べた口述筆記とはまた異なる仕方で人の声の記録に奉仕することになる。

唐突だが，パリの名所の１つであるエッフェル塔の展望台にはエジソンのフォノグラフが展示されている。周知の通りこの鉄塔は1889年のパリ万博に向けて建設されたものだが，開催期間中にこのモニュメントを照らしたのはエジソンの発明した白熱灯だった。このパリ万博の際に設計者のギュスターブ・エッフェルと知遇を得たエジソンは，自身のフォノグラフをこの建築家のもとへと贈っている。エッフェル塔の展示物は両者のこうした交流を記念したものだ。

図4-3　エッフェル[2]

1891年2月4日，晩餐のために招待した友人たちの前で，エッフェルはこの発明品を実際に使用する。その夜の集いを記念して友人たちが吹き込みをするなかで，当のエッフェルも自身の声をフォノグラフのうえに刻み込んでいる（Charbon, 1981：120）。さらに，それから約2週間後の2月17日，エッフェルは当代の著名な思想家であったエルネスト・ルナンを自宅に招いた際，この人物の言葉（「フォノグラフは19世紀中でもっとも興味深い発明だ」）をフォノグラフで録音している（Tournès, 2008：20）[3)]。

ところで，件の『ノース・アメリカン・レヴュー』記事の該当箇所は，「われわれにとってのワシントンやリンカーン，グラッドストーンの言葉にあたるものを，先の世代に遺すこと」というアイデアを提案していた。これはつまり，保存しておくに値する「偉人」たちの声を次世代のために記録し，保管しておくというという用途にほかならない。

うえに述べたエッフェルによる録音は，当初は私的なかたちでなされたものではあったが，のちにフランス国立図書館の音声管理部門に保管され，フォノグラフを用いたフランスでの最古の録音例として知られるものとなる。また，このエッフェルの例以外にも，イギリスの首相をつとめたグラッドストーンや，フローレンス・ナイチンゲールなどの声が，同様の目的のためにフォノグラフのうえに記録されることとなった（岡，1986：30）。

2）アメリカ合衆国国立公園局のウェブサイトより〈http://www.nps.gov/stli/historyculture/alexandre-gustave-eiffel.htm（2015年1月20日確認）〉。

3）出典〈http://gallicadossiers.bnf.fr/Anthologie/notices/01253.htm（2014年9月17日確認）〉。

❖蓄音機を用いた「アーカイブ」構想

このように，当時の録音技術の使用法のうちには，前節でみた口述筆記のように録音を実務的に利用するのではなく，録音された声そのものに価値を見出すような発想もみられた。同様の方向性をより明瞭なかたちで取り込んでいるのが，音声の「アーカイブ」構想である。こちらの場合，録音技術によって記録されたのはなにも著名人の声だけに限られない。都市での日々の暮らしから異国の風習を伝えるものまで，実に多様な種類の「音」が録音・収集された。

欧米各国でこうした声の録音蒐集が本格化するのは，1890 年代から次の世紀の初めにかけてのことである。フランスではすでに，1889 年のパリ万博の時点で録音技術による音声の展示が実現していたが，さらに 1900 年にはパリ人類学学会が「音声の博物館」を開設することによって，音のアーカイブ化に本格的に着手する。これと同じ時期に，ウィーンとベルリンにもさまざまな録音物を収めた博物館が開設されている（Tournès, 2008：20）。

これらの施設における声の展示品は，単に来訪者の知的満足や異国趣味を満たすためにあったのではなく，そもそもから民族学・人類学的資料としての価値を帯びていた。19 世紀末から 20 世紀初頭の時点において，欧米各国の研究者たちは，フィールドワークをおこなうための補助器具としてフォノグラフを用いつつあったことが知られている。例えば，コロンビア大のフランツ・ボアズやハーバード大のウォルター・フュークスといった人類学者は，ネイティヴ・アメリカンたちの歌唱や儀式を記録するために，この装置をいちはやく導入している。おりしもこの時期のアメリカでは，長い年月をかけて継続した「侵略者」と「先住民」との抗争が終結しようとしており，ネイティヴ・アメリカンたちの口承文化がまさに失われようとしていた。フォノグラフはそこで失われていく声を保管するという役割のもとに用いられたのだ（Sterne, 2003：315）。

図 4-4　ブリュノによる方言の記録 4)

録音技術はヨーロッパにおいても，類似した状況のもと，同様の目的のために用いられている。こちらの場合，当地で近代的な都市文化が勃興するなか，方言や民話など，地方の口承文化が消えゆきつつあった。そのような状況を前にして，例えばフランスの人類学者フェルディナン・ブリュノがアルデンヌ県にておこなった調査のように，蓄音機によって地方の口承文化を記録し，これをアーカイブしようとする仕事が複数なされていたのである（Tournès, 2008：21）。

✣人類学的使用

とはいえ，これらのアーカイブに収められた録音が，実際に過去の音を後続世代へと引き継ぎうるものであったかというと，疑問符をつけざるをえない。蠟管（ろうかん）という耐久性を欠いた媒体に記録された音は，時間の経過のなかで壊れてしまうことが多く，あるいはもっと単純に，紛失されてしまうことさえあった。音質面も十分なものであったとはいいがたく，録音を用いた初期の調査で打楽器の音と分析されたものが，実はシリンダーの回転音に過ぎなかった，などという誤認もみられたという（Sterne, 2003：326）。

実際，この時代の人類学者や民族音楽学者も，録音テクノロジーそのものに全幅の信頼をおいていたわけではなかった。むしろ彼らは，録音された音を資料として文書や楽譜を作成することのほうに重点をおいていた。言い換えるとこれらの場合，録音された音はそれ単独と

4）BNF（フランス国会図書館）のウェブサイトより〈http://gallica.bnf.fr/html/und/enregistrements-sonores/fonds-sonores（2015 年 3 月 2 日 確認）〉。

して価値を有しているというよりも，あくまで学術的な研究をすすめるうえでの素材の1つとして位置づけられるにとどまっている。

とはいえ，録音技術をこのように用いることで，優れた研究成果がもたらされたことも事実である。例えば，オーストリアの音楽学者であったエーリッヒ・フォン・ホルンボステルは，上述したベルリンの録音アーカイブの主幹をつとめた際，録音技術を用いて非西洋世界の音楽を採譜するためのプロジェクトをたちあげている。ホルンボステルらの研究は，五線譜に象徴される西洋的な音の捉え方のほかにもれっきとした音の文化がひろがっていることを強く意識させることで，こんにちの民族音楽学の基礎を作りだすことにもなった（☞コラム：「採譜」に見る五線譜と録音の関係）。

5 おわりに

ここまで，エジソンによる考案当初の段階からおよそ30年の期間にわたり，録音技術が社会のなかでどのような目的のもとに用いられてきたかを概観してきた。再確認しておくと，エジソンのフォノグラフは誕生直後の段階から音楽のための装置として概念化されていたわけではなく，1880年代の末から産業化の波にのるなかで，当初は人間の声を記録するための装置として用いられてもいた。とはいえ，こうした用途が実際にみられたからといって，それをエジソンという作り手の予言（『ノース・アメリカン・レヴュー』の記事）が実現したものとして捉えてしまってはならない。第2章，第3章においても示唆してきたことであるが，1つの発明品の社会的な用途・意義を決定するのは発明者当人ではない。むしろ，ひとたび世に投げ出された科学的な考案物は，当の社会を支えているさまざまな制度や文化的実践，ならびに既存のテクノロジーとの関係のさなかで，自らの位置取りをゆっくりと定めていくものである。他方，本章が取りあげたような諸々の用例がみられたのちに，蓄音機というものが，こんにち考えられているような「音楽のための装置」としての価値を付与されていくこともまた事実である。次章では，こうした変化を生みだした諸々の要因をひろいあげつつ，録音技術と音楽とが実際に結びつく過程を辿っていくことにしよう。

◉コラム：「採譜」に見る五線譜と録音の関係　［谷口］

録音技術の登場は音楽の研究にも多大な影響をもたらした。中でも19世紀という早い段階で録音を導入したのが，西洋人から見た異文化の音楽を対象とする比較音楽学（現在の民族音楽学につながる）の研究者たちだった。彼らは楽譜を用いない人々の歌や演奏を録音し，繰り返し聴きながら楽譜に書き起こす（この作業は「採譜」と呼ばれる）ことで，西洋音楽との違いや関連性を明らかにしようとした。

そこで彼らは，西洋音楽の表記手段である五線譜の限界に直面した。五線譜上では，音符を線の上や間に置くことで音の高さが表される。しかし非西洋圏の音楽の多くには，西洋音楽の基礎となっていた音高のモノサシ（例えばピアノの鍵盤の並びはこのモノサシを体現している）には当てはまらないような音程が出現する。そもそも音高のはっきりしない楽器音や発声法も少なくない。採譜にあたって，従来の五線譜に表せないそれらの音をどのように記述するかが課題となった。

オットー・アブラハムとエーリッヒ・フォン・ホルンボステルは1909年，非西洋音楽の採譜のために五線譜の記譜法の改良を提案する論文を発表した（Abraham & Hornbostel, 1994）。そこでは西洋音楽のモノサシよりも細かな音程を指す記号をはじめ，音高の不明確な音や音高の変化を表すためのルールが示されている。この提案は多くの調査や研究に採用されたが，この研究分野が発展するとともに，採譜のあり方に関する議論も繰り返された（Ellingson, 1992：131-144）。

この議論の背景には，耳慣れない異文化の音楽を，西洋人としての感覚にとらわれることなく，なるべく客観的に記述したいという願望があった。五線譜に表せない響きをも記録し繰り返し聴かせてくれる録音は，採譜の客観性を保証するメディアとなった。ここでは音響メディアが五線譜という旧来のメディアの見直しをうながしたといえよう。

◉ディスカッションのために

1　エジソンによるフォノグラフの発明以降，録音技術を用いた産業が本格的に始動するまでには一定の年月が必要となった。おおよその経緯をまとめてみよう。
2　本章では初期にみられた録音技術の使用法としてふたつのものを挙げている。それぞれ簡潔に要約してみよう。
3　上記ふたつの使用法を可能にしたのは録音技術のどのような能力だろう。本文中の解説をヒントに議論してみよう。

【引用・参考文献】

岡　俊雄（1986）．レコードの世界史―SP からCD まで　音楽選書（46）音楽之友社

キットラー，F.／石光泰夫・石光輝子［訳］（1999）．グラモフォン・フィルム・タイプライター　筑摩書房（Kittler, F. A.（1986）. *Grammophon, film, typewriter.* Berlin: Brinkmann & Bose.）

月尾嘉男・浜野保樹・武邑光裕［編］（2001）．原典メディア環境　東京大学出版会

Abraham, O., & von Hornbostel, E. M.（1994）. Suggested methods for the transcription of exotic music. translated by George and Eve List, *Ethnomusicology* **38**(3), 425-456.（Abraham, O., & von Hornbostel, E. M.（1909）. Vorschlage für die Transkription Exotischer Melodien, *Sammelbarde der Internationalen Musikgesellschaft* **11**, 1-25.）

Brady, E.（1999）. *A spiral way: How the phonograph changed ethnography.* Jackson, MS: University Press of Mississippi.

Charbon, P.（1981）. *La machine parlant.* coll. «Ils ont inventé» Jean-Pierre Gyss.

Chew, V. K.（1967）. *Talking machines, 1877-1914: Some aspects of the early history of the gramophone.* London: Her Majesty's Stationary Office.

Ellingson, T.（1992）. Transcription. H. Myers（ed.）*Ethnomusicology: An introduction.* New York: W. W. Norton, pp.111-152.

Johnson, E. H.（1877）. A wonderful invention: Speech capable of indefinite repetition from automatic records. *Scientific American,* 11/17.

Morton, Jr., D. L.（2004）. *Sound recording the life story of a technology.*

Westport, CT: Greenwood Press.

Scott de Martinville, É.-L.（1878）. *Le problème de la parole s'écrivant elle-même*. l'Auteur.

Sterne, J.（2003）. *The audible past: Cultural origins of sound reproduction*. Durham, NC: Duke University Press.（スターン, J.／金子智太郎・谷口文和・中川克志［訳］（印刷中）. 聞こえくる過去―音響再生産技術の文化的起源　インスクリプト）

Tournès, L.（2008）. *Du phonographe au MP3: Une histoire de la musique enregistrée XIXe-XXIe siècle*. Autrement.

Welch, W. L., & Burt, L. B. S.（1994）. *From tin foil to stereo: The acoustic years of the recording industry, 1877–1929*. Gainesville, FL: University Press of Florida.

Yates, J.（1993）. *Control through communication: The rise of system in American management*. Baltimore, MD: Johns Hopkins University Press.

第5章

レコード産業の成立

文房具としてのレコードから音楽メディアとしてのレコードへ

中川克志

ベルリナーのグラモフォン
(Morton, 2004：33)

第Ⅰ部ではここまで，発明直後のレコードは必ずしも音楽のための道具として考えられていたわけではなかったことを確認してきた。発明直後のフォノグラフは，音楽のためという以上に「声」や「ことば」のためのメディアであった。本章ではそのようなメディアとしてのレコードが，1880年代後半以降，音楽のためのメディアとして成立していく様子を概観する。本章の内容を先取りしていえば音楽産業としてのレコード産業が確立されるのは1890年代以降，すなわち，録音済みレコードの小売業としてのレコード産業にベルリナーの円盤型グラモフォンが参入して以降である。円盤型グラモフォンは円筒型フォノグラフよりも大量複製が容易で，それゆえ，大量複製品の販売業としてのレコード産業にとっては，フォノグラフよりも都合のよい媒体だったためである。ベルリナーのグラモフォン社は合衆国のみならずヨーロッパ各国に支社を作り，また世界中に録音文化を移植した。円盤型の媒体はCDまで受け継がれた。グラモフォンこそがレコードを，大量複製品としてのレコード音楽のためのメディアとして位置づけた。そして，レコード音楽としてのポピュラー音楽を形成していったのである。

1 音楽産業としてのレコード産業の成立

本章の記述に入る前に，2点ほど基本的な事項を確認しておきたい。

第一に，技術が，発明当初に想定されていた使われ方で社会に受容されることはあまりない，ということである。本書の端々でもふれているように，初期の電話はこんにちのラジオのように使われていたことがあり，放送以前の無線通信は，アマチュア無線として，後の電話メディアに似たメディアとして社会的に受容されていた。つまり「電話はラジオで，ラジオは電話だった」。これは多くのメディア論者たちの唱えるところである（吉見, 2012；フルッサー, 1996など）。この言い方にならえば，「レコードは文房具だった」といえるかもしれない。そこで，本章では，「文房具」のような役割を果たそうとしていたレコードが音楽のためのメディアとして確立していく過程を概観することになる。

第二に，音楽産業としてのレコード産業の成立は，レコード産業だけではなく音楽産業にとっても一大変化だったということである。この時期，音楽産業の主役が楽譜からレコードへと交代した。とはいえ実は，家庭への音楽供給装置は楽譜からレコードへと直線的に移り変わったわけではない。19世紀に楽譜産業として存在していた，一般大衆の家庭内に小売商品として音楽を販売するという形態の音楽産業の機能の一部は，自動ピアノ（☞2章コラム：自動演奏楽器）のためのピアノ・ロール販売業にも引き継がれたし，自動ピアノ産業は1920年代までレコード産業と肩を並べる規模で並走しておりそれ以降も消滅したわけではないからである（渡辺, 1997：第9章；大崎, 2002：第10章など）。しかし大勢として，1920年代以降，音楽産業の主流はレコードやラジオに移行していく。本章では，家庭内への音楽供給装置としての音楽産業が，レコード産業として確立していくプロセスを概観する。

 音楽産業としてのレコード産業の萌芽

✣空白の10年間

エジソンはフォノグラフを発明した後，10年間ほどフォノグラフから離れていた。エジソン以外の発明家たちもこの領域に参入し始めたこの時期には，いくつかの技術を通じてレコードの商業利用が試みられた。その事例を紹介しておく。

✣グラフォフォン：口述筆記機器

1881年にチチェスター・ベル——電話の発明者ベルのいとこ——とチャールズ・サムナー・テインターは，スズ箔の代わりに柔らかいワックスを使用するなどしてエジソンのフォノグラフを改良した。これがグラフォフォン（graphophone）である。彼らは最初エジソンとともに事業を行うことを画策したが，エジソンが乗り気ではなかったので結局は自分たちだけで事業に乗り出すことにした（Sterne, 2003：179-180）。グラフォフォンは1885年に世間に発表され，1886年にはヴォルタ・グラフォフォン社——後のアメリカン・グラフォフォン社——が設立された。グラフォフォンはワックス・コートのボール紙を録音媒体に採用しており，再生機から耳に直接音を伝えて聴くためのチューブが付属していた。しかし，手回し回転で動力を得る必要があるなど他の点では，この機械はまだ初期のフォノグラフに似ていた。

グラフォフォンの最初の購買者層は合衆国最高裁判所の速記者たちだった。グラフォフォンは，正確に「ノートを取る」ことができる機械としてもマーケティングされていた。例えばグラフォフォンのシリンダーがエジソンの初期型フォノグラフよりも大きかったの

は，そのほうが長時間録音できるし，聞き直したい言葉をシリンダー上でみつけて，必要なときにその部分を再生機で再生するのが簡単になるからだった。シリンダーそのものも簡単に機械からつけ外しできるよう改良された（Morton, 2004：16-17）。

❖エジソンの改良型フォノグラフ：口述筆記機器

エジソンは，おそらくはグラフォフォンの登場に急かされて，約10年ぶりにフォノグラフの改良に取り組むことになった。それまでの錫箔式フォノグラフは録音媒体の表面を凹ませて録音するものだったが，改良型フォノグラフでは，グラフォフォンよりも硬質のワックス・シリンダーを採用し，録音媒体に溝を刻み込む方式を採用することにした。またエジソンは電動モーターとバッテリーも開発したし，シリンダーの芯と表面のためにいくつかの新素材を採用した。また，シェイビング・アタッチメントで録音媒体のワックスの表面を削ってシリンダーを何度も使えるようにした。こうすることでフォノグラフは口述筆記機器として使えるものになった。この改良型フォノグラフが公開されたのは1888年の夏だった。公開時に撮影された，公開直前の徹夜で疲れきったエジソンの写真がその「天才性」を表象するものとして有名である（山川, 1996：20）。

図5-1　改良型フォノグラフと憔悴した「天才」エジソン
（Block & Glasmeier, 1989：20）

エジソンと投資家たちは1888年にエジソン・フォノグラフ社を設立し，グラフォフォンに競合すべく口述筆記機器ビジネスに参入しようとした。しかし同時に，エジソンは口述筆記機器以外の用途でもフォノグラフを使おうとしていた。1888年にエジソンは，その前年にアイデアを仕入れていた「おしゃべり人形」を生産し始めた。これは体の中に小さなレコード・プレイヤーを入れたおしゃべり人形だった。このおしゃべり人形の生産はうまくいかずエジソンはすぐに生産を止めることになるのだが（Morton, 2004：18-19），この手のおもちゃはこれ以降ずっと存在している。

口述筆記機械の生産は1888年と1889年には下火になったので，エジソンはフォノグラフの他の用途を探り始め，新たにもう1つ会社を設立した。後のエジソン・アミューズメント・フォノグラフ社である。ここから1889年5月に，初めて録音済みシリンダーが販売された 。そこには行進曲王ジョン・フィリップ・スーザの録音も含まれていた[1]。

とはいえ，円筒型レコードが音楽産業として多少なりとも認知されるようになったのは，1892年以降にベッティーニという人物が録音済みシリンダーとマイクロフォノグラフ（microphonograph）という彼の改良したフォノグラフを販売し始めてからのようだ。また，フォノグラフとグラフォフォンのビジネス全般はすぐに，販売とリースの権利をめぐる複雑な法的な権利問題に絡め取られることになったので，レコードの本格的な商業化は第三者によってなされることになった。それがベルリナーのグラモフォンである。

1）ちなみに，1888年には当時まだ12歳だったピアニストのヨーゼフ・ホフマンが，1889年には当時すでに有名な作曲家だったブラームスがピアノ演奏で録音を残している。これらは有名人による最初期の録音である（Day, 2000：1-2；ジェラット，1981：27；岡，1986：29-30）。

◉コラム：スーザと「缶詰音楽」について　［中川］

ジョン・フィリップ・スーザはアメリカの作曲家，指揮者。100曲以上の行進曲を作曲し，その多くが今なお世界中で演奏されており，「マーチ王」と呼ばれる。アメリカ合衆国の公式行進曲でもある《星条旗よ永遠なれ》（Stars and Stripes Forever）（1896）などが有名で，この曲は，19世紀末に販売され始めた録音済みシリンダーの最初のカタログに含まれていた（ただし，スーザが音楽メディアとしての録音物を嫌っていたため，発売された商業録音にクレジットされた「スーザ楽団」は，スーザ楽団の演奏家が参加していたり，最終的にはスーザ本人が録音物を試聴して確認したりはしたが，当時活動していたスーザ吹奏楽団とは別物だし，スーザ自身が録音には参加していなかった）。

1906年に発表された「機械音楽の脅威（The menace of mechanical music）」という文章のなかで，スーザは「缶詰音楽」という言葉を初めて使った（Sousa, 1906）。ここでスーザは，生演奏の音楽ではなく，機械を介して再生産される「機械音楽――レコード音楽のみならず自動ピアノも含める」が社会に浸透すると，人間により魂の込められた音楽が消えてしまう，と主張する。そして，レコードに録音された音楽を聞くことは，サケのいる小川で釣りをした後にその小川のほとりで缶詰のサケを食べるようなつまらないことだ，という喩えで自分の主張を説明し，そこでレコード音楽を「缶詰音楽」と呼んでいる。スーザは一度しかこの言葉を使っていないが，「缶詰音楽」という言葉は，録音音楽を否定的に言及する言葉として1920, 30年代には一般的に使われるようになったらしく，その時期の新聞にはこのようなイラスト（図）がたくさん見られるようになる。

図　「音楽で缶詰を作るロボット」
（『The Reading Eagle』紙
1930年10月27日の記事より）

❖ベッティーニのマイクロフォノグラフ：音楽再生機器

円筒型レコードが音楽鑑賞のためのメディアとして認知されるよ

うになったのは1890年代以降のことである。その例としてあげられるのは，ジャンニ・ベッティーニが製作販売したマイクロフォノグラフである。マイクロフォノグラフはエジソンの改良型フォノグラフの音質と音量をさらに改良したもので，ダイアフラムを改良し，「スパイダー」（針の部分）の特許をもつ機械だった。彼は1889年にマイクロフォノグラフを発明し，ニューヨーク5番街115丁目にスタジオを設置し，録音を行って，1892年には録音済みシリンダーとマイクロフォノグラフを販売し始めた。高価だが高性能ということで好評だったが，良好な状態の機械とシリンダーはほとんど残っていない（岡，1986：32-35）。

✣グラモフォンの登場

こうしたなかで登場してきたのが，ベルリナーが1887年に発明した円盤型の記録媒体を採用したグラモフォン（gramophone）である。ベルリナーは，数年間は実機の性能を向上させることに専念し，1894年になってやっと，ユナイテッド・グラモフォン社を設立し，レコード産業に参入した。それ以前の音響再生産技術とグラモフォンとが決定的に異なるのは，グラモフォンが大量生産可能だったことである。こうして音楽産業としてのレコード産業が確立していったのだった。

3 円盤化：音楽産業としてのレコード産業の成長—

✣円盤化と音楽産業の確立

ベルリナーのグラモフォンは，音の空気振動を縦振動で円筒に記録するエジソンのフォノグラフとは異なり，横振動で円盤に記録する機械だった（山川，1996：22など）。どちらも空気振動をラッパのような集音器で集め，集音器の底に取り付けた振動膜で機械振動に変換し，その機械振動を用いて，振動膜に取り付けた針を動かすことで，記録媒体に物質的な痕跡を残す。円筒型蓄音機は音響の空気振動を縦振動で記録した。つまり音溝の深さの変化として音は記録された。深くなると音は大きくなる。円盤型蓄音機は音響の空気振動を横振動で記録した。つまり音溝の幅の変化として音は記録された。広くなると音は大きくなる（☞ 2章1節）。

円筒ではなく円盤を採用したのは，エジソンの特許を避けるためにシャルル・クロやレオン・スコットの試みに着想を求めたからである（Sterne, 2003：77-80 など）。当初はベルリナーもこの技術の使い途を模索していたが（Sterne, 2003：206-207），結果的にこの円盤型レコードこそが後の「レコード」の直接的な祖先となった。つまり，大量生産され，消費者が録音できない，円盤型の音響再生産技術の起源となった。

その理由は，円盤型レコードは円筒型よりも格段に容易に，しかも大量に，レコードを複製できたからだ。ベルリナーの着想の意義は，新しい録音方法ではなく，レコードを複製する過程にあった。彼は，レコードの原盤を型押しすることで大量に複製品を作る方法を発明したのだ。まず，ワックスの層でメッキした亜鉛の円盤に音を刻み，ワックスの層を剥ぎ取って亜鉛を露出させる。次に，円盤をクロム

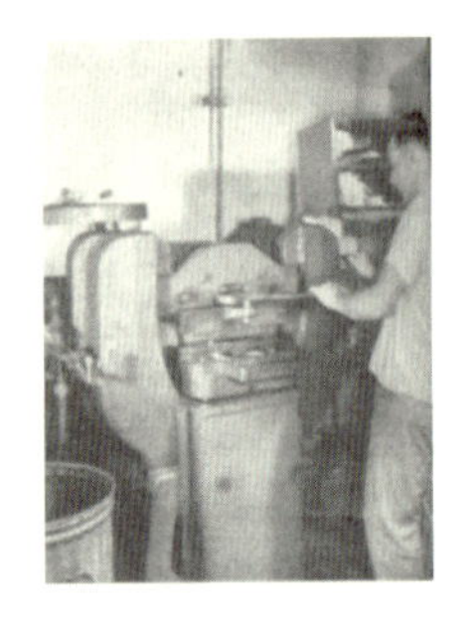

図 5-2　グラモフォンの複製
（『Popular Science』1947 年 2 月号の記事より）

酸溶液につけて亜鉛を腐食させ，電気メッキする。こうして原盤が完成する。この原盤で，ハンコを押すように，エボナイトという硬いゴム合成物（後にシェラックなどの樹脂混合物）を型押しすることで，同じレコードを大量複製することができた（Morton, 2004：34-35）。円筒型フォノグラフも円筒の機械的複製は可能だったが，コストが高かった（山川, 1992：21-22）。対して，円盤型グラモフォンでは円盤を安価に，しかも大量に，複製できた。それゆえ，録音済み音楽を売買するレコード産業では，個人でも録音できるフォノグラフではなく，大量複製が可能な円盤型グラモフォンが普及することになった。こうして音楽は小売商品になり，レコードという音響技術は音楽産業に適したメディアとして受容され，また同時に，1950年代以降まで一般大衆の周辺では録音技術はそれほど身近なものではなくなっていったのだ。

❖グラモフォン社の始動

ユナイテッド社は1895年に第1号レコード——直径17cm，片面盤，演奏時間は約2分間，50セント——をリリースした。同1895年，ベルリナーはフィラデルフィアの資産家から出資を受けてベルリナー・グラモフォン社を設立し[2)]，1896年までには合衆国内でグラモフォンを販売する体制が完成した。それは，フィラデルフィアでベルリナー・グラモフォン社がグラモフォン製造を担当し，ニューヨークでフランク・シーマンのナショナル・グラモフォン社が宣伝・販売を担当し，ワシントンのユナイテッド・ステーツ・グラ

2）後述するが，ベルリナー社のレコード業が開始されたこの時期にベルリナー・グラモフォン社に合流した二人——後のビクターを設立するエルドリッジ・ジョンソン（1867-1945）と「最初のプロデューサー」として活躍したフレッド・ガイスバーグ（1873-1951）——は後の蓄音機業界にとって重要である。

モフォン社が特許関係の管理を担当するというものだった。

❖グラモフォン社，ヨーロッパへ進出する

合衆国での地盤を固めたグラモフォン社はヨーロッパへの進出を開始し，1897 年にまずイギリスにUK グラモフォン社を設立した。UK グラモフォン社は 1898 年に営業を開始し，グラモフォン社はここからヨーロッパに進出した。UK グラモフォン社設立のために派遣されたのはウィリアム・バリー・オーウェンである。後述するように，このオーウェンは 1899 年の夏に，あのHMV 社のロゴマークを採用した――彼はまた，UK グラモフォン社でタイプライター販売業を行って失敗したり，シーマンというグラモフォン社にとっては商売敵となる人物が設立したゾノフォン社（後述）に移ったりもした。UK グラモフォン社では，レコードの企画録音はロンドンで，レコード・プレスはドイツのハノーヴァーで行われた。ロンドンにはフレッド・ガイズバーグ（☞第 4 節）が，ハノーヴァーにはベルリナーの甥のジョー・サンダースが派遣された。プロデューサーとしてのガイズバーグ最初の仕事はUK グラモフォンのための仕事だった。

グラモフォン社が 1897 年にUK 社を設立した時にシーマン騒動というものがあり，その結果，後のビクター社が設立された。詳細は省くが要するに，合衆国のグラモフォン社で分裂騒動が生じ，シーマンなる人物がグラモフォン社を離れてゾノフォン社を設立し，そのあおりを受けて，合衆国のベルリナー・グラモフォン社と協力関係にあったエルドリッジ・ジョンソンは自分の投資を回収できなくなり，ゾノフォン社に反撃するためにも，自らレコード業界に参入せざるをえなくなり，コンソリデーテッド・トーキング・マシン社を設立した――結局，シーマンのゾノフォン社はこのエルドリッジ・ジョンソンに買収された。これが後に 20 世紀前半のレコード

産業の大立役者のビクター社となるのである（岡, 1986：44；ジェラット, 1981：64-77）。

❖ HMVのロゴマーク

後に《主人の声》（His Master's Voice）という名前で多くの人々に親しまれるロゴマークは，もともとイギリスのバラウドという画家が，兄の飼い犬フォックス・テリア犬の「ニッパー」を描いた絵画から作られた。左側のグラモフォン・レコードに対して少し首をかしげながら耳を傾けている犬の絵だ。この犬のイラストは1909年以降数10年間に渡り，さまざまなレコード会社のロゴマークとして用いられることになったし，「His Master's Voice」という作品タイトルはレコード会社の名前にも採用された――「HMV」のことである。

この絵画は1899年にイギリスの風景画家フランシス・バラウドがイギリス・グラモフォン社に持ち込んだものだ。絵を気に入ったオーウェンはその絵を購入して商標登録することにした。翌年イギリスに視察に来たエミール・ベルリナーもこの絵を気に入り，アメリカに帰国後この絵を意匠登録した。さらに，前述のようにビクター・トーキング・マシン社を設立したエルドリッジ・ジョンソンは，ベルリナー社の経営不振を救うために1901年にこの犬の商標権を買い取り，この絵を商標として利用することになった。こうして，犬のマークのHMVは，円盤型レコードを通じて，アメリカ国内やイギリス国内に留まらず世界中に浸透することになった。

4　ガイズバーグの活動

❖フレッド・ガイズバーグ

ここでフレッド・ガイズバーグという人物を紹介しておきたい。

先述のようにガイズバーグはベルリナー社に入社し，UK グラモフォン社に派遣された人物である。

彼はレコード産業初期に録音ライブラリーを拡大するために「海外録音」を行った。世界各地を旅してその土地で有名な音楽や声の芸（術）を録音し，それを本国に持ち帰りレコードを生産し，各土地に輸出したのである。中東や東南アジア，日本にも録音旅行に来た人物で，レコードに記録する対象を選別して録音を手配しレコード販売まで管理したという点で，最初の音楽プロデューサーともいえる人物である。また，レコード技術のみならずレコード制作販売という商習慣を世界各地に普及させたという点で，それぞれの国におけるレコード産業の生みの親あるいは伝道師ともいえよう。

❖ガイズバーグと日本

彼が日本に来たのは 1903（明治 36）年 1 月 12 日から 3 月 5 日にかけて。当時ガイズバーグはアジア遠征の最中で，1902（明治 35）年 9 月から 1903（明治 36）年 8 月にかけてカルカッタ，シンガポール，香港，上海，東京，バンコク，ラングーン，デリー，ボンベイを回る大旅行を行い，計 1700 面を録音している最中だった。このときに日本で録音された成果は『全集日本吹込み事始：1903 年ガイズバーグ・レコーディングス』[3] という 11 枚組のCD に記録されている。ちなみに，このときガイズバーグの代わりに現地の日本人とコミュニケーションを取って録音の段取りを整えたのは，青い目の落語家として知られる初代快楽亭ブラックだった。

この時期，外国のレコード会社による出張吹き込みがしばしば行われていた。英国グラモフォン社とほぼ同時期に米国コロンビア社が，1906（明治 39）年にドイツのベカ社が，1907（明治 40）年にア

3）EMI ミュージック・ジャパン／TOCF-59061/71

メリカのビクター社が，1909（明治42）年6月にドイツのライロフォン社が，1911（明治44）年にフランスのパテ社が，来日録音を行った。これら海外のレコード会社が日本で収録した原盤を本国の工場に送りレコードを生産し，日本に輸出（逆輸入？）するという流れがあったようだ（岡田, 2001：22)。

❖「赤盤」の販売

また，ガイズバーグの功績でもう1つ忘れてはならないのが「赤盤（red seal)」の販売である。ガイズバーグは世界各国の一流の歌手に録音させるために世界各国を駆け巡っていた。そのなかでガイズバーグは，エンリコ・カルーソなど当時の一流歌手に録音することを納得させるために，通常のレコードではなく赤色のレーベル（レコード中央部のラベル）でレコードを販売することで高級感を演出するというアイデアを思いついた。当時のスター歌手に限って，デラックス盤として通常の黒いレーベルではなく赤いレーベルに金文字のレコードで発売することにしたのだ。赤いレーベルというアイデアはビクター社など他のレコード会社でも採用されたし，コロンビア社は青い色のレーベルの特別盤を作った。ガイズバーグは「特別レーベル」という付加価値を与えることで，レコード販売を促進する手段を発明したのだ。この赤盤はレコード文化，とくにクラシック音楽を記録したレコードの文化を浸透させるのに大いに貢献した。赤盤こそが，「レコード」をクラシック音楽のためのメディアとして確立したともいえるだろう。

5　音楽産業としてのレコード産業

❖円筒型ではなく円盤型として

音楽産業としてのレコード産業は，円筒型フォノグラフではなく，大量複製が容易な円盤型グラモフォンを基盤に成長することになった。1902年にはコロンビア社が円盤型レコードを始めたことで，レコード産業においては円盤型レコードが優位となった。その後，1912年にコロンビア社が円筒型フォノグラフの販売を打ち切り，円筒型フォノグラフを取り扱うのはエジソン社だけになった。大量複製可能な商品だったからこそ，レコード音楽は，家庭に娯楽を提供する娯楽商品になりえた。

❖再生専用メディア

またこの時期以降，「レコード」というメディアは基本的には再生専用メディアとして受容されることになった。実際には，エジソンの円筒型フォノグラフは録音再生メディアとして利用されていたので，20世紀初頭以降も細々と，1929年にエジソンがレコード業界から撤退を表明するまで生きながらえていた――口述筆記機器や文化人類学の調査のための道具として使われていた[4)]（☞4章）。そのため，レコードとは再生専用のメディアであるというのは正しくないが，一般的にはレコードは再生専用メディアとして受容されることになったのである。

❖ポピュラー音楽の世紀としての20世紀へ

レコードという音響再生産技術は音楽産業を通じて社会に浸透したし，また逆に，小売商品としてポピュラー音楽を扱う音楽産業は，レコードの大量複製を可能とする音響再生産技術を通じて形成された。こうして19世紀末から20世紀初頭にかけて，それぞれ独自の経路で発達してきた音響再生産技術と音楽産業とポピュラー音楽は，

4）フォノグラフがレコード業界から撤退してからしばらく「一般大衆が利用可能な録音技術」はあまりなかったようだ（☞8章）。

互いに関連するものになった。古代から存在していたであろう民衆のための音楽は，19 世紀末に複製技術が登場することで，大量複製品として小売りされる商品となった。

また，19 世紀に楽譜産業として登場・成長してきた音楽産業（☞コラム：楽譜印刷とレコード以前の音楽産業）は，19 世紀末以降，録音済みレコードを販売する小売業へと変化した。そして，当初は「記録し，復元する」機能が重視されていた音響再生産技術は，大量複製可能なグラモフォンが登場することで，「大量複製」機能が全面化され，音楽を記録するメディアとして受容されるようになった。19 世紀末に，三者はそれぞれ互いに結びつき影響を与え合うことで，変質し成長していった。

こうして 20 世紀初頭に，音楽聴取という行為の中に，大量に複製された記録済み小売商品を愛でる行為が含まれるようになった。この頃に初めて登場した，音楽と私たちとの新しいつき合い方である。こうした聴取態度の萌芽は，ホテルのロビーに置かれたテアトロフォン（小金を支払って電話を通じて音楽を聴く機械）やコイン・イン・ザ・スロットにみられる（☞ 4 章：69 頁）。

しかしより大規模には，19 世紀末にベルリナーのグラモフォンが実用化されて以降に大量複製機能が前面に押し出されるようになった音響再生産技術こそが，音楽を商品化し，匿名の大衆が購入して消費する小売商品に変えたのだ。こうして，音楽産業としてのレコード産業が成立し，ポピュラー音楽の世紀としての 20 世紀が始まるのである。

◉コラム：楽譜印刷とレコード以前の音楽産業　［谷口］

レコードは音の大量生産を通じて音楽を商品化し，音楽産業の構造を根本的に変えた。とはいえ，ライブ演奏を前提としていたそれ以前の音楽も大量生産と無縁だったわけではなく，印刷された楽譜が主要な商品となっていた。

ヨハネス・グーテンベルクが 1445 年頃にヨーロッパで活版印刷を発明してから数十年のうちに楽譜への応用が試みられ，最初の本格的な印刷楽譜とされる『オデカトン』と呼ばれる歌曲集が 1501 年に出版されている（大崎, 2002：173-174）。その後は複数の印刷手法が開発されたものの，楽譜の印刷出版がこんにちの視点で思い浮かべられるような大規模な音楽産業へと成長するまでには，数世紀の時間を要した。というのも，楽譜の需要は，それを読む能力をもつ社会層の大きさによって限界づけられていたからである。楽譜出版の普及はヨーロッパにおける市民社会の形成過程に大きく依存していた。

とりわけレコード産業と対比できるような楽譜出版形態として，19 世紀に欧米で流行した「シート・ミュージック」が挙げられる。これは歌やピアノの小曲の楽譜を 1 枚の紙に印刷したもので，応接間にピアノを所有しているような中産階級家庭のアマチュア音楽家を主なターゲットにしていた（自動ピアノの需要もそこに重なっていた）。シート・ミュージックの最盛期は，19 世紀末から 20 世紀初頭にかけてニューヨーク市マンハッタンの一角に林立した音楽出版社群，通称「ティン・パン・アレー」に象徴される。そこかしこから楽器の音が聞こえる様子を鍋の音になぞらえて名付けられたそのエリアには，ジョージ・ガーシュウィンに代表されるような名うての作詞家作曲家が集い，数々の流行歌の発信源となった（Sanjek, 1988：401-420）。

ティン・パン・アレーの時代は，レコード産業が誕生し電気録音やラジオ放送が始まるまでの時期と重なっており，ティン・パン・アレー発の曲がレコード化された事例も数多い。贅沢品として売り出された初期のレコード市場は，それまでのシート・ミュージックの需要をある程度受け継いでいた。その意味で，レコード以前の主要な音楽商品だったシート・ミュージックは，レコードの普及過程を方向付ける役割も果たしていたといえる。

◉ディスカッションのために

1　本章で扱っているこの時期，音楽産業を担う技術とメディアはどのように移行したと考えられるか，本論を追いながら整理してみよう。
2　発明直後のレコードと発明から20年後のレコードについて，技術としてのレコードとメディアとしてのレコードの違いについて，本章の記述に基づいて説明してみよう。
3　レコード産業に対するグラモフォン社の功績を整理してみよう。
4　20世紀初頭におけるレコードというメディアとポピュラー音楽というジャンルの関係について本章の記述を確認し，現在と比較しながらその違いについて論じてみよう。

【引用・参考文献】

大崎滋生（2002）．音楽史の形成とメディア　平凡社

岡　俊雄（1981）．マイクログルーヴからデジタルへ―優秀録音ディスク30年史（上）（下）　ラジオ技術社

岡　俊雄（1986）．レコードの世界史―SPからCDまで　音楽選書46　音楽之友社

岡田則夫（2001）．ライナーノート 全集日本吹込み事始―1903ガイズバーグ・レコーディングス　EMIミュージックジャパン

キットラー, F.／石光泰夫・石光輝子［訳］（2006）．グラモフォン・フィルム・タイプライター（上）（下）　筑摩書房（Kittler, F. (1986). *Grammophon, Film, Typewriter.* Berlin: Brinkmann U. Bose.）

倉田善弘（2006）．日本レコード文化史　岩波書店

ジェラット, R.／石坂範一郎［訳］（1981）．レコードの歴史　音楽之友社（Gelatt, R. (1977). *The fabulous phonograph, 1877-1977. 2nd ed.* London: Cassell.）

瀬川冬樹（1981）．オーディオの楽しみ　新潮社

フルッサー, V.／村上淳一（1996）．サブジェクトからプロジェクトへ　東京大学出版会（Flusser, V. (1994). *Vom Subjekt zum Projekt: Menschwerdung.* Bensheim: Bollmann.）

ベラミー, E.／中里明彦［訳］／本間長世［解説］（1975）．かえりみれば―2000年より1887年／ナショナリズムについて　研究社（Bellamy, E. (1888). *Looking backward: 2000-1887.* Boston, MA: Houghton Mifflin.）

細川周平（1990）．レコードの美学　勁草書房

増田　聡・谷口文和（2005）．音楽未来形　洋泉社

山川正光（1992）．オーディオの一世紀―エジソンからデジタルオーディオまで　誠文堂新光社

山川正光（1996）．世界のレコードプレーヤー　誠文堂新光社

吉見俊哉（2012）．「声」の資本主義―電話・ラジオ・蓄音機の社会史　河出書房新社

渡辺　裕（1997）．音楽機械劇場　新書館

Brooks, T.（2005）. *Lost sounds: Blacks and the birth of the recording industry, 1890–1919.* Champaign, IL: University of Illinois Press.

Block, U., & Glasmeier, M.（1989）. *Broken music: Artists' recordworks. exhibition catalogue.* Berlin: DAAD and gelbe Musik.

Chanan, M.（1995）. *Repeated takes: A short history of recording and its effects on music.* London: Verso.

Day, T.（2000）. *A century of recorded music: Listening to musical history.* New Haven, CT: Yale University Press.

Moore, J. N.（1999）. *Sound revolutions: A biography of Fred Gaisberg, founding father of commercial sound recording. 2nd ed.* London: Sanctuary.

Morton, Jr., D. L.（2004）. *Sound recording: The life story of a technology.* Westport, CT: Greenwood Press.

Sterne, J.（2003）. *The audible past: Cultural origins of sound reproduction.* Durham, NC: Duke University Press.（スターン, J.／金子智太郎・谷口文和・中川克志［訳］（印刷中）．聞こえくる過去―音響再生産技術の文化的起源　インスクリプト）

Sanjek, R.（1988）. *American popular music and its business: The first four hundred years volume II from 1790 to 1909.* Oxford: Oxford University Press.

Sousa, J, P.（1906）. The menace of mechanical music. *Appleton's Magazine* **8**（Sep. 1906）: 278–284.（D. T. Taylor, M. Katz, & T. Grajeda（eds.）（2012）. *Music, sound, and technology in America a documentary history of early phonograph, cinema, and radio.* Durham, NC: Duke University Press: 113–122. に収録）

Suisman, D.（2009）. *Selling sounds: The commercial revolution in American music.* Cambridge, MA: Harvard University Press.

第Ⅱ部　音響メディアの展開

第II部では，19世紀末から21世紀初頭までを見渡しながら，社会に定着した後の音響メディアの展開をたどる。各章で中心となる年代は章が進むにつれて徐々に新しくなっていくが，重要なのは時間的な前後関係よりもむしろ，音響再生産に用いられる技術や媒体の移り変わりである。この観点から，第II部を構成する7つの章は3つのグループにまとめられる。

最初の2章では，音の伝達や再生産に導入された電気に注目する。1920年代に実用化された電気録音は，録音可能な音の範囲を拡張し音質を向上させるとともに，音楽制作において録音の仕方にも強いこだわりがみられるようになった（第6章）。一方，電気信号化された音を遠く離れた場所に伝送する技術からは，電話とラジオという，レコードと並ぶ主要な音響メディアが形成された（第7章）。

次の3章では，20世紀中盤における音の記録媒体の変化に焦点を当てる。磁気録音とテープという媒体が組み合わさったことで，いったん録音された音の編集が容易になり，音楽制作に新たなプロセスが付け加えられた（第8章）。その音楽を流通させるレコードも，収録時間の伸長や高音質化，ステレオ再生の導入といった改良が加えられていくにしたがって，音楽の楽しみ方にさらなる多様さをもたらした（第9章）。録音をめぐる消費行動という点でもう1つ外せないのが，カセット・テープの普及により，消費者が録音という行為を楽しむ文化が見られるようになったことである（第10章）。

残り2章で取り上げるのは，こんにちの音響メディアの土台となっているデジタル音響技術である。デジタル技術の重要な特徴として，記録される媒体の物理的特性に左右されることなく情報を扱えるという点が挙げられる。デジタル音響技術からCDという新たな録音パッケージが誕生し，レコード産業は絶頂期を迎えた（第11章）。しかしそれと並行してインターネットをはじめとするデジタル情報の流通経路が整備されたことで，CDまで続くレコードは音のパッケージ商品としての役割を終えようとしているのだ（第12章）。

電気録音時代

音響再生産技術と電気技術の邂逅

中川克志

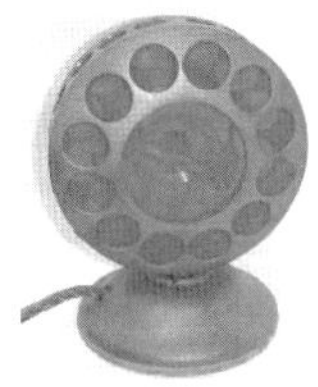

ウェスタン・エレクトリック社の電気式ダブル・ボタン・マイクロフォン*

音の文化は1920年代に大きな変革の時を迎えた。20年代初頭にラジオ放送が始まり，20年代半ばに音響再生産技術が電気化され，20年代後半には音声付き映画いわゆるトーキーが始まった。いずれも後の音の文化の基盤を形成した変革である。

この章では，そもそも機械式技術として出発した録音技術が電気式技術に変わることで，録音の世界にどのような影響がもたらされたのかを概観する。録音の電化は，録音技術の登場当初からあった，録音の世界における2つの傾向――ハイファイ志向と構築性の追究――を先鋭化させた。電気式録音は，「原音」にさらに忠実な録音を行うことで「ハイ・フィデリティ」を追究する傾向を強化した。また同時に，音楽制作におけるマイクの使用を活発化させることで，人工的な音量調節を容易にし，録音の世界をより構築的な人工物へと変容させた。

録音の電化は，録音という音の文化における最重要構成要素に決定的な影響を与えた事件なのである。

*ストコフスキーのウェブサイト The Stokowski Legacy より〈http://www.stokowski.org/1925_Other_Electrical_Recordings_Stokowski.htm（2015年2月5日確認）〉。

音響再生産技術と電気

扉で述べたように本章では，1910 年代から 30 年代頃までの音響再生産技術の変化とそれが音楽の生産・流通・消費に与えた影響を概観する。これは音響再生産技術が電気化された時期である。この時期に大きく変動したレコード産業については次章で扱う。

第Ⅰ部でみてきたように誕生直後の音響再生産技術は電気式技術ではなく，音声の空気振動を直接機械的に録音・再生する機械式技術，いわゆるアコースティック方式であった。一方，音響再生産技術が生まれた 19 世紀後半から 20 世紀初頭という時代は，社会のすみずみに電気が浸透しつつあった，いわば「電気の時代」だった。フォノグラフが発明されたのは 1877 年だが，1876 年には電話が発明されていたし，1879 年 10 月 21 日にはフォノグラフの発明者であるエジソン本人が白熱電球を発明している。にもかかわらず，音響再生産技術は長きにわたり機械式技術だった。電気式の音響再生産技術が開発され始めたのは 20 世紀に入ってからであり，実際に実用化されたのはエジソンによるフォノグラフの発明から約半世紀後の 1920 年代のことである。

音響再生産技術の電気化によって，人々の音に対する感性は変化した。本章ではこの変化を辿る。4 節で述べるように音響再生産技術の電化は，録音の世界をハイファイ志向と構築性の追及という 2 つの方向に先鋭化させた。また，音響再生産技術が電化されることで，私たちがふれる音楽はすべて，生産・流通・消費のいずれかの段階で電気が介在するものとなったといえるだろう。マイクやスピーカーを使う時点で「電気」が介在するのだから，今やすべての音楽は「電気音楽」である，とさえいえよう。

2 録音の電化：前史

そもそも私たちは「電気」とどのようにつき合ってきたのか，ここで簡単にふりかえっておきたい。

❖電　気

「電気」とは自然現象であり，原子核の周りを回る電子が引き起こす物理現象の総称である。電子のもつ電気的性質を電荷といい，正と負のどちらかの性質をもつ。電子が移動することで電荷の移動や相互作用が生じ，そこで生じるさまざまな物理現象を電気と総称する。そのなかには，雷や静電気といった視覚的に観察できる現象もあれば，電磁場や電磁誘導といった視覚的には認識しがたい現象もある。

電気に関する現象は古代より知られていたが，科学的に研究されるようになったのは17世紀以降であり，具体的に利用されて身近なものになり始めたのは19世紀以降である。電流の磁気作用が発見され（1820），発電機（1870），電球（1879）などが発明された。音響メディア史に電気が登場するのもこの時期であり，19世紀に電信と電話が発明された（菊地, 1993）。

❖電　信

19世紀前半にアメリカのサミュエル・モールスが電信を発明した。これはモールス信号という文字コードを電気的に通信する，最初期の通信メディアである。モールス信号とは，トン・ツーという短点（•）と長点（–）の組み合わせでアルファベットや数字を表現する文字コードである。後に国際的に統一され，船舶緊急無線として500khzの電波を割り当てられ一世紀に渡り利用されてきた（1999年に廃止）。例えば「••• ––– •••」でSOSを意味する（図6-1）。

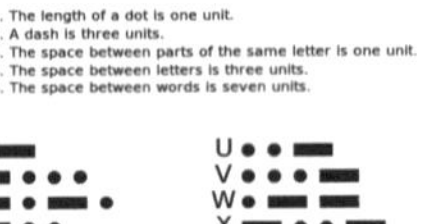

図 6-1　国際モールス信号表
(Snodgrass & Camp, 1922：96)

通信には電信機を用い，機械式スイッチ（電鍵）の接点を手動で開閉して通電状態のオンとオフを通信することで，モールス信号をやりとりする。初期の電信は，受信したモールス信号を視覚化して紙テープに印字する受信方式を採用していたが，すぐに，機械式継電器（音響器：電気信号を音響化する機械）の音で符号を判別する音響受信方式が広く行われるようになった。電信は最初期の音響メディアでもあった[1)]。

◉コラム：なぜ電信が音響メディアなのか？　［中川］

いわゆる「電信」とは正確には「電気電信」とでも呼ぶべきである。それ以前にも，事前に取り決めておいた信号体型を望遠鏡などで読み取り通信する――のろしや手旗信号を用いた遠距離通信技術，あるいは，18 世紀末から 19 世紀半ばにかけて主にフランスで使用されていた腕木通信と呼ばれる遠距離通信技術などの――遠距離通信技術は存在していた。19 世紀のモールス式電気電信がそれ以前の腕木通信などと異なるのは，電気電信は視覚情報のみならず音響情報も生み出せたので，音響メディアとして機能する可能性をはらんでいたからである。19 世紀には音響メディアとしての電信装置がたくさん試され，複数の音高を用いて複数のメッセージを一本の電線で通信する「ハーモニック・テレグラフ」なるものも発明された。この時期の通信メディアと聴覚の変容の相互関係を議論する J・スターンは，これらの電信を「音響電信術」と呼び，19 世紀以降の諸感覚の歴史を記述するなかで，この時期の電信をめぐる視覚と聴覚との相互交換可能性について記述している (Sterne, 2003)。

1）ちなみに，エジソンも初めは電信技師として生計を立てていたし，彼の最初の発明品は有線電気通信技術に関わるものだった。

✣電話とマイク

19 世紀後半に電話が発明された。これは音声を電気信号に変換し，電話回線を通じて，遠隔地にいる相手と音声通信を行なう音声通信技術である。私たちが知っている現代の携帯電話は無線メディアだが，そもそも電話は有線メディアだった。また，現代の電話回線では相手の番号に発信するだけで相手の電話番号に接続されるが，電話回線が自動化される 20 世紀中盤までは，電話交換手という専門職の人間が手動で送信者と受信者の電話回線を接続していた。この電話ネットワークは多大な人力を動員して維持されていた（☞ 7 章）。

また，電話の送話器のためにマイクが発明された。マイクは電磁石や静電気がもつ性質を利用して，音の空気振動の圧力変化を電気信号に変換する機器である。ダイナミック型とコンデンサー型という２種類の方式が代表である。ダイナミック型は音の空気振動で電磁石を動かして電気出力を発生させ，コンデンサー型は２つの電極を利用して生み出す静電気を使って，電気出力を変化させる。いずれも音の空気振動の圧力変化を用いて機械的に電磁石や電極を動かし，電気信号を生み出す（菊地, 1993：192）。電話メディアの発達史は，このマイクの性能改善と，通話音質改善のための技術開発史として語ることが可能である。

電話は 1876 年にアレキサンダー・グラハム・ベルが「発明」したことになっているが，19 世紀後半に「電気的な音声通信技術」の開発に取り組んでいた人物はベル以外にも大勢いた。1860 年代にはドイツのフィリップ・ライスが，振動膜を使って電流を離れた地点にまで送信する「テレフォン（Telefon）」という名称の装置を発明していたし（Sterne, 2003：78），発明家のエリシャ・グレイが，ベルと同じ日に数時間遅れでベルとほとんど同じ電話の特許を提出したが，ベルに先を越されてしまったという逸話も有名である（マクルーハン, 1987：278 など）。電気的な音声通信技術は同時多発的に複数の人々が探求しており，電話の発明は，19世紀後半における突発的な事件ではなく，近代におけるメディアの布置変化の１つとして位置づけられる事件なのである。

電話という有線音声通信メディアが社会に十分受け入れられるようになった19世紀末には，無線音声通信メディアも実用化された。1895年にイタリアのグリエルモ・マルコーニとロシアのアレクサンドル・ポポフがほぼ同時期に無線通信の実験に成功した（☞7章）。この無線音声通信メディアは後に，1920年代にラジオというメディアを生み出すことになった。こうして音声を電気的に処理する基盤が整った。

❖電気録音の前提：音響電気信号の増幅

音響録音再生産技術を電気化するための技術的前提は，真空管の発明である。1904年にフレミングが二極真空管を発明した。これはすぐさま，電信電波の検波器として鉱石検波器の代わりに，ラジオ受信機やレーダー機器に利用されるようになった。電子工学の始まりである。そして1906年に，リー・ド・フォレストが三極真空管を発明した。三極真空管のおかげで電気信号を増幅できるようになった。これが，音響再生産技術を電気化する技術的前提となった。

電話とともに発明されたマイクが生み出す電気信号は微弱だったため，音楽用の音響変換システムとしては使い物にならなかった。が，ド・フォレストの真空管はそのような微弱な電気信号を増幅することで，電気音響という新しい世界を生み出した[2)]。こうして1910年代にはさまざまな電気録音方式が探られるようになった。

3 機械式録音の時代

❖機械式録音

そもそも，電気録音登場以前の機械式録音あるいはアコースティック式録音とはどのような録音方法だったのだろう。

機械式録音とは，❶音声の空気振動をラッパ型の集音器で集めて振動膜を振動させ，❷その振動を，振動膜に取り付けた針の動作に変換し，❸その針の動作をレコード盤上に音溝として刻みこむ機械式技術である。つまり，録音する音声の空気振動エネルギーを使って，レコードに振動波形を記録する技術である（☞ 23頁：表2-1）。

当時の写真やスケッチでは，演奏者が大きなホーンに向かって演奏している姿が描かれている。図6-2の右のようにピアノ演奏を録音する場合は，ラッパ型集音器をピアノの胴体にできるだけ近づけた。また，オーケストラのような大人数で演奏する場合は，演奏者たちはできるだけホーンの近くに集まり，音量の大きい楽器は遠くに，小さい楽器は近くに位置をとるなどの工夫をする必要があった（☞ 112頁：図6-4；Day, 2000：6-12）。録音時に演奏者たちは自分の楽器のラッパ口をホーンに向けてその中に音を吹き入れるように演奏した。だから日本では録音は「吹き込み」と呼ばれるようになったのだ。

2）真空管ははじめ，無線電信，無線電話などの通信機器の発展のために使われた。1906年12月24日，レジナルド・フェッセンデンが無線送信したモールス信号やレコードの再生音が，大西洋を航海中の船舶の通信士たちに受信された。これが「最初のラジオ放送」とされる。この試みを受け，アマチュア無線の世界で，後のラジオ・メディアとなるようなアマチュア・ラジオ局が大量に設立されることになる（吉見，2012）。真空管ははじめ，これらの機器のために使われた。正式に認可を受けたラジオ放送が始まるのは1920年代に入ってからだが，真空管はまず，「ラジオ」を生み出したのだ（☞ 124-126頁）。

図 6-2　機械式録音（左：Welch & Burt, 1994：117；右：吉見, 2012）

✣ 1910 年代：レコード産業の第一次黄金時代

機械式録音によるレコードは，1910 年代に，音楽産業の第一次黄金時代を築きあげた。録音されたものの多くはオペラの歌曲だったが，オーケストラ録音も行われていた。その多くは短縮版だったり編曲に手を加えられていたりしたが，ベートーヴェン《第五交響曲》全曲盤なども販売された（ドイツでは 1914 年 2 月，イギリスでは 8 月）[3)]（ジェラット, 1981：149）。これらを聴けばわかるように，この時代の音質は今の耳からすれば劣悪である。だが，後の時代の基準で当時の音質の良否を判断することにはあまり意味はない。これらは当時は最良の音質だったのだろうし，音質の判断基準はつねに，同時代の技術と相関関係にあるものだからだ。

この時期，音響再生産技術は家庭に浸透していった。例えば，高級家具の一種としての蓄音機という流行もあった（ジェラット, 1981：117, 126, 203）。また，1917 年 5 月には初めて「ジャズ」が録音された。ジャズを初めて録音したのは，その頃ニュー・オリンズ

3）この時期の録音物はウェブ上のさまざまな場所で実際に聞くことができる（The AHRC Research Centre for the History and Analysis of Recorded Music（CHARM）のウェブサイト〈http://www.charm.rhul.ac.uk/index.html（2015 年 2 月 5 日確認）〉など）。

から北部にやってきた白人５人組，オリジナル・ディキシーランド・ジャズ・バンドだった。これは当時全米あるいは世界中で流行していた「ジャズ」というジャンルの揺籃期の記録として興味深い。また，初めてジャズを録音したのが黒人ではなく白人だったということは，録音という行為が当時もっていた社会的重要性を示しているといえるかもしれない。つまり，「録音」という行為や「スタジオ」という場所が，当時はまだ，白人優先の場所であったことを示す，と考えることもできるだろう（☞７章コラム：「黒人音楽」の原点）。

 録音の電化：発明とその影響

❖録音の電化

電気録音では，前述の❷（☞107頁）の段階の変化が最も重要である。機械式録音では振動膜の機械的な動作変化のエネルギーをそのまま音溝の刻み込みに使うのに対して，電気録音では振動膜の動作変化に応じて生じる電流または電圧の変化を利用して音溝に記録した。先ほど説明したダイナミック型あるいはコンデンサー型マイクの原理を応用することで音声の空気信号を電気信号に変換し，真空管を利用することでその電気信号を増幅したのである（Morton, 2004：64-67）。

1920年11月11日第一次世界大戦終戦記念日にイギリスのウェストミンスター寺院で行われた無名戦士慰霊祭の実況を，ライオネル・ゲストとH. O. メリマンが電話線経由で録音したのが，最初の電気録音である[4)]。12月17日に発売され，雑音が多く音質はきわめて悪かったが，この録音はいくつかのレコード会社と電話会社の興味をひき，それぞれの会社で電気録音方式が開発され始めた。マイクの性能が改善されることで[5)]，1924年，電気録音方式が完成した。ウェスタン・エレクトリック社でJ. P. マックスフィールド

が率いていた研究チームが開発し，H. C. ハリソンに特許が与えられた。彼らはこの技術を業界最大手だったヴィクター社とコロンビア社に売り込もうとした。

当初ヴィクターは電気録音に関心を示さなかったが，24年のクリスマス商戦が不振だったことを受け，1925年3月には契約を結ぶことになった。米国コロンビア社は，1922年にルイス・スターリングの英コロンビア社が独立して以来経営不振に陥っており，経済的な問題から手を出せなかった。またウェスタン・エレクトリック社は，当初米国のレコード会社にしか売込みをかけていなかったが，電気録音を使いたい英コロンビア社のルイス・スターリングは，米コロンビアを買い取り子会社の米コロンビアを通じて電気録音システムを導入することにした。こうして，米英ともに1925年以降，電気録音によるレコードが市販されるようになった。

ベル研究所のチームは電気録音の技法を開発すると同時に，電気録音レコード用に改良された蓄音機の開発も行った。1924年に，電気的な音響増幅原理を応用してスピーカーを改良した「ニュー・オーソフォニック・ヴィクトローラ」（図6-3）が販売された。ただしこれはアコースティック蓄音機の最大傑作といわれており，再生部分に電気を全く使っていなかった。当時すでに，電磁ピック・ア

4）コンパクトディスク『About a Hundred Years-A History of Sound Recording』（Symposium 1222）収録の「22. Abide With Me（Monk）／Kipling's Recessional（Blanchard）（1920）」。なお，この音源は以下のサイトで視聴可能である〈http://www.symposiumrecords.co.uk/catalogue/1222（2015年2月5日確認）〉。

5）これ以前に電気録音の実用化を妨げていたのはマイクの性能だったといえよう。それはまだ電話の受話口と同じような炭素型マイクで音楽録音に耐えうる音質を実現できなかったのだが，1922年になってコンデンサー型マイクが開発され，電気録音実用化の可能性が切り開かれた（ジェラット，1981：181）。

ップ，真空管アンプ，ラウド・スピーカーを使った，全て電気化された電気蓄音機の生産も可能だったが，それは生産に費用がかかり，再生音のヒズミも生じやすかった。レコードの溝からひろった機械的エネルギーを電気エネルギーに変換し，ラウド・スピーカーで電気エネルギーを再び機械的エネルギーに換えることは，1924年の技術ではまだうまくできなかったのである。再生も電気的に行う，いわゆる電気蓄音機の最初は，1926年にジェネラル・エレクトリック社が発売した「パナトロープ」だった（ジェラット，1981：182-188；岡，1986：83-84)。

図6-3　ニュー・オーソフォニック・ヴィクトローラの広告[6]

❖電化による録音技術の革新

電気録音以前と以後の音は，今の私たちの耳にとっても明確に音質が違う。録音の電化は再生音の音質を劇的に向上させた。機械録音方式時代には録音可能音域が300-3000Hzだったのが，電気録音が導入された1924年には50-6000Hzに，1929年には30-8000Hzになった。それまでのレコードからは聞こえなかったような高音域が微細かつ鮮明に聞こえるようになり（例えば歯擦音（しさつおん）が聞こえるようになった)，再生音には「膨らみ」とか「厚み」とか「本物らしさ」がもたらされた[7]。この結果，それまで録音されたレコード音楽の

6）AES（Audio Engineering Society）のウェブサイトより〈http://www.aes.org/aeshc/docs/recording.technology.history/ortho.html（2015年2月5日確認)〉。

図 6-4　電化以前と以後に行われた同じオーケストラによる録音風景 [8)]

レパートリーの大部分は録音し直されることになった（山川, 1996：63；ジェラット, 1981：184)。

また，演奏家たちが録音する際の演奏状態が改善された。それまでは写真（図 6-4 左）のようにぎゅうぎゅう詰めで窮屈な姿勢で演奏する必要があったのに対して，マイクを使うことで写真（図 6-4 右）のように，通常の演奏会場で演奏する姿勢や雰囲気で演奏できるようになった（電化以前と以後の録音状況を示すこの写真に写っているのは，同じオーケストラである)。マイクを増やすことで，演奏家たちは以前のように録音ホーンの近くに集まって普段よりも大きな音で演奏する必要もなくなり，適切な反響特性のある部屋のなか

7）このように録音が改善され，小さな入力音でも録音できるようになったことで，「ライブ・レコーディング」が行われるようになった。例えば 1925 年 3 月 31 日に，メトロポリタン歌劇場で行われたアメリカン・グリークラブ連盟による第 2 回合同演奏会が生録音された。この録音は何千枚という単位で売れた。電気録音が録音を革新したことを人々に劇的に知らしめた最初のレコードだった（ジェラット, 1981：189)。

8）左側は CHARM（AHRC Research Centre for the History and Analysis of Recorded Music）のウェブサイトより〈http://www.charm.rhul.ac.uk/history/p20_4_1.html（2015 年 2 月 5 日確認)〉。右側はストコフスキーのウェブサイト The Stokowski Legacy より〈http://www.stokowski.org/1925_Other_Electrical_Recordings_Stokowski.htm（2015 日 2 月 5 日確認)〉。

でリラックスして演奏できるようになった。その結果，演奏会場の「雰囲気」のようなものを再現できるようになった。

こうして，電気録音はレコード音楽のレパートリーの大部分を塗り替え，ラジオの登場と普及で不景気だった1920年代のレコード業界にとってある種のカンフル剤として機能することになった。この時期の音楽産業の動向の詳細は第7章を参照して欲しい。

❖音楽制作とマイク

ようするに，録音の電化とは，音楽制作におけるマイクの導入だといえる。マイクは録音を二極化させた。「自然の世界」の記録を目指してハイ・フィデリティを追求する方向性と，マイクによる音量調節などを駆使して人工的な音響世界を構築する方向性である。いずれも「録音の世界」が登場した1877年以来ずっと存在していた方向性ではあるが，音質が向上し，人工的な音量調節が容易になったマイクこそが，この2つを明確に二極化した。前者は，機械が再生産する音響と録音される以前の「原音」との類似性（高忠実性）を高め，また後者は，再生音を「話し言葉や楽器の演奏に類したもの」に留まらない「音として実現されるある種の虚構世界」として構築することになったといえるかもしれない（☞14章）。マイクこそが電気録音の本質なのだ。前者の方向性はこの後も，ステレオ録音，長時間録音などを通じてさらなる高音質を追求していく。後者の方向性も，磁気テープを用いた録音の編集加工やマルチトラック録音などを通じてさらに追求されていく。いずれも後の章（☞8，9章）で改めてみていこう。ここでは，マイクによって切り開かれた世界に反応した事例を2つあげておこう。

❖ストコフスキー

マイクによって切り開かれる新しい音響世界に強い関心を示した

図 6-5　電気音響技術に関心を持ちベル研に出入りしていたストコフスキー[9)]

音楽家に指揮者のレオポルド・ストコフスキー（1882-1977）がいる（☞ 9，14 章）。好奇心旺盛な彼が初めて電気録音に関心をもったのは，1926 年 3 月にレスピーギ《ローマの松》をニューヨーク・フィルで指揮した時である。この交響曲の第三楽章では鶯（うぐいす）の歌の録音を再生する必要があり，その再生のためにブランズウィック社のパナトロープが使われた。これにストコフスキーは強い関心をもち，ブランズウィック社の研究所に出向いてレコード制作の希望を伝えた。結局，彼はブランズウィック社とは 2 枚しかレコードを作らなかったが，その後，ヴィクター社と電気録音による多くのレコードを制作した。

ストコフスキーはただ指揮するだけで後は技師に任せっぱなしにするのではなく，マイクの位置，オーケストラの楽器の並べ方，反響板の置き方，モニター・テーブルなど録音装置の全てに関心を示し，電気録音によるレコード制作の方法を追求した。彼は個々の楽器の音色の録音方法を探求し，バイノーラル録音（ステレオ録音の先駆）や大音量を出すPA（Public Address）装置の実験などを行なった（☞ 9 章）。彼はエンジニアと一緒になって芸術制作に取り組む音楽家となった。80 年代にCD という新しい音響機器をプロモートしたクラシック音楽の指揮者はカラヤンだが，ストコフスキーは，1920 年代に新しく登場したマイクという音響技術をプロモートした，クラシック音楽の有名な指揮者だった（ジェラット，1980：195；細川，

9）ストコフスキーのウェブサイト The Stokowski Legacy より〈http://www.stokowski.org/Harvey_Fletcher_and_Bell_Labs_Stereo.htm（2015 年 2 月 5 日確認）〉。

1990：86-90）。

❖クルーナー唱法

「croon」とは「甘くささやくように歌う，ハミングする」という意味で，このクルーナー唱法で有名な歌手には，ビング・クロスビーやフランク・シナトラなどがいる。あの囁くような甘い歌声をレコード音楽に記録できたのは，マイクが小さな音量でも録音できるようになったからである。また，実はこれは，当時の技術的限界に対応した歌唱法でもあった。当時の電気録音では，録音可能音域は拡大したが，それに比べるとダイナミックレンジは限定されていた（つまり録音可能な音量は限定されていた）ので，限定されたダイナミックレンジで，音量の大小以外の手段でさまざまな表現を可能とする歌い方として，クルーナー唱法が開発されたのだった（細川，1990：84-86；Chanan, 1995：68-70）。

いわば，マイクはこの時代の標準的な楽器の1つとなった。18世紀のピアノが当時の音楽制作に与えたのと同じくらいの影響を，マイクも，1920年代以降の音楽制作に及ぼしたといえよう。こんにちではマイクは，スタジオのみならず普通の生演奏の場においても，パフォーマンスにおける基本的な標準装備の1つである。繰り返すが，マイクは録音の世界のみならず音楽実践全般に測り知れない影響を与えたのである。

5 電気芸術としての音楽

音響再生産技術が電気化した結果，音楽の生産のみならず消費のあり方も変化した。電気録音が録音に対する感受性を強く変えたことは確かだろう。電気録音の登場以降，今や，マイクを経由せずに電気録音以外の方法でも録音が可能だという事実の方が驚きではないだろうか。私たちは音楽実践の諸々の局面に電気を介在させることで，無意識のうちに，録音と電気を結びつけて考えるようになった。録音再生時のマイクやスピーカーはいうに及ばず，エレキギターやシンセサイザーという楽器は音を出すために電気が必要である。ホールで生演奏で奏でられるクラシック音楽のほとんどもマイクやミキサーを通じて電気的に調整されたものだ。また，レコードプレイヤーの再生や，コンサートホールやライブハウスの照明や空調にも電気が必要だし，レコードやCDの流通販売時にも電気が必要だ。今や電気のない生活を考えることがほとんど不可能なのと同じく，音楽実践にも何らかの段階で電気が必要である。いわば，私たちの音楽はすべて「電気音楽」なのである。

1920年代は，ラジオやトーキーなど，その後の20世紀の音の文化の基本的要素の多くが出揃った時代である。この時代には音響信号の電気的計測が可能となることで，音響学が新しい段階に突入し，音響建築学会も設立された（Thompson, 2002）。1920年代を，録音が電化されることで，ラジオ放送，映画，電話，音響物理学といった音の文化のさまざまな要素が，電気に対する想像力のなかで結びつけられ始めた時代としてまとめることができるかもしれない。

◉ディスカッションのために

1　音響再生産技術が電気技術を用いる場合と用いない場合，技術的にどのように比較できるか整理しよう。
2　電気技術が録音プロセスに与えた影響をまとめよう。
3　電気技術が可能にした新しいレコード音楽について記述しよう。

【引用・参考文献】

岡　俊雄（1986）．レコードの世界―SPからCDまで　音楽選書46　音楽の友社

菊池　誠［監修］／（株）ウォーク［編著］（1993）．電気のしくみ小事典　講談社

ジェラット, R.／石坂範一郎［訳］（1981）．レコードの歴史　音楽之友社

スターン, J.／金子智太郎・谷口文和・中川克志［訳］（印刷中）．第3章聴覚型の技法とメディア　聞こえくる過去―音響再生産技術の文化的起源　インスクリプト（Sterne, J.（2003）．*The audible past: Cultural origins of sound reproduction.* Durham, NC: Duke University Press.）

中村健太郎（2005）．図解雑学―音のしくみ　第2版　ナツメ社

日本音響学会［編］（1996）．音のなんでも小事典　講談社

ベルトラン, A.・カレ, P. A.／松本栄寿・小浜清子［訳］（1999）．電気の精とパリ　玉川大学出版（Beltran, A., & Carré, P.（1991）．*La fée et la servante: La société française face à l'électricité, XIXe-XXe siècle.*（Reliure inconnue）, Paris: Belin.）

細川周平（1990）．レコードの美学　勁草書房

マクルーハン, M.／栗原　裕・河本仲聖［訳］（1987）．メディア論―人間の拡張の諸相　みすず書房

三輪眞弘（2011）．電気エネルギーはすでにわれわれの身体の一部である―中部電力芸術宣言について　アルテス **1**, 49-51.

山川正光（1996）．世界のレコードプレーヤー百年史　誠文堂新光社

吉見俊哉（2004）．メディア文化論―メディアを学ぶ人のための15話　有斐閣

吉見俊哉（2012）．「声」の資本主義―電話・ラジオ・蓄音機の社会史　河出書房新社

Chanan, M.（1995）．*Repeated takes: A shore history of recording and its effects on music.* London: Verso.

Day, T.（2000）．*A century of recorded music: Listening to musical history.* Nex Haven and London: Yale University Press.

Morton, Jr., D. L.（2004）．*Sound recording: The life story of a technology.* Westport, CT: Greenwood Press.

Smith, J.（2008）．*Vocal tracks: Performance and sound media.* Berkeley, CA: University of California Press.

Snodgrass, R. T., & Camp, V. F.（1922）．*Radio Receiving for Beginners.* New York: The MacMillan.

Swedien, B.（2003）．*Make mine music.* Sarpsborg: MIA Press.

The AHRC Research Centre for the History and Analysis of Recorded Music 〈http://www.charm.rhul.ac.uk/index.html（2015年2月5日確認）〉

Thompson, E. A. (2002). *The soundscape of modernity: Architectual acoustics and the culture of listening in America.* Boston, MA: MIT Press.

Welch, W. L., & Burt, L. B. S. (1994). *From tin foil to stereo: The acoustic years of the recording industry, 1877-1929.* Gainesville, FL: University Press of Florida.

ラジオとレコード

新型メディアの出現と文化の再編

谷口文和

DJ アラン・フリード *

20 世紀なかばに全盛期を迎え，今でも根強く愛好者がいるラジオ放送は，不特定多数の人間が同時に共有できる，独特なコミュニケーション形態を成立させた。深夜の勉強やドライブのお供にラジオ番組を流しながら，DJ（ディスクジョッキー）の語りに耳を傾ける。好きな音楽のレコードを自分で再生するのではなく，わざわざ番組にリクエストを送り，次に自分のハガキが読まれるかもしれないという期待を楽しむ聴き手が数多くいた。そのようにしてラジオから聞こえる音には，ある種の親しみの感覚が伴っていた。

しかしながら，そのようなラジオ番組に聴取者が親近感を覚えるのは，個人的な感情が電波に乗って届けられているからではない。その感覚は「放送」という産業化された制度によって支えられたものであり，いわばラジオというメディアの商品価値の一部である。では，そのような価値観はどのようにして見出されてきたのだろうか。

* アラン・フリードの公式ウェブサイト alanfreed.com より〈http://www.alanfreed.com/photo-galleries/radio-broadcast-1943-1949/（2015 年 2 月 9 日確認）〉。

1 分化する音響メディア

第5章では録音技術がレコードという商品形態になるまでの過程を説明した。音楽を大量生産して販売する手段というレコードのあり方は，あらかじめ決まっていたものではなく，技術が社会の中で使われていく中で少しずつ固まっていったものだった。

録音と並んで現在まで続く電話とラジオにも同じことがいえる。どちらのメディアも初期の段階では，それぞれの土台となった媒体（電話線と電波）を当時の社会においてどのように広めてどのように使っていくかが問われており，2つのメディアの間に明確な違いがあったわけではなかった。電話が一対一で通話するものであり，ラジオが多数の人々に向けて放送するものであるという区別は，媒体の産業化や制度化を通じて事後的に見出された。

この章では，「レコード」「通話」「放送」という音響メディアの3つの形態が相互に影響を与えながら展開していく過程を辿る。第2節では，電話とラジオが2つの異なるメディアとして確立されるまでを確認する。後半ではラジオとレコードの関係に的を絞って，2つのメディアが衝突と協力をともないながら絡み合う様子を掘り下げる。とりわけ商業的な音楽にとっては，単に流通手段が2つあったというだけでなく，産業の展開や新しい音楽ジャンルの成立においてラジオとレコードの関係が焦点となっていた。

2 電話とラジオ

❖電話サービスの2つの可能性

すでに前章でも触れたように，電話は19世紀後半の主要な通信手段だった電信の発展形として構想され，開発された。したがって，1876年に発明されて間もないうちから，電信サービスをモデルと

図 7-1　1900 年頃の電話交換局（Young, 1983）

する電話事業が急速に発展した。

翌 1877 年，ベルは研究の出資者だったガーディナー・ハバードとトーマス・サンダースとともにベル電話会社（のちのAT ＆ T 社：アメリカ電話電信社）を設立すると，2 つの場所を電話線で結び，それぞれに電話機を貸し出すサービスを開始した。さらに 1878 年には交換局を開設し，加入者同士が相手を選んで通話できるようにした。この年には電信事業の大手ウェスタン・ユニオン社もその設備を流用することで通話サービスに参入し，ベル社との間で熾烈な競争が始まった。しかしベル社が特許に関する訴訟を起こした結果，1879 年末にはウェスタン・ユニオン社の設備がベル社に移管され，ベル社は電話の発明からわずか数年のうちに，米国における電話ビジネスの独占的地位を築き上げることになる（フィッシャー, 2000：48-50）。このように，メディアとしての電話の方向性は，電信の副産物として発明された蓄音機（☞ 2 章）に比べると，非常に早い段階で見出されていた。

とはいえ電話もまた，最初から一対一の通話というコミュニケーション形態だけを一直線に目指したわけではなかった。1881 年のパリ国際電気博覧会に展示された「テアトロフォン」では，オペラ座とテアトル・フランセでの上演の音が電話線を通じて博覧会場にまで届けられ，来場者はヘッドフォンでその音を聴くことができた。

この催しが評判を呼び，1880年代半ばからヨーロッパ各地や米国で，コンサート会場の音を離れた場所に送信するサービスが始まっている（マーヴィン，2003：414-424）。さらに1893年にはハンガリーのブダペストで，電話回線の契約者に向けてニュースや講演，演奏といった番組を毎日送信する「テレフォン・ヒルモンド」が始まっている。このサービスを手掛けたティヴァダル・プシュカーシュは，エジソンの研究所で働いた経歴をもち，パリ電気博覧会のテアトロフォン展示にも参加していた。テレフォン・ヒルモンドは20年以上にわたり，ブダペストのエリート層を中心とした数千人の顧客に番組を提供し続けた（マーヴィン，2003：438-449）。

つまり，多数の消費者が決まった時間に番組を聴くという放送メディアの可能性は，ラジオより先に電話においてすでに姿をみせていたのである（☞Topic 1）。結果的にその役割は，電磁波を媒体とするラジオが引き受けることになる[1)]。

❖電波を使った通信

「ラジオ（radio）」という語は電磁波の放射（radiation）に由来するが，この語は20世紀初頭に，「ワイヤレス・テレグラフィ（無線電信）」「ワイヤレス・テレフォン（無線電話）」に替わるかたちで，「ラジオ・テレグラフィ」「ラジオ・テレフォン」のように接頭語として使われ始めた。つまりこの頃のラジオは，電話が電信の延長線上に発展したのと同様に，電信や電話をさらに発展させる技術と捉えられていた。しかしやがて，「ラジオ」は接頭語ではなく独立した語として使われるようになった。当初は「電信電話の無線版」として理解されていたラジオは，それとは異なる「放送」という形態

1）とはいえ，放送というメディアの役割が電磁波という媒体へと完全に固定されたわけではない。第二次世界大戦後には「有線放送」と呼ばれる，電線を媒体とする放送メディアが出現している。

のメディアとして確立された。

ラジオの歴史は，電磁波を使って電信を無線化するところから始まっている。多くの発明家が競い合う中で決定的な功績を残したのが，イタリアのグリエルモ・マルコーニだ。マルコーニは1894年に実験を開始すると，早くもその翌年には1マイル（約1.6キロメートル）の無線通信に成功し，1897年にはモールス信号をブリストル海峡の向こう側まで送る公開実験も行っている。マルコーニは技術開発に優れていただけでなく，みずから会社を設立するなど新しい技術を事業として大々的に展開した。電話と違い電線を引かなくても使えるという無線の利点を彼はアピールした。1899年にはヨットレースのアメリカズカップの模様を船の上から発信した。さらに1901年には大西洋をまたいだ無線通信を行い，この技術が海底ケーブルに対抗できることを示した（吉見, 1995：169-172）。

ただし，この段階での無線通信ではまだ音声を直接伝えることはできなかった。電磁波も音と同様に波の形で情報を伝えるが，無線通信に有効な電磁波の波長は音よりもはるかに短い（周波数が大きい）。そこで，音声を電波に掛け合わせ，音声の波を電波の振幅の大小へと変えて発信し，受信先で復元するという方法が開発された。この振幅変調（Amplified Modulation）を用いているのがAMラジオである。これに対して周波数変調（Frequency Modulation）という，音声の波を電波の波長の伸び縮みへと変換する方式をとっているのがFMラジオである（図7-2）。周波数変調は1933年にエドウィン・アームストロングにより発明され（高橋 2011：192-193），1936年にやはりアームストロングの手で初の商業的FMラジオ放送が開始されている（Morton, 2004：132）。

AM方式による音声の無線通信を実現したのはカナダ出身のレジナルド・フェッセンデンである。フェッセンデンによる実験の中でとくによく知られるのが，1906年のクリスマスイヴにマサチュ

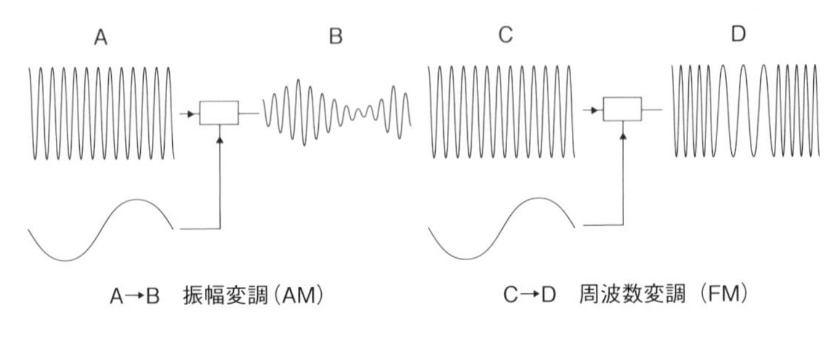

図7-2　振幅変調（AM）と周波数変調（FM）

ーセッツで行われたものである。フェッセンデンは蓄音機で音楽を流し，さらにはみずから聖書の一節を朗読しヴァイオリンを演奏した。そしてその音声を，大西洋上の船に乗っていた人々が聴き取った。不特定多数が受信したという点で，この実験を初めてのラジオ放送実験とみなすこともできる（吉見, 1995：173-175）。

❖放送メディアとなったラジオ

無線電信が電信の延長線上で事業化されたのと同様に，音声の無線通信技術もまずは，すでにサービスとして定着していた電話の新しい形態として方向づけられた。アメリカでの無線通信事業はマルコーニが設立したアメリカン・マルコーニ社が先行していたが，19世紀末に電話事業で独占的地位を築いていたAT&T社やウェスティングハウス社などが次々と参入した。ただし，これらの企業がそれぞれ取得した特許の相互利用が進まず，別々に無線機の製品開発を行っていたため，すぐに電話の代わりとなるほどスムーズには普及しなかった（水越, 1993：42）。

アメリカで無線通信網が整備されたきっかけは，1917年に参戦した第一次世界大戦だった。参戦を機に国内の無線通信が国の統制下に置かれたが，この際に軍の主導によって企業間の協定が進み，1919年にはジェネラル・エレクトリック社から独立するかたちで

RCA社（アメリカラジオ会社）が設立された。つまり，国の政策と民間企業の活動とが結びつくことで，公共インフラとしてのラジオが姿をみせたのだ（水越, 1993：44-48）。

一方，1910年代の無線通信の使用者には，まだ一般的には馴染みのないこの技術を進んで理解しようとするアマチュアが数多くいた。そもそもマルコーニも物理学の専門教育を受けておらず，アマチュアというべき存在だった（吉見, 1995：169）。使い方が整備されていない段階で，アマチュア無線家たちはみずから送信の実験を行ったり，誰かの発信する電波を探し当てて受信することを楽しんだりしながら，技術を介したコミュニティを形成していた。その中に，ウェスティングハウス社員のフランク・コンラッドがいた。コンラッドは自宅のガレージからレコードの再生音やピアノの演奏を定期的に送信し，近所のアマチュア無線家たちの間で評判を呼んだ。ついには，コンラッドの無線が聴けることを売り文句にした無線機器の宣伝が行われるほどになった（水越, 1993：62-64）。ここには軍事通信技術として管理された無線とは異なる，大衆の娯楽としてのラジオ放送へと向かう流れをみることができる。

コンラッドの活動にヒントを得たウェスティングハウス社は，1920年11月2日の大統領選挙に合わせてピッツバーグにラジオ局KDKAを設立し，最初の放送として開票速報を行った。この成功をもとにウェスティングハウス社は各地にラジオ局を開設し，RCA社などの競合他社もこれに続いた。このKDKA局を「世界最初のラジオ局」とみなす根拠として，水越伸は「定時放送を行った」「産業活動として放送を行った」「大衆を受け手として想定した」という3つの特徴が出揃ったことを挙げている（水越, 1993：67-69）。とりわけKDKA局以降のラジオがそれまでの放送と大きく異なっていたのは，機械を組み立てながら技術を理解することに喜びを見出すアマチュア無線家ではなく，決まった時間に流れてくる番組を楽しむ「リスナー」をターゲットにしたことだった。そのためにラジオ受信機も，あらかじめ組み立てられた完成品が販売されるようになった。1922年に10万台だったアメリカにおけるラジオの生産台数は，1925年には200万台にまで増加している（水越，1993：73）。こうして確立されたラジオ放送の形態は世界各国にも広がり，日本でも1925年3月22日に東京放送局（のちのNHK）によってラジオ放送が開始された。

3　再編される音楽産業

❖ラジオから生まれたスター

ラジオ放送は始まった当初から，音楽番組に最も多くの時間が割り当てられていた。音楽家の側も，ラジオが新たな仕事や宣伝の場となることに期待を寄せた。その効果は，放送局同士を中継するネットワークによって増幅された。1926年にNBC（全国放送会社，RCA社の子会社），翌年にCBS（コロンビア放送システム）という2つの全米ネットワークが各地を結び，スタジオやホールでの演奏がアメリカのどこでも聴けるようになった。

初期のラジオ放送にはヴォードヴィル[2]出身の芸人が数多く出演した。スポンサーからの広告収入で経営が成り立つラジオ局にとって，歌や演奏の合間にたくみな話芸を織り込むことのできる芸人はうってつけだった（水越，1993：99-100）。レコードや映画に押されて当時すでに衰退しつつあったヴォードヴィルの芸人にとっても，ラジオは魅力的な転身先だったといえる。こうしてヴォードヴィル

2）元はフランスの大衆的な演芸のことだが，アメリカでは19世紀末から20世紀初頭にかけて流行した，コメディや歌，踊り，手品などによるショーの形式を指す。ヴォードヴィルの芸人は全米各地の劇場を巡業したほか，初期の映画産業にも進出した。

の流れを汲んだ音楽ヴァラエティ番組の形式が確立された。ルディ・ヴァリーやビング・クロスビーといったクルーナーたち（☞6章）も，ラジオで自分の番組をもつことでスターの座を不動のものにした。

さらに，ラジオの全米ネットワークの恩恵を受けた音楽として，1930年代に流行したスウィング・ジャズが挙げられる。1934年からラジオ番組『レッツ・ダンス』に楽団を率いて出演したベニー・グッドマンは，スウィングをアメリカ全土に知らしめ，スウィングを代表するスターとなった（鈴木, 2005：100）。それまでマフィアとの繋がりなどから下品でいかがわしいというイメージがつきまとっていたジャズは，全米ネットワークの力で「国民的音楽」の地位にまで上りつめたのだ。

❖ラジオへの不満

しかしながら，ラジオの影響はかならずしも音楽家にとって良いことばかりではなかった。ニューヨークのようなエンターテイメントの本場で活躍する音楽家の演奏が全米各地に中継されると，地方のラジオ局が演奏家を雇う必要が無くなってしまう。大都市の音楽家が脚光を浴びた一方で，ラジオに不満をもつ音楽家はむしろ増えていった。

さらに，ラジオでレコードが使われることに対しても，ラジオ出演という雇用機会を奪うとして多くの音楽家が危機感をもった。1930年代に入ると，自分のレコードに「家庭専用」「ラジオでの放送禁止」といった文言を記載し，警告を無視してレコードを流した放送局を訴える音楽家も現れた（Kraft, 1996：86-87）。

この時期にはレコードの市場自体も大きく揺れ動いていた（図7-3）。産業が生まれて以来伸び続けていたレコードの生産額は，1920年代に入ると落ち込みをみせる。これは消費者の関心がラジ

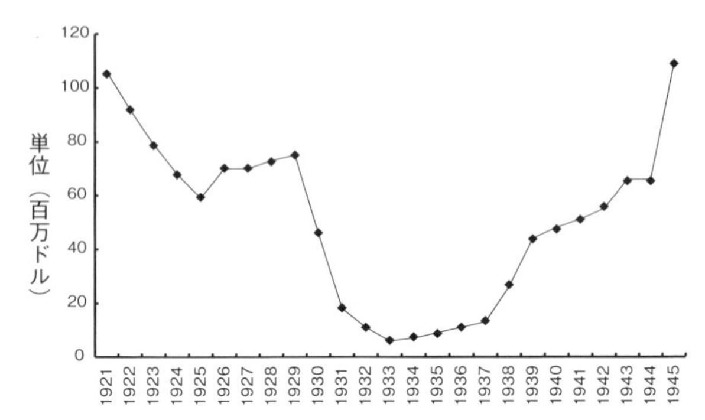

図 7-3　アメリカにおけるレコード売上（Gronow & Saunio（1998：38）をもとに作成）

オという新しいメディアへと移ったためと考えられる。1920 年代後半になると電気録音の登場によってレコードも持ち直すが，今度は 1929 年の大恐慌によって大打撃を受ける。この混乱期に影響力を増していったラジオをめぐって，音楽産業には大きな対立が生まれることになった。

❖音楽産業の新旧対立

アメリカの音楽産業の構造を，各立場を代表する権利団体の関係から整理してみよう。

ASCAP（アメリカ作詞家作曲家出版社協会）は 1914 年，音楽の利用形態が多様化していく中で各方面から著作権使用料（☞Topic 3）を徴収するために設立された。その名が示すように，この団体は楽譜出版ビジネスに携わる人々によって作られた。つまりASCAP は，レコードやラジオといった音響メディアが登場する以前から続く，印刷メディアに基づく音楽産業の立場を代表している。有力な音楽メディアへと発展したラジオに対して，ASCAP は使用料の値上げを求め交渉を繰り返した（Ennis, 1992：101）。

演奏家たちは，音楽家のための労働組合であるAFM（アメリカ音楽家連盟）を通じて雇用の確保を求めた。AFM もラジオ局に対して，専属の音楽家を雇うことを要求した。

一方でラジオ業界を代表するNAB（全米放送事業者協会）は，ASCAPの強硬姿勢に対抗するため，楽譜出版ビジネスを前提とするASCAPの管理が及んでいない音楽に目をつけた。黒人のブルースや南部で歌われていたヒルビリーといった，旧来のエンターテイメント業界の外側にあった音楽もまた，この頃にはラジオを通じて新たな関心を集めていた。そこでNABは1939年に新たな著作権管理団体BMI（放送音楽協会）を立ち上げ，ASCAPが重視していなかったこれらの音楽の権利を管理下に置いた。

1941年，ASCAPとNABの交渉が決裂し，1年近くにわたってASCAPの管理楽曲はラジオで流せなくなった。しかしラジオ業界はその代わりに，BMIの管理楽曲を増やし，その曲を放送することでこの局面を乗り切った（Ennis, 1992：105–109）。この経緯から，音楽産業の主導権がラジオの側に移りつつあったことがうかがえる。

❖録音禁止令

さらにその翌年，今度はAFMが大きな動きをみせる。ラジオでレコードの音楽が流れることを問題視していたAFMの会長ジェームズ・ペトリロは，ついに1942年8月，録音を行わないよう組合員に通達した。このボイコットは，各レコード会社が音楽家への補償を含めた契約を結ぶまで2年あまりも続いた。

その結果，音楽史の上でもこの時期の録音資料が大幅に抜け落ちることになった。特にジャズは，第二次世界大戦を挟んでビッグバンドによるスウィングから少人数編成（コンボ）によるモダンジャズへと転換する時期を迎えており，その途中経過をレコードで聴けないのは大きな損失といえる。一方，レコード業界の中でいち早く折れ，1943年9月にAFMに補償金を支払うことで録音を再開したデッカ社は，この年に大ヒットしたミュージカル《オクラホマ！》

のレコードを発売することができた（岡, 1986：112）。

AFM の録音禁止令は，直接的にはレコード業界と音楽家団体の衝突だった。しかしここまでみてきた対立構造をふまえると，この事件もまたラジオという新しいメディアによって引き起こされた衝撃の副産物だといえる。

4 ラジオ文化としての音楽

❖新しいヒットチャート

以上のような混乱を経る中で，ラジオでは次第に，それまでアメリカ音楽産業のメインストリームではなかった音楽ジャンルが浮上していった。その様子は，音楽業界誌『ビルボード』[3)]に掲載されるヒットチャートから読み取ることができる。

1942 年，メインストリームのヒット曲を扱う「ポピュラー」チャートとは別に，「ハーレム・ヒット・パレード」というコーナーが始まる。この名称はニューヨークの歓楽街であるハーレム地区に由来するもので，そこで活躍した黒人音楽家にちなんでいる。このチャートは 1949 年には「リズム＆ブルース」と改称され，現在の「R&B」にまで続いている（☞コラム）。

さらに 1944 年には，ヒルビリーなど南部を中心とする農村地帯の人々の音楽を扱う「フォーク・レコード」チャートも開始される。元々「ヒルビリー」という語には田舎者を見下すような意味合いが含まれていたが，ラジオを通じて全国的な人気を得るとともに，その音楽は開拓時代の「古き良きアメリカ」を感じさせるものとして

3）1896 年にアメリカで刊行が始まった雑誌。当初は各地の娯楽や催しの情報を紹介していたが，1930 年代からジュークボックスの業者向けに，その時々で人気のあるレコードを紹介するようになった。これがレコードのヒットチャートの始まりと考えられる。

◉コラム：「黒人音楽」の原点　［谷口］

「リズム＆ブルース」から「ソウル・ミュージック」を経て現在の「R&B」に至るまで，アフリカ系アメリカ人音楽家が主体となった，いわゆる「黒人音楽（ブラック・ミュージック）」は世界規模で人気を誇っている。しかし一方で人種差別が根強く残っていたアメリカにおいて，黒人音楽はレコード産業の出現当初からまっとうに商品価値を認められていたわけではなかった。

19世紀後半のアメリカでは，白人が黒人を見下し嘲笑する「クーン・ソング」というジャンルが流行しており（「クーン」は黒人に対する侮蔑語として理解される），初期の商業的レコードにもしばしば録音されている。中には黒人自身が白人に馬鹿にされる役割を演じた例もあった。ジョージ・W・ジョンソンがげらげら笑いながら歌う《ラフィング・ソング》は，1890年代にフォノグラフのレコード5万本ほどを売り上げたとされる（Brooks, 2004：41）。

1920年，新興のオーケー・レコードが発売した黒人女性歌手メイミー・スミス《クレイジー・ブルース》のヒットによって状況は一変する。「白人から見た黒人」の歌ではなく黒人自身の音楽も売れるという認識が生まれたことで，黒人の音楽を売り出すレコードレーベルが1920年代に次々と誕生した。それらのレコードは「白人から見た黒人という異人種」という意味で「レイス（人種）・レコード」と呼ばれた（中村，1999：97-98）。黒人の演奏するジャズが録音されるようになりルイ・アームストロングなどのスター音楽家が誕生したのもこの時期である。

これ以降，かつて奴隷だった黒人が数多く暮らしていたアメリカ南部の大農園地帯にまでレコード化の手が伸びるようになった。アラン・ローマックスら音楽学者による現地調査とも相まって，ロバート・ジョンソンなど当時無名のブルース歌手が次々と「発見」され，録音を残した。農園労働者だったマディ・ウォーターズがローマックスによる調査録音を機に一念発起してシカゴに移住しリズム＆ブルースの人気歌手になったというエピソードは，映画『キャデラック・レコード』（2008）にも描かれている。

読み替えられていった。そしてやはり1949年，このチャートの名前は「カントリー＆ウェスタン」に変更された。

とはいえ，これらの新しいヒットチャートはかならずしも，黒人や南部の白人が担っていた音楽にそのまま対応していたわけではない。というのも，複数のチャートにまたがってランクインした曲が少なからずあったからだ。

例えば《ラグ・モップ》という曲は，作曲者の1人であるジョニー・リー・ウィリスの録音によって1950年の「カントリー＆ウェスタン」チャートにランクインしているが，ほぼ同時にエイメス・ブラザーズというコーラス・グループによる同曲のレコードが「ポピュラー」チャートにランクインし，さらにジョー・リギンズ・アンド・ヒズ・ハニードリッパーズのレコードが「リズム＆ブルース」チャートにランクインしている（他にも何人もの歌手が同曲のレコードをランクインさせている）。当時はある曲がヒットすればすぐに多くの音楽家がその曲をレコード化する慣習があったが，歌う音楽家のタイプによって同じ曲が異なるチャートに振り分けられていた。やはり1950年にヒットした《モナ・リザ》の場合，ナット・キング・コールが歌うレコードは「ポピュラー」と「リズム＆ブルース」の両方にランクインしている。これは曲調がメインストリームのポップスだったのに対して，歌っているコールが黒人だったために起こったと考えられる。さらにこの曲はムーン・マリガンらによって「カントリー＆ウェスタン」チャートにもランクインしている（Ennis, 1992：201-208）。ようするに，ヒットチャートの使い分けは楽曲ではなく，レコードがターゲットとするリスナー層に基づいていた。

同様の区別はラジオにもあった。ラジオ局の数が日本よりはるかに多いアメリカでは，それぞれの局が特定のリスナー層に向けて番組を制作し，音楽を流していた。つまり，黒人が聴くためのラジオ局は白人が聴くものとは別に作られた（Ennis, 1992：171-176）。したがって，ある曲を人種や社会層を超えてヒットさせるために，それぞれのターゲットに合わせてレコードが作られていた。音楽にとって「ジャンル」とは，単に音のスタイルによって区別できるものではなく，その音楽に誰がどのように接しているかという問題と深く結び付いているのだ。

❖ DJが人種の壁を壊す

ラジオはアメリカ全土に同じ音楽を行き渡らせた一方で，社会層によって区切られていた。しかしラジオはその壁をも打ち破ることになる。そこで重要な役割を果たしたのが，「円盤を乗りこなす人」という意味の「ディスクジョッキー」，略して「DJ」だ。

レコードを流す音楽番組において紹介役を努めるDJは，その効果にもいち早く気づいていた。ニューヨークWNEW局のアナウンサーだったマーティン・ブロックは1934年，大西洋横断飛行で知られるチャールズ・リンドバーグの息子が誘拐された事件を報道する際，続報が入るまでの待ち時間にレコードの音楽を流したことで，リスナーから大変な評判を得た。それをきっかけにブロックは音楽番組の新しいスタイルを見出した。翌年から始まった番組『メイク・ビリーヴ・ボールルーム』で，彼はまるで一対一で会話をしているようにリスナーに向けて語りかけた（Chanan, 1995：110-111）。リスナーはただ音楽を楽しむのではなく，ある種の親密さを伴うかたちで「DJが紹介する音楽」を聴いたのだ。このスタイルが定着したことで，ラジオのリスナーはDJを介して，同じ音楽を好むもの同士のつながりを感じるようになった。

DJの役割は，先述のように構造転換期にあった音楽産業でも注目された。1941年に設立された新興レコード会社のキャピトルは，DJに発売前のレコードを渡して番組で流してもらうという戦略をとった。「プロモーション盤」の始まりである（Chanan, 1995：100）。ラジオでレコードが使われることを嫌った音楽家たちとは対照的に，ラジオとともに台頭した音楽ジャンルは，ラジオとDJの力を積極的に利用した。

そして，このDJの力によって新しいジャンルを生み出したのが

図7-4　アラン・フリードの主催するイベントの模様 [4)]

アラン・フリードである。1951年，クリーヴランドという地方都市のWJW局でクラシック音楽の番組を任されたフリードは，白人の少年がリズム＆ブルースを好んで聴いていることに気づき，番組の内容を一新する。白人向けのラジオ局で大々的に黒人のリズム＆ブルースを流したのだ。彼の番組は若者世代の熱狂的な支持を集め，リズム＆ブルースが白人をもターゲットにできることを知らしめた。彼が主催したイベントでは，当時は公共の場で分かれることが当然とされていた白人と黒人が一緒になって盛り上がる様子がみられた（鈴木, 2005：136-137）（図7-4）。

このアラン・フリードによる番組で掲げられた名前が「ロックンロール・パーティ」だった。「ロックンロール」は黒人社会のスラングをフリードが番組名に使ったものだが，いつしかそこで流れる音楽自体をそう呼ぶようになった。つまりロックンロールとは，リズム＆ブルースを白人からみた際の呼び名だったのだ。このフリードの功績もあって，1950年代半ばまでに，ヒットチャートをまたいだクロスオーバーはますます活発化する。そしてついには，「黒

4）アラン・フリードの公式ウェブサイトalanfreed.comより〈http://www.alanfreed.com/photo-galleries/moondog-1950-1954/（2015年2月9日確認）〉。

人のように歌う白人」といわれたエルヴィス・プレスリーのようなロックンロールの大スターを生み出すに至った。

✣ロックンロールへの反発

ロックンロールの生みの親ともいえるフリードだが，人種差別の根強いアメリカ社会で人種の壁を超えるムーブメントを起こしたことに対しては反発も大きかった。白人黒人を問わず，不良な若者の象徴とみなされたロックンロールのスターには次々とスキャンダルが持ち上がり，激しい攻撃にさらされたが，この流れの中でフリードもまた槍玉に挙げられた。

そこで攻撃材料として目をつけられたのが，ラジオDJとレコード会社の関係だった。1958年，ASCAPは合衆国議会に，フリードらDJが番組でレコードを流す見返りとしてレコード会社から賄賂を受け取っていると訴えかけた。議会はこの賄賂を違法とみなして法律を制定し，その結果フリードをはじめ多くのDJがラジオ局に居場所を失った。さらにフリードは1960年に告発され実刑判決を受け，失意のまま1965年に亡くなった（Chanan, 1995：113-114）。

引き金を引いたのがASCAPだったということは，この事件がロックンロールへの社会的な攻撃であるだけでなく，音楽産業における新旧対立の帰結でもあることを示唆している。というのも，ロックンロールはまさしく，ラジオというメディアが「人種の壁を越えた若者」という新たなリスナー層を開拓したことで生まれたジャンルだったからだ。ラジオはただ音楽を電波に乗せて遠くに運んだのではない。人々がラジオで音楽を聴くことを通じて，その人々の社会的関係が組み替えられていったのだ。

◉ディスカッションのために

1　音楽のジャンルを1つ挙げて，そのジャンルの主なターゲットがどのように設定されているかを説明しよう。そして，そのターゲットへと音楽を届けるためにどのようにメディアが使われているかを考えてみよう。

2　いくつかのラジオ番組を注意深く聴いて（可能であれば録音する），DJが曲を流す際にどのように紹介するかをメモしよう。そして，その紹介が音楽にどのような情報やイメージを付加しているかを比較してみよう。

3　インターネットを介して音声をやりとりするためのツールについて調べ，その中でラジオと共通する特徴をもつものをいくつか挙げて，どのような点でそういえるのかを具体的に説明しよう。

【引用・参考文献】

岡　俊雄（1986）．レコードの世界史―SPからCDまで　音楽之友社

鈴木道子（2005）．アメリカン・ミュージック・ヒーローズ―米国ポピュラー音楽の歴史　ショパン

高橋雄造（2011）．電気の歴史―人と技術のものがたり　東京電機大学出版局

中村とうよう（1999）．ポピュラー音楽の世紀　岩波書店

フィッシャー, C. S.／吉見俊哉・松田美佐・片岡みい子［訳］（2000）．電話するアメリカ―テレフォンネットワークの社会史（Fischer, C. S.（1992）. *America calling: A social history of the telephone to 1940*. Berkeley, CA: University of California Press.）

マーヴィン, C.／吉見俊哉・水越　伸・伊藤昌亮［訳］（2003）．古いメディアが新しかった時―19世紀末社会と電気テクノロジー　新曜社（Marvin, C.（1988）. *When old technologies were new: Thinking about electric communication in the late nineteenth century*. New York: Oxford University Press.）

水越　伸（1993）．メディアの生成―アメリカ・ラジオの動態史　同文舘出版

吉見俊哉（1995）．「声」の資本主義―電話・ラジオ・蓄音機の社会史　講談社

Brooks, T.（2004）. *Lost sounds: Blacks and the birth of the recording*

industry, 1890–1919. Urbana, IL: University of Illinois Press.
Chanan, M. (1995). *Repeated takes: A short history of recording and its effects on music.* London: Verse.
Ennis, P. H. (1992). *The seventh stream: The emergence of rocknroll in American popular music.* Middletown, CT: Wesleyan University Press.
Gronow, P., & Saunio, I. (1998). *An international history of the recording industry.* London and New York: Cassell.
Kraft, J. P. (1996). *Stage to studio: Musicians and the sound revolution, 1890–1950.* Baltimore, MD: The Johns Hopkins University Press.
Morton, Jr., D. L. (2004). *Sound recording: The life story of a technology.* Westport, CT: Greenwood Press.
Young, P. (1983). *Power of speech: A history of standard telephones and cables 1883–1983.* London: George Allen & Unwin.

◉ Topic 2：レコードを操る DJ――――――――谷口文和

本文で取り上げたラジオ DJ とは別に，ディスコやクラブで客を楽しませるためにレコードの音楽を再生する，いわゆる「クラブ DJ」がいる。クラブ DJ はレコードを巧みに操り，新たな音楽表現や価値観を生み出してきた。その点で，クラブ DJ もまた音響メディアを介した音の経験を考える上で興味深い存在である。この項では DJ の実践に着目しながら，収録された音楽を聴く手段というだけに留まらないレコードの可能性について考えたい。

CD が登場する以前のアナログ・レコードの時代から，2 台のターンテーブル（レコード・プレイヤー）と，そこから再生される音を調整するミキサーが，DJ の基本的なセッティングである【図】。DJ は片方のターンテーブルからレコードの音源が再生されている間に，もう一方のターンテーブルで次に再生すべきレコードを用意する。そして頃合いを見計らってミキサーのフェーダーでそれぞれの音量を変え，曲を入れ替える。ターンテーブルには回転速度を変えるツマミ（ピッチ・コントローラー）もついており，再生される曲のテンポを調整して 2 曲のリズムを揃え，完全に混ぜ合わることもできる。元々この機能は，ターンテーブルの回転速度が安定しなかった時代に微調整するためのものだった。しかし DJ が曲のテンポを変えるために使っているのを知ったテクニクス（松下電器産業＝現パナソニック社のブランド）は，1979 年に発売した「SL-1200mk II」において小さな回転式のピッチ・コントローラーを直線的なスライダー型に変更し，これが DJ 用ターンテーブルの標準装備として定着した。音楽実践を通じて機械の機能に新たな意味が与えられた好例といえる（秋元, 2000）。

レコードの音楽を途切れさせず流し続けるために 2 台のターンテーブルを交互に用いるという発想は，1940 年代にイギリスのジミー・サヴィルによっ

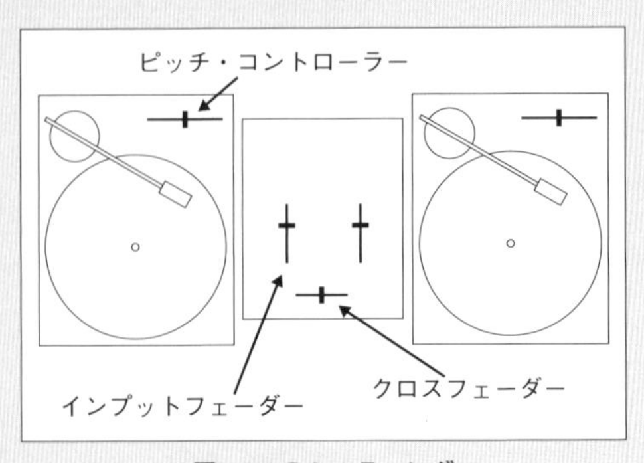

図　DJ のセッティング

て編み出されたといわれる（ブルースター＆ブロートン, 2003：69-73）。現在ではパソコンに取り込まれたデジタル・データ（☞11章）を専用のソフトや外部コントローラーによって操作することがDJパフォーマンスの主流となっているが，コントローラーのデザインはアナログ・レコードを模したものが多い。中にはセラート・オーディオ・リサーチ社の「セラートDJ」のように，専用のアナログ・レコードに収録された特殊な音声信号を再生しパソコンに送ることで，ターンテーブルの操作と連動してパソコン内の音源をコントロールするというシステムもある。DJにとってアナログ・レコードは，単に音楽を収録した媒体であるだけではない。手でじかにレコードを回しながら再生を始める箇所を探したり，再生するタイミングがくるまで手で押さえて回転を止めたりといったように，身体を使って音を操るためのインターフェイスとなっているのだ。

DJによるレコードの身体的な操作として象徴的なのが，1980年頃にニューヨークのヒップホップ文化から生まれた「スクラッチ」という技法である（ブルースター＆ブロートン, 2003：397-404）。レコードを手でリズミカルに前後させることで，収録された音は細切れになり，元の特徴を残しつつもほとんどノイズのような音へと変化して再生される。スクラッチによってDJは一種の楽器演奏者としても認識されるようになった。さらにスクラッチは，アナログ・レコードにおける「音」が表面に刻まれた溝の凹凸であり，針による摩擦によって再生されるということを，象徴的なかたちで示してもいる（この点については第15章も参照）。

音楽的な意味と物質的な意味の両方で，DJはレコードの音を「素材」として扱う。個々のレコードの曲はDJのパフォーマンスを構成する部品となる。レコード化された既存の音楽を素材として新たな表現を生み出すという発想は，音響再生産技術のほとんどがデジタル方式にとって代わられた後も，サンプリングによる音楽制作（☞14章）などに受け継がれている。

【引用・参考文献】

秋元　淳（2000）．テクニクスSL-1200の復興と名声―レコードプレーヤーをめぐる音楽産業論　藝術文化研究（大阪芸術大学大学院）**4**, 101-118.

ブルースター, B.・ブロートン, F.／島田陽子［訳］（2003）．そして，みんなクレイジーになっていく―DJは世界のエンターテインメントを支配する神になった　プロデュース・センター出版局（Brewster, B. & Broughton, F. (1999). *Last night a DJ saved my life: The history of the disc jockey*. London: Headline.)

第8章

磁気テープ

新たな記録機器と，新たな録音文化

福田裕大

左：サージェント・ペパーズ・ロンリー・ハーツ・クラブ・バンド
右：ペット・サウンズ（Beatles, 1967；Beach Boys, 1966）

エジソンのフォノグラフをはじめとして，最初期に普及した蓄音機には録音機能と再生機能とがともに備わっていた。しかしながら，このうち録音のための能力は，蓄音機産業のその後の発展のなかでいつしか失われ，家庭用の蓄音機はもっぱら録音済みのソフトを再生するための機器へと特化しつつあった。そうしたなか，第二次大戦の前後にかけて普及した磁気録音なる新技術が「録音」というつとめを音響メディアのもとへと取り戻すことになる。のみならずこの技術は，記録した音を切り貼りしたり重ね合わせたりする新しい録音文化を切り拓くこととなった。こうした新たな録音文化の旗手となったのがビートルズやビーチ・ボーイズといった1960年代のロックバンドたちである（☞155頁）。

1 はじめに

録音技術の歴史のうえには，エジソンのフォノグラフとは技術的発想がいくぶん異なるもう1つの系譜が存在する。磁気を用いた音の記録技術である。本章ではおおむね19世紀末から20世紀前半を議論の射程としつつ，まず次節で，この磁気録音と呼ばれる技術が考案され，社会のなかに普及していく過程を追う。第3節以降は，この技術を受け取った第二次大戦後の西洋社会のなかで，音の文化，とくに音楽作品を創造する方法がどのような変化を被ったのか，具体的な事例をもとに確認していく。

2 磁気録音の歴史

❖磁気録音の原理

磁石，ならびに磁気という現象は，ヨーロッパにおいて古くからその存在が知られていた。しかし，磁気が必ずしも磁石のような現実の物体のみに由来するのではない，ということが知られるようになるには，19世紀の初頭を待たねばならない。1820年には，1本の電流回路がその周囲に磁石と同様の磁界を作りだすことをフランスのアンドレ＝マリ・アンペールが突き止めたほか，3年後の1823年にはイギリスのウィリアム・スタージャンが同じ原理を利用して史上初の電磁石の発明に成功している（城坂，2001：4，60）。

このように「磁気」というものを電気と相関的に捉える発想がもたらされたことは，音響メディアの歴史にとっても重要な出来事となった。第6章で取り上げた電話とマイクロフォンはまさにこの相関性に基づいたテクノロジーである。再度確認しておくと，電極となった振動膜が音声（＝空気の振動）によって動かされ，これに反応した電磁石から電流が生みだされることを利用して音を電気信号化する。本章で扱う「磁気録音」もまた，これらの機器と同様のしくみに基づいた録音技術である。

磁気録音の構想そのものは比較的早い段階から存在した。エジソンにしても，またベルのもとで研究員を務めたテインターにしても，磁気を用いて音を記録・再生するアイデアを早い段階から有していたとされているし（Morton, 2004：51），アメリカの技師であったオバリン・スミスという人物にも重要な功績が認められる（森他，2011：74-76）。

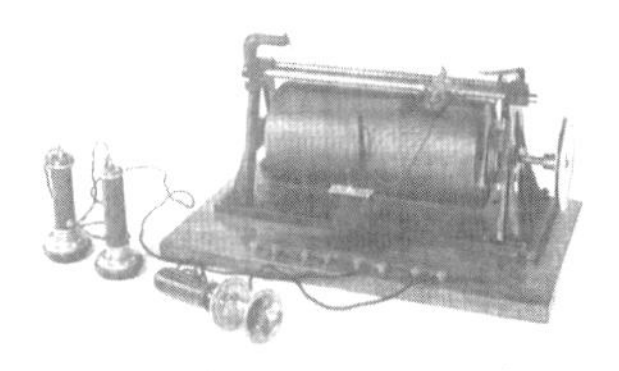

図 8-1　ポールセンのテレグラフォン（Daniel, et al., 1999）

こんにち一般に磁気録音の先駆とみなされているのは，1899 年にデンマーク人技師のヴォルデマール・ポールセンが発明した「テレグラフォン（Telegraphone）」という装置である。エジソンのフォノグラフと同様，この装置にはシリンダーが設置されているが，記録媒体としてスズ箔でも蠟でもなく，鋼鉄のワイヤーが巻き付けられている。フォノグラフの場合，音の痕跡は記録針の運動によって記録媒体（スズ箔）に凹（へこ）みをつけるというプロセスを通じて獲得される（媒体が蠟の場合はけずって溝をきざむ）。それに対し，このポールセンの「テレグラフォン」の場合，フォノグラフのように物体に直接刻みをいれるのではなく，記録媒体のうえに「磁気」を帯びさせるという手法がとられることになる。

テレグラフォンの記録機構には先述の電話／マイクロフォンの原理を用いた吹き込み口が設置されており，ここから取り込まれた音が電磁石を運動させることにより，空気の振動の強弱に対応した電気の流れを生む（君塚，2012：189）。さらにはこの電流が，記録針のかわりに取り付けられたもう１つの電磁石へと伝えられ，これがシリンダー上のワイヤーを辿ることにより，電流の強弱に応じた程度でこの記録媒体を磁化させていく（土屋，1972：1-8）。

✣磁気録音の発展：ワイヤーからコーティング・テープへ

テレグラフォンのそもそもの着想は，ポールセンがデンマークの電話会社に技術者として勤めていた際，既存の電話技術が相手の不在時にメッセージを残せないことに不満を覚えるなかから生まれてきたとされている（Daniel, et al., 1999：15）。その後，実際に装置が制作されてからは，あらかじめ音声を吹き込んだ媒体を（職業訓練マニュアルなど）商品化するという計画も持ち上がったが，実際に主軸に据えられたのは，テレグラフォンを蓄音機にとってかわる新種の口述筆記装置として位置づけるというアイデアだった。

1900年にパリで開催された万国博覧会で，ポールセンはテレグラフォンを展示し，非常な賞讃を得た。だがテレグラフォンを実際に商品化しようとする動きはのきなみ不調に終わることになる（Daniel, et al., 1999：10）。ポールセンの基本的構想を引き継いだ各国の技師たちは，テレグラフォンの商品価値を認めさせるために改良に改良を重ねたが，音質・録音可能時間・コストなどの諸点をすべてあわせたときに，当時すでに口述筆記用として普及していた蠟管(ろうかん)式蓄音機を凌ぐことは困難だった（君塚, 2012：191）。

磁気録音を産業化する試みが現実化するのは1920年代以降のことであり，この時代を迎えると，欧米各国のさまざまな会社が一定の実用段階にまで達した機器を開発することになる。こうした一連の流れのなかで１つ重要な革新となったのは，記録を担う媒体として，それまでのワイヤーではなく帯状のもの，すなわちテープを使用するというアイデアが生まれたことだ。そもそもワイヤーという記録媒体には，録音や再生のための操作を繰り返すうちに，よじれたりもつれたりするという難点があった（Daniel, et al., 1999：38；君塚, 2012：192）。他方でテープの場合はこのような問題点はクリアしやすかったが，ワイヤーよりも記録媒体そのものの重量がかさみ，結果として装置の全体に大きな負荷がかかるというあらたな欠点が浮上した。アメリカやイギリスでは第二次大戦後にいたるまでワイヤー式のものが主流を占めることになる。

後者の問題点を解決するためにもたらされたのが，柔らかく軽い素材を金属の粒子粉でコーティングし，これに磁気を帯びさせるというアイデアだった。コーティング・テープと呼ばれるこの媒体を用いた装置を実用化したのは，ドイツのフリッツ・フロイメルである（Daniel, et al., 1999：48）。その後，フロイメルの技術を採用した電機メーカーのAEG社は，同じドイツの化学会社からコーティング素材の開発援助を受けるなどして，1935年に試作機第一号「マグネトフォンK-1」を発表する。この段階でのテープ・レコーダー

◉コラム：留守番電話の歴史　［中川］

口述筆記のためのメディアとしては，他に「留守番電話」がある。留守番電話が社会化するプロセスは音響メディアの歴史においては重要なものだが，紙幅の関係で本書では詳細は省略し，概要を述べるに留める。

エジソンがフォノグラフを発明した直後からその用途の１つとして念頭に置いていた電話の会話記録装置は，20世紀初頭から技術的に実現可能だったしそのための商品も開発されていた実際に販売もされていた（20世紀初頭にポールセンの発明したテレグラフォンが商品化されたし，エジソン社が販売したテレスクライブ（telescribe）（1914）も有名である）が，一般に広く普及しなかった。その理由はどうやら，1980年代までアメリカの電話回線網をほぼ独占的に支配していたAT&T社がプライバシー保護を理由に電話に留守番電話機能をつけることを嫌ったからのようだ。それゆえ，AT&Tが解体された1984年以降後，自動応答・電話会話録音機は急激に一般に普及していった（詳細はMorton（2000）の第4章を参照）。つまり，「留守番電話」機能に対する需要は常に存在していたし，徐々に顕在化していっていた。そのなかで「電話」メディアのあり方は変化し，留守番電話を介した新しいコミュニケーション形式が一般化していった――このことはまた，メディアのあり方は重層的に決定されることを示す事例として位置づけられるだろう。メディアのあり方は，発明家のみならず生産者や使用者の意志，あるいは諸制度によって重層的に決定されるのである――。

図 8-2　マグネトフォン
（君塚, 2012）

は，後世のカセット・テープのように記録媒体がケースで保護されておらず，2つのリールと磁気テープがむき出しになっていた。こうした形状のレコーダーを「オープン・リール」式という。AEG 社はこれ以降も順調に改良機を発売し，1942 年に制作された「マグネトフォンK-7」では，すでに既存の蓄音機を凌駕するほどに音質の向上がみられた（森他, 2011：79）。

磁気録音という新しい技術は，第二次世界大戦期のドイツで大きな発展をみた。当時のナチス政権は，種々のプロパガンダやヒトラー当人の演説を国民へと届けるために，このマグネトフォンを使用したのである。当時，他国でも蓄音機を用いた演説の記録が試みられていたが，肉声と録音物の区別がつかないほどに高い音質が得られることはなかった。他方で当時のドイツでは，昼夜を問わず繰り返されるヒットラーのラジオ演説を耳にした連合国兵のあいだで「ヒトラーは眠らない」との噂がたったといわれている（森他, 2011：79-80）。実際にその声を担っていたのは上記「マグネトフォン K-7」であったのだが，当時の状況下で同機がいかに高い音質での再生を成し遂げていたかが理解される逸話である。

3　磁気録音の普及

❖戦後の接収からスタジオへの普及まで

第二次世界大戦が終局を迎えつつあった 1945 年，アメリカ軍の情報士官たちは，駐屯先のドイツでマグネトフォンをはじめとする当地の優れた磁気録音技術の存在を知り，その情報を本土に伝えつつあった（Daniel, et al., 1999：73）。のちにはマグネトフォンの実機が複数台入手されることになり，これに触発されるかたちで，アメリカ，ならびにその他欧米諸国の磁気録音開発は飛躍的な進歩をみることになる。

戦後のアメリカの代表的なテープ・レコーダーは，当時新興の企業であったアンペックス社が制作した「モデル200」(1947) である。この「モデル200」の制作を支えたのが，戦時中にドイツ軍からマグネトフォンを入手した情報士官の１人であった技師ジャック・マリンである。戦地から帰国した彼は，当時いまだワイヤー・レコーダーの方を重視していたアメリカの産業界の主導者や投資家たちに磁気テープの可能性を理解させるべく，複数回にわたり講演や公開実演を行った。その際，当時の人気歌手であったビング・クロスビー (☞６章，７章) が偶然この「モデル200」の性能を知り，後述の通り自身のラジオ番組の放送のために同機を活用することによって，結果，磁気録音装置の有用性を世に知らしめることになる (Daniel, et al., 1999：87)。ほどなくして，複数の会社がそれぞれの製品を開発しはじめるとともに，アメリカの多くの音楽スタジオや放送局が録音用の機材としてオープン・リール・レコーダーを設置するようになる。

それまでのラジオ放送やレコード製作の現場では，音の振動を蓄

図 8-3　アンペックス「モデル 200」[1)]

1) Ampex Virtual Museum and Mailing List のウェブサイトより〈http://recordist.com/ampex/apxpics.html (2014年９月18日確認)〉。

音機のディスクに直接刻み込む録音方式が採用されていたが（ダイレクト・ディスク・カッティング方式という），この方式はテープ・レコーダーの普及によって急速に廃れていった。音質，録音可能時間双方の面で，テープ・レコーダーは既存の蓄音機をはるかに凌ぐ性能を有していたのだ。

✣ 個人による録音

テープ・レコーダーは，なにより，それまで蓄音機が果たしていたさまざまな録音・再生の役割を，より高い水準において実現することを可能にした装置として位置づけることができる。例えば先述のクロスビーは，自身のラジオ番組を録音によって放送する可能性を以前から模索していたが，この試みが十分な成功を収めるには，高音質で長時間録音でき，維持や編集が容易なテープ・レコーダーの登場を待たねばならなかった。また，当時の音楽産業における二大動向，すなわち「LP」の登場とハイ・フィデリティ熱の広まりの背景で，テープ・レコーダーという高性能の録音機器が普及しつつあったことは知られておかねばならない（ジェラット, 1981：246-247）（☞ 9 章）。

同様に，テープ・レコーダーの普及に伴って，一般消費者たちが気軽に「私的録音」を行うことができるようになった点も指摘しうる。かつてエジソンは，自らのフォノグラフが「家族の声」をはじめとする日常的な発話を記録するための装置となりうると述べていた（☞ 4 章）。だが実際には，産業化の段階が進むにつれ，蓄音機はあらかじめ記録された音楽ソフトを「再生」することに特化したメディアとして家庭に普及していった。これに対しテープ・レコーダーは，購入者たちの個人的な「録音」を可能にする装置として商品化された。

こうしたことの帰結の１つとして，ライブやコンサートの録音レコードが増加したことが挙げられる。同じく，楽曲を個人レベルで録音する動きが活性化したことも無視できない。ロックンロールの先駆ともいうべきチャック・ベリーは，自らテープ・レコーダーを購入し，自身の演奏を録音したテープをチェス・レコードというリズム・アンド・ブルース専門のレーベルに持参したことで，デビューへの道のりを切り拓いている。と同時に，このチェス・レコードのような新興のレコード・レーベルが業界に多数参入しつつあったことも，良質で安価なレコーダーの普及と無関係ではないだろう（Daniel, et al., 1999：94）。

もう１つ指摘できるのは，個人が録音の手段を有することによって，録音される音の範囲が大きく拡大されたということだ。1950年代に各社が家庭用レコーダーを次々に発表していくなかで，クデルスキー社の「ナグラ」など，戸外への持ち出しが可能な製品が登場した（君塚, 2012：200）。こうした機材を利用して，上記のような楽曲の演奏だけでなく，人々の会話や街中の生活音，さらには動物の鳴き声などにいたるまで，さまざまな音を記録する文化が育まれたのである――こうした録音行為は「生録」や「フィールド・レコーディング」といった名称のもと，1950年代以降に複数回にわたって流行をみることになる（☞10章）。

４　磁気テープ以降の諸実践

❖音を消す

前節でみた通り，テープ・レコーダーは蓄音機という既存の装置の可能性をさらに開拓することにより，後者にとってかわる録音機材として普及していった。とりわけ，「録音」という行為を一般の人間にまで開放したことと，幅広い音素材を録音する文化を育んだことの２点は，テープ・レコーダーが普及したことの帰結として重要である。

しかしながら，この装置は単に蓄音機の代理物としての役割を果たしたばかりではない。この新しい装置がもたらされたことによって，それまでとは大きく異なる録音の可能性が生まれたということも見逃せないポイントである。例えば次のような点をみてみよう。

円筒型にせよ円盤型にせよ，記録媒体のうえに物理的な痕跡を得ることによって音を記録する蓄音機の場合，いちどなされた録音物に新たな音を上書きすることはできない。そうである以上，蓄音機を前に録音に臨むすべての楽器奏者たちは，1つの楽曲を冒頭から終わりまでミスなしに演奏しなければならない。

それに対してアンペックス社の「モデル 200」に代表される戦後の磁気録音装置には，図にあげたように「ヘッド」と呼ばれるパーツが（多くの場合）3つ取り付けられている。すなわち，音＝空気の振動を磁気の情報へと書き換えるための「記録ヘッド」と，得られた磁気情報を再び音へと変える「再生ヘッド」――初期の機器ではこれら2つのヘッドが分離していないケースもあった――，ならびにテープ上の磁気をリセットするための「消去ヘッド」の3つである。テープ・レコーダーで録音を行うさい，記録媒体としてのテー

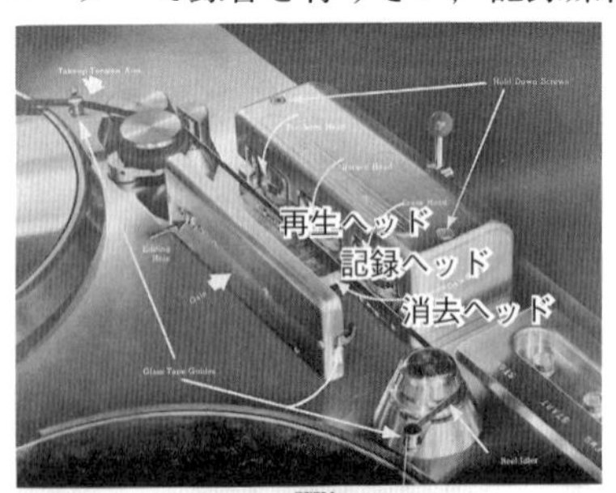

図 8-4　アンペックス「モデル 200」のヘッド部分 [2)]

2）AES（Audio Engineering Society）のウェブサイトより〈http://www.aes.org/aeshc/docs/ampex200a/ampex-200a-instruction-book.pdf（2015年1月21日確認）〉。

プははじめに「消去ヘッド」を通過して，過去に記録された磁気を消去されてから録音ヘッドへと送られていく。こうした仕組みを取り込んだことによって，記録媒体を取り替える手間やコストを必要とせずに録音を繰り返すことができるようになった点は，磁気録音装置のもたらした新しさの１つであったといえるだろう――なお，少し先の時代の話ではあるが，次節で解説するマルチ・トラック・レコーダーという装置が登場するころには，修正が必要な箇所だけにリアルタイムで再録音を行うことができるようになる（「パンチ・イン」と呼ばれる）。

❖音を重ねる

テープ・レコーダーは同時代に模索されていた新たな音楽制作のありかたを開花させるきっかけともなった。具体例の１つとして，ギタリストのレス・ポールの実践を取りあげておきたい。ギブソン社のエレクトリック・ギターに名を残すこの人物は，演奏者として優れていたのみならず，楽器や演奏補助装置などを自ら開発・改良することで，新しい音作りのありかたを模索するような側面をも有していた。

なかでも，多重録音（オーバー・ダビング）と呼ばれる技法の可能性を開拓し，それを商業的な成功につなげた点は，彼の功績のなかでも重要なものである。多重録音とは文字通り，音素材のうえにさらなる音素材を重ねて録音する技法のことであり，当初レス・ポールは，アセテート盤[3]を記録媒体とする蓄音機を二台用いてこの作業を行っていた。すなわち，自分の演奏を一枚のレコードに記録したうえで，このレコードの再生音に合わせるかたちでさらに生

3）戦前に用いられた記録用ディスクの一種で，脆くはあるが制作が容易で音質もまずまずであったため，販売以前のテスト盤等に用いられた。

演奏をなし，もう一台の蓄音機でこれら２つの音をまとめて録音する。この作業を繰り返すことによって，レス・ポールという一人の演奏家の奏でる音が，一枚のレコードから同時に複数聴こえてくるという不思議な作品が作りだされることになった。

1948年のシングル《ラヴァー》はそうした多重録音の試みの代表例であるが（ここでレス・ポールはただ単に音を重ねるだけでなく，蓄音機の回転速度をかえることによって個々の素材の音色・音高をかえる実験をおこなっている），このシングルの発売後，レス・ポールは同じ作業をより効率的かつ高い音質でおこなうために，上記「モデル200」を私設のスタジオに導入する。その際彼は，同機に設置された２つのヘッドに再生ヘッドをもう１つ付け加えることによって，デッキから流れる再生音とその場でなされた演奏とを同時に録音する仕組みを作りだした。1951年に，パートナーであった歌手のマリー・フォードとともに制作したシングル《ハウ・ハイ・ザ・ムーン》は，上記のようなテープ録音作業を11回にわたって繰り返したのちにできあがった作品である（ショーネッシー，1994）。

レス・ポール以降およそ十年のあいだに生みだされた代表的な多重録音の例としては，1957年にロックン・ロール歌手のバディ・ホリーが制作した《ワーズ・オブ・ラヴ》や，ジャズ・ピアニストのレニー・トリースターノによる同年のアルバムに収録された《ターキッシュ・マンボ》などが挙げられる。こうしたオーバー・ダビングの技法は，ボーカルの厚みを出すために複数のテイクを重ねるなど，以降のレコード制作の現場でも有効活用されている。

✣音を切り貼りする

さらに磁気テープという媒体は，記録された音の一部を切り取って移動させたり別のものと差し替えたりするような「編集」作業を現実のものとした。

先駆的な例として，ピエール・シェフェールの「具体音楽（ミュジック・コンクレート）」の試みを取りあげておきたい。1930年代の半ばに音響技師としてキャリアをスタートさせたシェフェールは，フランス国営放送でラジオ番組用の音響効果の製作に携わるなかで，具体音楽の構想を得ることになる。具体音楽とはすなわち，種々の機械音や生活音，人々の声などを記録し，これらの音を記録媒体のうえで編集・加工したり切り貼りすることによって作品を構築しようとする「作曲」のスタイルである（☞15章コラム：現代音楽における1950年代の具体音楽と電子音楽）。

上記のレス・ポールと同様，当初この構想は蓄音機のみを用いた作業環境下で実践におこされた。《五つの騒音のエチュード》（1948）はその成果であるが，1950年を迎えるとシェフェールは自身のスタジオにテープ・レコーダーを導入し，テープを直接切り貼りするという工程を取り入れることによって，当初のアイデアをより明確なものとした。テープ録音によって実現した初の具体音楽作品《一人の男のための交響曲》（1950年；ピエール・アンリとの合作）において，シェフェールは種々の素材を漫然と並べているだけではなく，ある特定の音（女性の笑い声の断片）を複数回にわたってループ（反復）させている。ここではおそらく，１つの録音素材を他のテープのうえに複数回ダビングし，それらを切り貼りすることによって一本のテープ上で同じ音が連続するような編集がほどこされているのだ。

やや時代は下るが，カナダ生まれのピアニスト，グレン・グールドの試みもまたよく知られたものである。1960年代のグールドは，バッハの『平均律クラヴィーア曲集』のレコード制作に継続的に取り組んでいた。ただし，その際にグールドが実践したレコード制作は，大半のクラシック音楽家によって了解されていた「録音」のありかたから大きく隔たっていた。グールドが狙ったのは，演奏家としての自身がある楽曲を頭から最後まで弾ききるさまをリアルタイムに記録する，ということではなかった。そうではなく彼は，1つの楽曲の演奏をあらかじめ複数回にわたって記録しておいて，そのなかからそれぞれのテイクの最良の部分をつなぎあわせることによって，1つの理想的な演奏をレコードの再生音のうえで実現したのである（細川, 1990：102-103）。

5 テープ編集の時代

MTR の登場

テープ・レコーダーが音楽制作スタジオに普及していくなかで，当然のことながら，この装置はさまざまなかたちで改良を加えられた。その中でもとりわけ重要なものが，テープ・レコーダーのマルチ・トラック化である。トラックとは，テープ上にある音を格納するための帯のことであるが，これが複数ある（＝マルチ）ということは，一本のテープ上に複数個の音を記録することができるということである（図 8-5）。こうしたレコーダーのことを「マルチ・トラック・レコーダー」といい，多くの場合「MTR」と略される。

第 2 節で取りあげたアンペックスの「モデル 200」の後継機である「モデル 300」は，のちにステレオ録音，さらには 3 つのトラックを備えた 3 トラックの録音機器として普及していく。そののち，1960 年代のうちはおおむね 3 トラックか 4 トラックのレコーダー

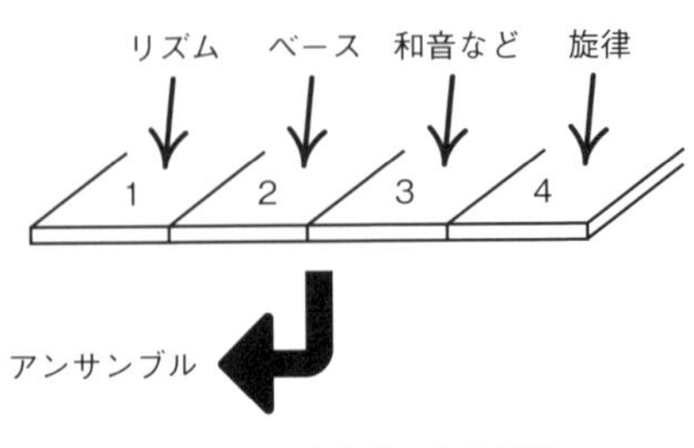

図 8-5　MTR のトラックの図解

が使用され，70年前後になると8トラック，以降は16，24，32と飛躍的にトラックの数が増加していった（Daniel, et al., 1999：95）。のみならず，複数のトラックの音を統合して，空いたトラックに記録しなおす「ピンポン」という方法を用いることにより，MTRは実際のトラック数以上の音を記録することができた。

MTRのもたらした最大の利点は，録音の工程を分割しておこなえるようになったということである。MTRの普及以降，たとえ四人編成のバンドのレコードを制作する場合でも，グループの面々が一斉に演奏するのではなく，ドラム，ベース，ギター，そしてボーカルというように，個々のパートを別々に録音することができるようになった。と同時に，こうした「別録り」が可能になったということは，例えば上記のパートをすべて担当できる人間が1人いさえすれば，その人物が個人でバンド・サウンド的な録音物を制作しうる，ということを意味してもいる。少し時代は下るが，1970年代に活動を開始したトッド・ラングレンは，こうした方法で作品制作をおこなった代表的なミュージシャンである。

✣ビーチ・ボーイズとビートルズ

MTRが普及したことにより，スタジオでのレコード制作は，それ以前の段階から大きく変化した。とくに，1960年代半ば以降にあらわれたロック・バンドたちは，レコードを制作するという行為のありかたを抜本的に刷新してしまったといっていい。

例えば60年代のアメリカを代表するバンドであるビーチ・ボーイズが1966年に発表した『ペット・サウンズ』（☞141頁）なるアルバムは，マルチ・トラック・レコーディングを用いたスタジオでのレコード制作の可能性を開拓した作品として知られている。同バンドの中心であったブライアン・ウィルソンは，バンドの全米ツアーの活動から一人離脱してスタジオに閉じこもり，このアルバムの制作のほぼすべてを統括した。その際彼は，優れたスタジオ・ミュージシャンたちによる演奏から種々の効果音にいたるまで，アルバムに必要な音素材の制作のためにおよそ四ヶ月を費やしたという。

これらの音素材を綿密な編集・加工の工程にかけることによって構築されたのが，この『ペット・サウンズ』という作品である。同アルバムに収められた代表曲の１つ《キャロライン・ノー》は，ハープシコードと二本のベースを重ねた特徴あるハーモニーを基調としつつ，そこにさまざまな素材が重ねられている。例えば冒頭から聴こえてくるパーカッションのような音は，打楽器奏者に飲料水の空き缶を叩かせた音を加工したものであり，またエンディングの部分では，踏み切りの警報音，汽車が走る音，犬の鳴き声などの音素材が挿入される。

マルチ・トラック・レコーディングに基づいたこの時代のもう１つの代表的作品は，かのビートルズが1967年に発表した『サージェント・ペパーズ・ロンリー・ハーツ・クラブ・バンド』（☞141頁）なるアルバムである。上記の『ペット・サウンズ』に触発されたというこのアルバムは，結果的にそれ以降のレコード制作のありかたに非常に強い影響力を行使することになった。

その表題にもある通り，このアルバムは「ペパー軍曹」なる架空の人物が率いる楽隊のコンサートを収めたもの，という設定で作られており，アルバム全体の冒頭には，開演前のコンサート・ホールのざわめきや，オーケストラの面々が調律をおこなう際の音などが収められている。ビートルズの面々，ならびにプロデューサーであったジョージ・マーティンは，先のブライアン・ウィルソンの場合と同様，作品に用いられる種々の音素材を準備するところから作業に着手した。用意された素材の総計はより膨大であり，４トラックの録音機にして700時間分を越えるほどであったという。なかでも《ア・デイ・イン・ザ・ライフ》という曲の終奏部分では，42人編成のオーケストラによる演奏を四回重ね取りしたものを，速度を変えたりずらしたりしながら重ねあわせることで，独特の表現を生みだすことに成功している（マーティン, 2002 : 310-311）。

6 おわりに

えてして私たちは，録音物というものが現実世界でなされたなにかしらの演奏の「写し」である，というふうに考えてしまいがちである。だが，本書の各所で指摘される通り，録音技術の普及以降に活動した音楽家・芸術家たちのなかには，こうした素朴な理解とは異なる水準で録音という行為を捉えようとした人物たちが少なからず存在した。本章がここまで取りあげてきた音楽家たちによる磁気テープを用いた取り組みも，やはり「録音」という行為の射程を広く拡大するものであったといえるだろう。制作上の細かな狙いこそ多様であるものの，これらの実践例はみな，記録された音を素材のように用いることで，現実の世界にはおこりえない時間を作りだすことに成功している。「時間を編集する」とでも形容しうるこの種の発想は，1960 年代以降のレコード制作の現場においてさらに深化され，以降の音楽制作のありかたに強い影響を伝えることになる。この点に関しては第 14 章でさらに議論を展開するのでそちらを参照されたい。

◉コラム：サウンド・トラック　　　　　　　　　　　　　　　　　　　　［福田］

こんにち「サウンド・トラック」という語は，映画（映像）作品に用いられた楽曲や音素材をソフト化したものを指すことがほとんどである。しかしながら，この語によって本来指し示しされていたものは，映画フィルムの縁にある音声記録帯である。

現代の一般的な映画史において映画技術の先駆とみなされているのは，エジソンが1891年に開発した「キネトスコープ」，ならびに，フランスのリュミエール兄弟が同年に開発した「シネマトグラフ」（1894）であるが，これらの装置によって実現された動態写真にはいまだ音声が伴っていなかった。誕生からおよそ30年にわたり，映画とは基本的に無声であるか，あるいは，生の楽団の演奏や（日本の場合）活動弁士――画面の動きにあわせてセリフや筋書きを読み上げる職業――の声を外部から補うかたちで上映されていたのである。

このように現実の人間の助けを借りるのではなく，映画フィルムの運動そのものにあわせて音声データが自動的に再生産される仕組みを備えた映画技術のことを「トーキー」と呼ぶ。トーキーの夢を実現するために，当時の技術者たちは，次のふたつの基本原理のいずれかを選択することとなった。第一の方法は，映画以前に発明されていた蓄音機という録音再生産装置を用い，これを映画フィルムの動きと連動させるという方法。第二の方法は，映画フィルムそのもののうえに音声を記録するための媒体を付随させ，映写と同時に音声データが再生産される仕組みをつくる方法。これらはそれぞれ，「サウンド・オン・ディスク」方式，「サウンド・オン・フィルム」方式という呼称で区別されている。

映画技術の誕生ののち，まずはじめに探求されたのは「サウンド・オン・ディスク」方式の方だった。蓄音機という音の再生産技術が映画に先立って存在していたわけだから，ある意味では当然だろう。初期の段階でこそ音と映像の同期は困難であったが，1926年にワーナー兄弟が「ヴァイタフォン」なる装置――10分間の記録能力を備えた映写機と蓄音機を連動させたものを二組交互に再生する仕組み――を導入することによって，史上初の「トーキー」を観客たちに届けることになる。1926年既発の作品である『ドンファン』に伴奏音楽と効果音を同期させたものがトーキー第一号とされており，また，翌1927年に制作された『ジャズ・シンガー』では，諸々の楽音や効果音の背後から，撮影時に同時録音された俳優たちの声と歌声までもが再生され，観客たちの驚きをかき立てた。

サウンド・オン・フィルム方式の歴史も古く，1906年ごろにはフランス生まれの技師ウージェーヌ・ローストが，音を映画フィルム上に視覚的な像として記録する方法を考案している。空気の振動に鋭敏に反応する針のような物体を光源とフィルムのあいだに介在させ，空気がこの物体を振動させると，その動きがごく細かい光の模様の帯となってフィルムのうえに書き付けられるという仕掛けであり，映像の投影に用いられる光を用いて音も再生することができた。

こうした光学的な音の記録法は，映画技術の開発に付随するかたちで探求された，極めて独創的な発想であるといっていい。このサウンド・オン・フィルム方式が現実のかたちをとりはじめるのは，（真空管の発明によって知られる）ド・フォレストが，セオドア・ケースやハリソン・オーウェンといった技師たちとともに同種の方式を一定水準まで洗練して以降のことだといわれている。以降，ド・フォレストのもとを離れたケースが開発した「ムービートーン」を用いて，1927 年にフォックス社がニュース映像を音声つきで公開したほか，翌 1928 年にはディズニー社がミッキー・マウス初の主役作品として知られる『蒸気船ウィリー』を公開した。この作品はサウンド・トラックを使用した初の映画作品であるが，そこではすでに，映像と音声が同期されることを前提とした見事な演出がみられる。

◉ディスカッションのために

1　本文の記述をもとにして，磁気録音の誕生から普及までの流れを要約しよう。

2　本章では磁気録音の特性を利用した録音実践を複数紹介している。それらの作品を実際に聴いたうえで 1 つひとつの特徴やねらいをまとめよう。

3　本章で取りあげた諸々の録音実践は現実世界でなされる生の演奏とどのように異なっているだろうか。とくに「時間」という観点から説明してみよう。

【引用・参考文献】

君塚雅憲（2012）．テープレコーダーの技術系統化調査　国立科学博物館産業技術史資料情報センター［編］国立科学博物館技術の系統化調査報告

第17集　国立科学博物館

ジェラット, R.／石坂範一郎［訳］（1981）．レコードの歴史—エジソンからビートルズまで　音楽之友社（Gelatt, R.（1977）．*The fabulous phonograph, 1877–1977*. London: Cassell.）

ショーネッシー, M. A.／大谷　淳［訳］（1994）．レス・ポール伝—世界は日の出を待っている　リットーミュージック（Shaughnessy, M. A.（1993）．*Les Paul: An American original*. New York: William Morrow.）

城阪俊吉（2001）．エレクトロニクスを中心とした年代別科学技術史（第5版）日刊工業新聞社

土屋　赫（1972）．テープレコーダ—装置の知識と使い方　オーム社

津野尾忠昭（1971）．テープレコーダ　日刊工業新聞社

中島平太郎（1973）．オーディオに強くなる—新しい音の創造　講談社

成田和子（1997）．音楽研究グループ GROUPE DE RECHERCHES MUSICALES における電子音響音楽：ミュジック・コンクレート—アナログからディジタルへ　研究紀要（東京音楽大学）**21**, 43–64.

細川周平（1990）．レコードの美学　勁草書房

マーティン, G.／吉成伸幸・一色真由美［訳］（2002）．ビートルズ・サウンドを創った男—耳こそはすべて　河出書房新社（Martin, G., & Hornsby, J.（1979）．*All you need is ears*. London: Macmillan.）

増田　聡・谷口文和（2005）．音楽未来形—デジタル時代の音楽文化のゆくえ　洋泉社

森　芳久・君塚雅憲・亀川　徹（2011）．音響技術史—音の記録の歴史　東京藝術大学出版会

Daniel, E. D., Mee, C. D., & Clark, M. H.（eds.）（1999）．*Magnetic recording: The first 100 years*. Piscataway, NJ: IEEE Press Marketing.

Morton, Jr., D. L.（2004）．*Sound recording the life story of a technology*. Westport, CT: Greenwood.

レコードという器

変わりゆく円盤

谷口文和

「耳できく絵はがき　富士山遊覧の想い出」（著者撮影）

CD はもはやその役目を終えたともいわれている 2015 年現在，その一方で CD 以前の媒体だったアナログ・レコードが改めて注目されている。一種の戦略としてアナログ・レコードだけを販売するといった動きも話題を呼んでいる。デジタル音源とは異なる音質へのこだわりだけでなく，手に取った時の重みや再生するための手間など「音楽がモノとしてそこにあるという感覚」が見直されているのだと考えられる。

20 世紀初頭に商品として定着してからも，レコード盤にはたびたび改良が加えられてきた。とはいえ，円盤はひたすら直線的に進化してきたわけではなく，その時々の用途に応じて同じ円盤でも形態が少しずつ異なっていった。そして新しいタイプの円盤が登場すると，それに適応するように，中身となる音楽やその聴き方も変化していった。その意味で，モノとしてのレコードを扱う楽しみは，レコードで音楽を聴くという経験と分かちがたく結びついている。

1 モノとして存在する音楽

録音技術がメディアとなり，大量生産された商品として音楽を流通させるレコード産業が生まれた。それはただ時間的・空間的により遠く，より多くの人にまで音楽が届くようになったというだけにとどまらず，ひとが音楽をレコードという「モノ」として扱うようになったことを意味する。

店に大量のレコードが並んでいるのを見るだけで，人はそこに「たくさんの音楽」があると感じる。そこでは単に聴きたい音楽を探し求める以外にも，ジャケットのアートワークを眺めながら，何となく気に入ったものを買ってみるといった楽しみもある。音楽を聴いて楽しむことばかりでなく，レコードというかたちで所有すること自体に快楽が見出される。

その感覚は，レコードのコレクター（蒐集家（しゅうしゅう））の振舞いにさらに顕著にみることができる。コレクターの中には，同一の録音をもとにしたレコードを，製造された国ごとに複数集める者がいる。収録された内容は一般的に同じとみなされるものであっても，ジャケットデザインの違いや，製造過程で生じる音質のわずかな差にも，わざわざ集めるだけの価値を見出しているのだ。さらに，再生するたびに少しずつ摩耗していくアナログ・レコード，すなわちアナログ方式（☞ 11 章）で溝が刻まれたレコード盤は，未開封の状態で 1 度も聴かれないまま保管されることも少なくない。レコードの価値は「音楽が聴ける」以上のものになった（ミラノ, 2004）。

また，ある特定のジャンルのレコードをすみずみまで手に入れたいという欲望によって，発売当初はあまり売れずほとんど出回らなかったレコードが「稀少盤（レア）」としてもてはやされ，高額で取引されることもある。複製メディアであるレコードは，原理的には無数にコピーを作ることができる。しかし現実には，個々のモノであるレコードはつねに有限数しか存在しない。生産者側の事情などにより少数しか存在しないレコードには，それゆえに複製メディアに独特の希少価値が生じるのだ。

このように，レコードを通じて音楽に触れる文化の中では，音楽はレコードに封じ込められたものというより，レコードと一体化したものとして捉えられるようになった。この章ではそうした側面をふまえながら，音楽やその経験のあり方がレコードというメディアと切り離しがたく結びついていく流れをみていこう。

2 レコード規格の標準化

❖回転速度の統一

レコードが大量生産され世界的に流通するようになった条件の１つに，規格の標準化がある。第Ⅰ部でみてきたように，録音媒体であるレコードは，最初から現在なじみのある円盤という形をしていたわけではなかった。複数の企業が産業化を競い合うなかで，この形状が次第に優位となり，最終的に選ばれたのだった。形状以外の点に関しても，企業間で規格が統一されるまでにはさらにいくらかの時間を要した。

規格の中でも特に重要な事案だったのがレコードの回転速度だ。最初期の蓄音機では，ハンドルを使って手で媒体を回していた。記録された音を元通りに再生するには，使用者が自分の耳で判断しながら，録音時の回転速度を再現するよう調整しなくてはならなかった。手動ゆえに，回転速度を一定に保つのにも慣れが必要だった。

やがて機械的に回転速度を一定にする仕組が導入されると，今度は最適な速度がどれくらいなのかが問題となった。媒体の回転速度は収録時間の長さと対応している。回転を遅くすれば，時間あたりの針が溝を進む距離が短くなり，１つの媒体に記録できる時間が増えるが，その代わり溝の長さを節約した分だけ音質は悪くなる。このバランスを検討する中で，1分あたり78回転という速度が見出され，統一規格として定着した（森他, 2011：46)。そこから，このフォーマットに基づき生産された20世紀前半のレコードは，後の規格と区別するために「78回転盤」と呼ばれる（日本では“Standard Play”を略して「SP盤」と呼ばれることが多い)。

❖音楽をパッケージに合わせる

直径約25–30センチ（10–12インチ）の78回転盤には，片面あたり最大4～5分程度まで収録することができた。20世紀以降，レコード化を前提に作られる音楽にとって，そこに収まる長さであることが絶対的な条件となった。メディアの規格が標準化されるとともに，商業的成功を目指すポップソングのフォーマットもまた統一されることになったわけだ。さらに，円盤は両面に音を記録できるため，レコードには原則的に2曲がセットとなって収録された。いわゆる「カップリング曲」はこの慣習が元になっており，片面しか用いないCDの時代にまで受け継がれていると考えられる。

一方，レコード以前から存在する音楽や声の表現には，この収録時間に入りきらないものも無数にある。その場合，一部分だけをダイジェストにするか，全体を分割して収録する必要があった。クラ

図9-1　78回転盤のアルバム（筆者撮影）

シック音楽の分野を例にとると，オペラのアリアなどは前者の需要が大きかったが，交響曲などは何枚ものレコードが冊子型のケースに収められて販売された。このタイプの商品は，その姿から「アルバム」と呼ばれるようになった（図9-1）。現在まで続く「シングル」「アルバム」という2種類の商品形態は，こうしたパッケージの違いに由来していると考えられる。

✣用途別の円盤

商品としてのレコードが78回転盤で統一された一方で，業務によってはそれぞれ異なるタイプの円盤も使用されていた。

やはり19世紀末に発明された映画の世界では，映像に音をつけるために楽団の生演奏を行うのと並行して，レコードを用いることが早くから試みられた。1894年に映画のルーツにあたる「キネトグラフ」を発明したエジソンは，その映像にフォノグラフの音を合わせることができる「キネトフォン」を翌年に開発し，20世紀初頭の映画興行でもしばしば用いられたが，せいぜい歌1曲分の長さしかなかった。1926年には，ワーナー社の支援のもとでウェスタン・エレクトリック社が開発した「ヴァイタフォン」によって，映画全体を通して音をつけた『ドン・ファン』が生まれた（Chanan, 1995：72）。この時使われたレコードは直径約40センチ（16インチ），毎分33と1/3回転で，その収録時間はちょうど当時の映画のフィルム1巻分と対応していた。しかしその翌年には，フィルムに光学的に音を焼きつけたサウンドフィルムが実用化され（☞8章コラム：サウンド・トラック），ヴァイタフォンは定着しなかった。

とはいえ，ヴァイタフォン開発の流れで収録時間が15分あまりにまで伸びたレコードは，ラジオ放送に応用されることになった。ラジオ業界ではこのレコードは「トランスクリプション（転写）盤」と呼ばれ，おもに番組をネットワーク間で共有するために使われた。

また，番組の合間に放送する商品広告（コマーシャル）をトランスクリプション盤に収録したり，逆にコマーシャル用の無音部分を作っておいたりすることで，番組内での宣伝が効率的に行えるようになった。その一方でトランスクリプション盤は，ラジオ番組を無断で複製して別のラジオ局に売り渡すという，一種の海賊行為に悪用されることもあった（Kraft, 1996：80）。

3 新フォーマットをめぐる争い

✣レコード改良の機運

78回転盤は数十年にわたって支配的なシェアを誇ったが，この規格を改良しようというタイミングが第二次世界大戦後に訪れた。

最大のきっかけは，塩化ビニールという新素材の登場だった。19世紀末から円盤の原料には，東南アジアに生息するカイガラムシの分泌物から作られるシェラックという天然樹脂に，石粉を混ぜたものが用いられてきた。しかしシェラックは硬く割れやすいという弱点をもっていた。

それに加えて，音質の向上という観点からも新素材への期待が高まっていた。英国のデッカ社は第二次世界大戦中に，録音可能な音域を60Hz～12kHzにまで拡大し，人間の可聴音域をほぼカバーしているという意味で“full frequency range recording（ffrr）”という名称を広めた（岡，1986：193-194）。次節で詳しく述べるように，この指標は，高音質なレコードや再生環境を追求する「ハイ・フィデリティ」への関心をおおいに刺激した。この技術を存分に活かすには，シェラックという素材はもはや限界だった。

✣2つの新フォーマット

78回転盤に代わる新しいフォーマットの開発には，コロンビア社とRCA社という米国の大手レコード会社が並行して取り組んだ。つまり，円盤型という統一規格を得るまでにあった企業間の競争が，媒体の代替わりの段階に来たことで再度起こったのだ。

まずコロンビア社が1948年，直径約30センチ（12インチ），毎分33と1/3回転の“Long Playing record”，通称「LP盤」を発表した。塩化ビニールという新素材によって，音質を落とさずに回転速度を遅くし，収録時間を片面あたり20分程度にまで伸ばすことに成功した（Morton, 2004：138）。これにより大抵の交響曲の1楽章を中断せずに聴けるようになった。

LP盤というフォーマットは，既存の長大な音楽をレコード化しやすくしただけでなく，新たな表現形態の出現にも貢献した。その代表といえるのが1950年代のモダンジャズである。モダンジャズは少人数編成で繰り広げられる即興的なソロ演奏を何よりの特徴としているが，78回転盤に各パートのソロを収めようとすれば，各奏者の持ち時間は数十秒程度に限られてしまう。しかしLP盤の片面を丸ごと使うことで，存分にソロを展開した楽曲構成が可能となった。

このLPに遅れること1年，RCA社は1949年に，直径約18センチ（7インチ），毎分45回転のフォーマットを発表した。この45回転盤は，収録時間はそのままにサイズを小さくする方向で改良されていた。LP盤の長時間収録に対抗してRCA社は，レコードを素早く連続再生するオートチェンジ機能をもったプレイヤーを用意した。

図9-2　LP盤と45回転盤（筆者撮影）

連続再生をスムーズに行うため，ターンテーブルの軸を通す中央の穴は，従来の78回転盤よりはるかに大きなものとなった（Morton, 2004：138）。その見た目から，日本では「ドーナツ盤」という通称が定着している。

❖アルバムとシングルの両立

1950年代には，従来からの78回転盤と2つの新規格（LP盤と45回転盤）という，それぞれ異なる回転速度をもつ3つのフォーマットが並ぶことになった。78回転盤が衰退していく間に，新フォーマットのどちらがシェアを奪い，次の時代の標準となるかが焦点となった。

長大な演奏を途切れさせずに聴けるという点では，LP盤の方に分があった。しかし45回転盤の収録時間の短さは，実際にはけっして不利に働いたわけではなかった。というのも，すでに世の中で慣れ親しまれていたポップソングのフォーマットを，45回転盤はそのまま引き継ぐことができたからだ。

やがて，どちらの回転速度にも合わせられるプレイヤーが商品化された。45回転盤をLP盤と同じターンテーブルに乗せるために，大きな穴を埋めるアダプターが用意された。レコードの側でも，中央部分を取り外すことで穴の大きさを変えられるタイプのものが作られるようになった（Morton, 2004：139）。

こうして2つのフォーマットは，聴き手の目的に応じて選ばれる関係になった。さらにLP盤を使って，45回転盤で個別に発売された曲をまとめた編集盤がリリースされるようになり，そうしたLP盤はかつての数枚組レコードにちなんで「アルバム」として扱われるようになった。つまり，「シングル」と「アルバム」という区別が，2つのフォーマットにそれぞれ割り当てられたのだ。

◉コラム：EP―シングルとアルバムの中間形態　［谷口］

アナログ・レコードの表面をよく観察すると，溝に記録された音が溝自体に現れているのがわかる。曲間など無音の部分は溝がなめらかで，曲の始まりに合わせて針を置く際に目印となる。逆に音量の大きな箇所は溝の波の振れ幅も大きいため，溝が太くなっているように見える。

溝の太さ，つまり一本の溝が盤面に占める面積の大きさは，レコードの収録時間にも影響する。そこでLPや45回転盤の登場と時期を同じくして，音量の小さい部分は溝の幅を詰めることで面積を節約する「ヴァリアブル・ピッチ・カッティング」という手法が開発された（森他, 2011：54-55）。これにより，発売当初は約5分だった45回転盤の収録時間も約8分にまで向上した。この技術を導入したレコードには，ポップソングを片面あたり2曲ずつ収録できた。このタイプのレコードは「再生時間が延長された」という意味で「エクステンデッド・プレイ」，略して「EP」と呼ばれた。

そこから転じて，7インチの45回転盤に限らず，片面あたり2，3曲ずつ収録しシングルとアルバムの中間にあたる形態のレコード全般が「EP」と呼ばれるようになった（Laing, 2003）。とりわけ厚みのある大きな音で鳴らすことが求められるダンスミュージックの分野では，収録時間よりも溝の太さを優先し，LP盤を使ってこの意味でのEPを制作する習慣がある（さらに音質向上のため，LP盤を45回転で再生できるようにすることも多い）。このタイプのレコードは，通常アルバムとして発売されるLPと区別するために，そのサイズを指して「12インチ盤」と呼ばれることも多い。収録時間の増大を指していたはずの「EP」という語が，逆に収録時間を犠牲にしたレコードに対して使われていることは，メディアの変遷を考える上でも興味深い。

4　多様化するレコード聴取

❖ハイファイという価値観

第二次世界大戦前から1950年代にかけて起こったレコードやその再生環境の改良は，音質をよくしただけでなく，消費者である聴き手の音との向き合い方にも影響をもたらした。「高忠実性」を意味する「ハイ・フィデリティ（ハイファイ）」という一種の価値観がクローズアップされたのである。

ハイ・フィデリティという用語は，1920 年代末から使われ始めた（Morton, 2004：94）。もっとも「録音された音を忠実に再生する」という価値観は，それ以前からレコード会社による宣伝やデモンストレーションにおいて中にしばしば表れており（☞3章），19 世紀末から時間をかけて形成されたものだと考えられる。

1930 年代に入ると，ラジオ放送の開始や電気式音響再生機器の登場を背景として，録音スタジオやラジオ放送局のエンジニアたちの間で「ハイ・フィデリティ」が唱えられるようになる。1936 年には米国ニュージャージー州で，FM ラジオ（☞7章）の商業的な放送局が初めて開設されたが，これを手掛けたエドウィン・アームストロングは，高品質な音楽を届けるためにハイ・フィデリティが不可欠だと考えていた。アームストロングは連邦通信委員会に働きかけ，FM 放送にはAM 放送以上に広い帯域が与えられたことで，FM はAM よりも高音質なラジオ放送と位置づけられることになった（Morton, 2004：132）。

さらに，第二次世界大戦もこの傾向を促進させることにつながった。どの国でも数多くの従軍者が音響機器を扱えるように訓練され，技術的な知識を身につけた彼らの多くが，退役後もみずから関心をもって機械に接するようになった（Morton, 2004：132）。これと時期を同じくして，市販されるオーディオ機器（音響機器）も，単体で作動する蓄音機やラジオから，レコード・プレイヤー，チューナー，アンプ，スピーカーといった部品を組み合わせた「コンポーネント（コンポ）」へと発展した。

こうして 1950 年代の消費文化において，「ハイファイ」はたんに音楽をよりよい音質で楽しむ手段であったばかりでなく，高音質の追求自体が１つの娯楽となった。1947 年にアメリカで設立された音響工学会は 1949 年からオーディオ・フェアを開催し，そこでは各企業が製品を出展している（岡, 1986：133）。

ハイファイという価値観のもとでは，オーディオ機器の再生音が，まるで生演奏と同じように聞こえることが理想とされてきた。今なおオーディオ機器の新製品では「原音を忠実に再生します」といった類の謳い文句がみられる。スピーカーの前でじっと目を閉じると，あたかも自分がコンサートホールにいて，一流の音楽家がすぐそばで演奏しているような気分になるというわけだ。ハイファイ志向の聴き手は，再生音がもたらす世界に浸るような聴取体験を求める。長時間再生を実現し，演奏を途切れさせずにじっくり聴かせてくれるLP盤は，そうした価値観とマッチしていた。

❖カジュアルな音楽聴取

第二次大戦後のオーディオ熱は音質の改良をますます促進させたが，それと並行して，まったく対照的な音楽の楽しみ方も浮かび上がってきた。どこでも好きな場所で，何か別のことをしながら，気軽に音楽を聴くというスタイルである。

盛り場でレコードを聴くことは，1920年代にジュークボックスというかたちで普及している。ジュークボックスは中にレコードが収納されていて，客がコインを入れてボタンで曲を選ぶと，その曲が流れてくるという仕組になっていた。コインでレコードを聴かせる元祖であるコイン・イン・ザ・スロットは，19世紀末に出現

図9-3　ジュークボックスの周囲にたむろする若者（Adams et al, 1996：48）

図 9-4　レジェンシー TR-1
(Burgess, 2014：68)

したものの数年のうちにすたれてしまった(☞4, 5章)。それに対してジュークボックスは，とくに米国では1920年代末に急速に衰退した自動ピアノ（☞5章）と入れ替わるようにして，酒を楽しむ客に音楽を提供する役割を担うようになった（Read & Welch, 1976：306-308)。ちなみに，第7章でも取り上げた『ビルボード』のヒットチャートも，元はジュークボックスの業者向けに人気曲を紹介したところから始まっている（Ennis, 1992：102)。

機械による自動再生を想定していたRCA社の45回転盤は，発売開始翌年の1950年にはジュークボックスにも導入された。おりしもリズム＆ブルースやロックンロールが流行した1950年代，アメリカでは大人に対して反抗的な「若者」の存在が社会現象になっていた。大人から不良扱いされ，たまり場で時間をつぶす10代後半の若者たちにとって，ジュークボックスはロックンロールを楽しむのにうってつけの機械だった（図9-3)。ここでは，カジュアルに音楽を聴くことが，ライフスタイルの一貫となっていた。

トランジスタを用いたラジオの小型軽量化が，この傾向に拍車をかけた。1947年にベル研究所が実用化に成功したトランジスタによって，真空管よりもはるかに小さな部品で電気信号を増幅できるようになり，また真空管のように使用する際に熱をもつこともなく電力も少なく済んだ。テキサス・インストゥルメンツ社とI.D.E.A.社の共同開発により1954年に初めて商品化されたトランジスタ・ラジオ「レジェンシーTR-1」（図9-4）は，縦12.7センチ，幅7.6センチ，厚さ3.3センチという大きさだった（Burgess, 2014：68)。ラジオは家庭に置くものから，個人が所有し携帯するものへと変化した。こうして音楽は「いつでもどこでも好きな時に聴けるもの」へと向かっていった。

5 ステレオ再生技術

❖音の立体感

1950年代における音楽聴取体験の変化を考える際にもう1つ外せないものに，音のステレオ再生がある。「ステレオ（stereo）」は元はギリシア語で「固い」という意味をもつが（例えば「ステレオタイプ」といえば，社会的にみられる決まりきった考え方や態度を指す），この語と「音の（phonic）」を組み合わせて造られた「ステレオフォニック（stereophonic）」という語は，2つのスピーカーを使って立体感をもつ音を再生する技術を指す（これに対して，1チャンネル

◉コラム：両耳聴の歴史と聴診器　［中川］

「両耳で音を聴くための装置」は，蓄音機の発明直後から，コイン・イン・ザ・スロットや家庭用蓄音機のために「イヤー・チューブ」や「ヒアリング・チューブ」と呼ばれていた。これは，蓄音機の再生音を管から聴取者の両耳に注ぎ込むための装置である。この「両耳で音を聴くための装置」の起源は聴診器にある。

聴診器はフランスの医師ルネ・ラエンネックが1816年に発明したものだ。それまで医師たちは患者の胸に直接耳を当てて人体の音を聞こうとしていたが，ラエンネックは，丸めて筒状にした紙を患者の胸に当てて聴診を行い，これを間接聴診と名付けた。さらに，1856年にアメリカの医師ジョージ・カマンが両耳型聴診器を開発し，これが今日の聴診器の標準となった。両耳型聴診器は，外界の音から身体の音を分離することで身体内部の聴取を集中強化した（Sterne 2003：107）。こうして19世紀後半以降，「両耳で音を聴くための装置」を用いる間接聴診法が発達していくことになった。

そもそも人間とは両耳で音を聴く生物だが，何らかの装置を介して両耳で音響を聴取する実践の起源は，19世紀後半に求められる。ただし，両耳型聴診器や初期のイヤー・チューブを通じて聴取者が聴く音響はまだステレオ音ではなかったことも明記しておきたい。それらはまだ，音響の立体的な特性や空間的性質を聴取させる装置ではなかった。両耳聴とステレオ聴取は異なる行為なのである。

の音源を再生することを「モノラル」と呼ぶ)。現在では単に「ステレオ」といえば音の再生技術を指し，ひいてはオーディオ機器の代名詞にもなっている。

人間の耳に音が立体的に聞こえることには，左右の耳の隔たりが関わっている。ある場所で鳴った音が左右の耳に届くまでには，ほんのわずかな時間差がある。そうした時間や強度のわずかな差といった情報をもとにして，音が空間的に位置づけられて知覚される(ムーア, 1994：第6章)。

耳のステレオ効果が最初に発見されたのは，第7章でも紹介した1881年のパリ国際電気博覧会で行われた電話の公開実演であるといわれている。オペラ座には2個のマイクロフォンが設置され，博覧会の来場者はそれらのマイクロフォンから別々に届いた音を，ヘッドフォンの左右で同時に聴いた。オペラ座にいる歌手たちの声がそれぞれ位置をもって感じられることに聴き手は驚き，この催しは大いに話題を呼んだ（岡, 1986：154)。ただし，ステレオ再生技術が本格的に開発されるまでには，それから半世紀もの時間を要した。

❖ステレオ技術の開発

1930年頃から，ステレオ再生の技術開発が同時多発的に繰り広げられた。イギリスのEMI社員だったアラン・ブラムラインは，2つのマイクロフォンで録音する仕組で特許を取得し，「バイノーラル（binaural)」と名づけた。2つの音の波を，盤面に対してそれぞれ45度の角度で刻む（2つの振動の方向は直角になる）ことで，1本の溝に2チャンネル分の音が記録されたのだ（Alexander, 1999：67-69)。1933年12月に初めて制作されたレコードには，マイクロフォンの周りでブラムラインらが話しながら歩き回る様子が録音された(Alexander, 1999：75-78)。

これと同時期に，ベル研究所もステレオ再生用のレコードを開発している。こちらは2チャンネルの録音を別々の溝に記録し，2本の針で同時にたどるという方式をとっていた。1932年には，レオポルド・ストコフスキー指揮によるフィラデルフィア交響楽団の録音が行われた(Morton, 2004：94-95)。さらに翌年，ベル研究所とストコフスキーは，左右に中央を加えた3チャンネルによる立体再生にも取り組み，4月27日に電話回線を使った伝送実験を行っている。フィラデルフィアで行われたオーケストラの演奏は3つのマイクロフォンを通してワシントンまで届けられたが，その際にストコフスキーが担当したのはオーケストラの指揮ではなく，再生側のワシントンのホールで3チャンネルの音を調整することだった(岡, 1986：157-158)。

録音や電気技術に強い関心をもっていたストコフスキーは，こうした試みを単なる音の立体的な再現以上のものとして捉えており，積極的に音楽表現の中に取り込もうとした。1940年に公開されたディズニーのアニメーション映画『ファンタジア』の音楽を担当するにあたって，彼は光学フィルムを用いて9チャンネルのマルチトラック録音を行い，それを3チャンネルにミックスして再生するという方法を採用した（森他，2011：61-62)。映画館が2チャンネルのステレオ再生ではなく，さらに多くのチャンネルを用いた再生環境をもつきっかけを作ったといえる。

❖ステレオレコードの発売

上述のようにステレオ再生が可能なレコードは1930年代前半にはすでに開発されていたが，EMIが実験を中止したために長らく忘れられた状態にあった。しかしビニール製レコードの登場やハイファイ熱の高まりもあって，1950年代に入ってようやく実用化されることになる。

ステレオレコードを最初に発売したのは，エモリー・クックが設立したクック・レコーズだった。クックは全世界の音を資料として残すことを構想し，世界各国の音楽はもとより，口承文化や自然環境の音までも録音し，1952年から次々と販売した。その前年，クックは2つのマイクロフォンによる録音を別々の溝に刻み，2本の針がついたカートリッジで再生するという独自の規格を発表し，ブラムラインにあやかり「クック・バイノーラル」と名づけた。クックのバイノーラル盤は，後に主流となるステレオレコード規格が定着するまでに数十作発表されている（Morton, 2004：146）。

ステレオレコードの標準規格の座をめぐっても企業間の競争があった。ウェスタン・エレクトリックの子会社であるウェストレックス社は，ブラムラインの発明と同様に，左右の音の振動を45度ずつ傾けてレコードの溝に刻む方式（通称「45/45」）を実用化した（図9-5）。一方イギリスのデッカ社は，2つのチャンネルを盤面に対して水平方向と垂直方向に振り分ける規格を開発した。1958年に全米レコード協会（RIAA）が45/45方式を採用することに決めたことでデッカも45/45方式に乗り換え，この対決はあっさりと決着した（岡, 1986：158-159）。

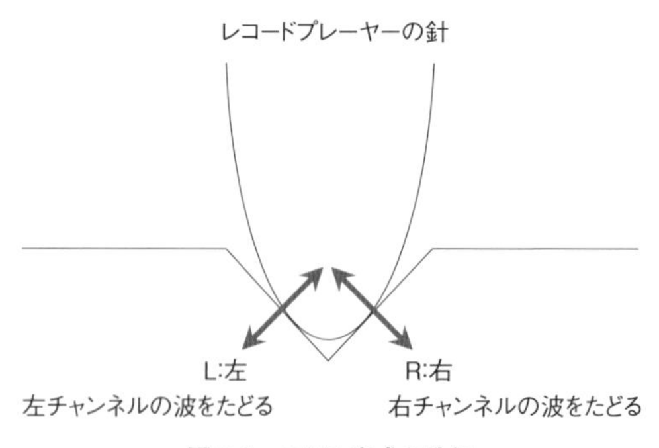

図9-5　45/45方式の仕組

❖レコードの中に作られる空間

ステレオレコードの普及によって，レコードの中に一種の空間性が確立された。ステレオ技術が登場する以前から，各パートの遠近感や残響によって音に空間的な広がりを与える録音テクニックは存在したが，レコードがステレオ化されたことによって，音同士の間にさらに明確な位置関係が生じた。ハイファイの観点からみれば，ステレオ再生は音にさらなる臨場感をもたらした。オーディオ機器は歌手や演奏家ばかりでなく，演奏が行われる場所すらもリアルに再現してくれるようになったのだ。

とはいえ，そのリアルさは現実をそのまま写し取ることで実現するものではない。録音現場に置かれたマイクロフォンはけっして，人間の耳と同じ条件にあるわけではないからだ[1)]。ほとんどのレコードでは，多数のマイクロフォンで集められた音を編集し2チャンネルへとミックスする過程で，空間的要素にもさまざまに手が加えられている。再生音から感じられるリアルさは，元の空間の忠実な再現が生むものではなく，むしろ精巧な編集の産物だといえる（☞14章）。

実際のところ，ステレオ用の録音や編集のノウハウが蓄積されるまでには時間がかかり，それまでの間はステレオ効果が十分に活かされているとはいえない時期もあった。初期のビートルズなど1960年代前半のレコードには，単に各楽器の音を左右に割り当てただけのステレオ盤も少なくなかった（多くの場合，モノラル盤も並行して販売されていた）。さらには，一旦モノラルで完成された録音を音域ごとに左右に振り分けて無理やりステレオ感を出す「疑似ステレオ」のレコードも存在した。ロックンロールのように45回

1)「ダミーヘッド」という頭の形をした模型に埋め込まれたマイクロフォンで録音することで，可能な限りマイクロフォンを人間の耳と同じ状態に近づけようとする，「バイノーラル」と呼ばれる手法もある（小泉，2005：112-117）。なお，本文に登場する「バイノーラル」とは意味が異なることに注意が必要である。

転のシングル盤での流通が中心だった音楽にとっては，比較的安価なプレイヤーでよく聞こえるかどうかが問題だったので，ハイファイ的なリアルさは重視されていなかった（Morton, 2004：147-148）。「ハイファイ」とは音響再生産技術の性能というよりむしろ，その技術を使って音に触れる人々の意識の問題なのである。

◉ディスカッションのために

1　録音物をモノとして所有することにはどのような価値が見出せるか。具体例を挙げながら考えてみよう。
2　現在身近にある録音再生環境（製品，サービス，聴く際の状況など）をなるべく多く挙げて，それぞれが本章で述べた「ハイファイな聴取」「カジュアルな聴取」のどちらに該当するかを考え，どうしてそういえるのかを説明しよう。
3　できるだけ音がはっきりと聞こえる再生環境を用意して，制作年代やジャンルに関していろいろなタイプのステレオ音源を注意深く聴こう。そして，音の立体的な広がりがどのように感じられるか，詳しく描写してみよう。

【引用・参考文献】

岡　俊雄（1986）．レコードの世界史―SPからCDまで　音楽選書（46）　音楽之友社
小泉宣夫（2005）．基礎音響・オーディオ学　コロナ社
福田貴成（2007）．「2つの耳で聴くこと」の来歴―聴診器の形態的・機能的変遷にみる「聴取の技法」超域文化科学紀要 **12**, 215-235.
ミラノ, B.／菅野彰子［訳］（2004）．ビニール・ジャンキーズ―レコード・コレクターという不思議な人生　河出書房新社（Milano, B.（2003）. *Vinyl junkies: Adventures in record collecting.* New York: St. Martin's Press.）
ムーア, B. C. J.／大串健吾［訳］（1994）．聴覚心理学概論　誠信書房（Moore, B. C. J.（1989）. *An introduction to the psychology of hearing,* 3rd ed. London: Academic Press.）
森　芳久・君塚雅憲・亀川　徹（2011）．音響技術史―音の記録の歴史　東

京藝術大学出版会
Adams, M., Lukas, J., & Maschke, T. (1996). *Jukeboxes*. Atglen, PA: Schiffer Publishing.
Alexander, R. C. (1999). *The inventor of stereo: The life and works of Alan Dower Blumlein*. Oxford: Focal Press.
Burgess, R. (2014). *The history of music production*. Oxford: Oxford Uniersity Press.
Chanan, M. (1995). *Repeated takes: A short history of recording and its effects on music*. London: Verse.
Ennis, P. H. (1992). *The seventh stream: The emergence of rocknroll in American popular music*. Middletown, CT: Wesleyan University Press.
Kraft, J. P. (1996). *Stage to studio: Musicians and the sound revolution, 1890-1950*. Baltimore, MD: The johns Hopkins University Press.
Laing, D. (2003). *EP. Continuum encyclopedia of popular music of the world volume I: Media, industry and society*. London: Continuum, pp.618-619.
Morton, D. Jr. (2004). *Sound recording: The life of a technology*. Westport, CT: Greenwood Press.
Read, O., & Welch, L. W. (1976). *From tin foil to stereo: Evolution of the phonograph*. (1st ed. 1959) Indianapolis, IN: Howard W. Sams.
Sterne, J. (2003). *The audible past: Cultural origins of sound reproduction*. Durham, NC: Duke University Press. (スターン, J.／金子智太郎・谷口文和・中川克志［訳］(印刷中). 聞こえくる過去―音響再生産技術の文化的起源　インスクリプト)

第10章

カセット・テープと新たな音楽消費

消費者にとっての磁気録音の可能性

中川克志

いくつかのカセット・テープ（著者撮影）

第８章では磁気録音の歴史と磁気テープがもたらした新しい音楽制作に焦点をおいたが，本章では，磁気テープがもたらした新しい音楽消費のあり方に焦点をおく。注目するのは，カセット・テープが一般化した60年代以降である。消費者が録音技術を手に入れ，また，録音した音楽を屋外に持ち出したり歩きながら再生できるようになることで登場した，消費者にとっての磁気録音の可能性についても概観したい。録音技術は，レコード音楽を家庭で複製する私的複製のみならず，生録やエアチェックといった文化を産みだした。また，カセット・テープは「ウォークマン」や「カラオケ」といった日本発の新しい音楽文化の基盤となった。この古い，しかし今なお生き残っているメディアの，消費者にとっての可能性を概観すること，それが本章の目的である。

 カセット・テープの文化

第8章では「磁気テープ」がもたらした新しい音楽制作に焦点をおいたが，本章では，磁気テープがもたらした新しい音楽消費に焦点をおく。

❖第二次世界大戦以後の磁気録音の概要

第二次世界大戦以後の消費者は磁気テープをまずは，オープン・リールを用いたテープ・デッキで利用した。1950年にアンペックス社より家庭用磁気テープ録音再生装置が販売され，同年にソニーが国産初のテープ・レコーダー「G型テープ・レコーダー」を発売した。オープン・リール式テープ・デッキを使って消費者たちは，テレビやラジオから流れる音楽を，あるいは環境音や生活音を録音した。音楽録音済みテープも販売されたが，オープン・リールはレコードより高価で扱いにくかったため，あまり普及しなかった(Daniel et al, 1999：97)。1957年に「セレクトフォン」というオープン・リール式テープ・デッキとレコード・プレイヤーの結合機器が発売され，家庭での商業音楽の録音，あるいは私的複製が簡単に行えるようになった（細川, 1990：94)。70年代に流行したラジカセは音楽の私的複製をさらに加速させた。磁気録音とは何よりもまず，フォノグラフ以来久しぶりに登場した，消費者が使える私的録音のための技術だった。

第二次世界大戦以後の音楽消費メディアとしての磁気テープには2回の転機があった。1つは1962年にカセット・テープが開発された時である。第二次世界大戦中に磁気録音のための媒体はワイヤーからテープに変わったが，オープン・リールの扱いは面倒だった。そこでテープの小型化やカートリッジ化が模索され，1962年にオランダのフィリップス社から「コンパクト・カセット」が開発され

た。これは，磁気テープのリールをケースに収納してそのまま扱うことで，手を触れずに磁気テープを扱えるようにしたものだ。当時いくつかのカセット・テープのフォーマットが開発されたが，特許や製造権を無償公開するという思い切った手段をとったこともあり，フィリップス社の規格が勝利を収め，現在も標準規格として流通している。当初は片面 30 分，往復 60 分のステレオ録音再生テープが発売されたが，その後，90 分，120 分などさまざまな記録時間をもつものが発売された。日本には 1965 年に初上陸した。1968 年には日本のティアック社が初のコンパクト・カセットデッキを発売し，以後，カセット・デッキがテープ・デッキの主流となっていった（日本オーディオ協会, 1986：503；山川, 1992：196-197）。こうしてカセット・テープは磁気テープを，手軽に扱えるメディアとして位置づけ直した。

またもう 1 つの転機はウォークマンが開発された時である。詳細は 3 節で述べるが，1979 年にソニー社が発売したウォークマンは，そのカセット・テープを持ち運びながら再生できる機器だった。ウォークマンのおかげで，家で聴くレコードをカセットに録音して，家の外で電車に乗ったり歩いたりしている時に聴くという音楽聴取（モバイル・リスニング）が社会的に浸透していった。

❖メディアの特性：録音可能性と可搬性

カセット・テープというメディアの特徴は「録音可能性」と「可搬性」の 2 点に見出される。つまり，カセット・テープはレコードと違って，消費者が自分で音や音楽を録音できるメディアであり，録音された音や音楽を家の外で移動しながら聴けるメディアなのである。

このようなカセット・テープ文化を代表するのが「ラジカセ」だろう。「ラジカセ」とは「ラジオ・カセット・レコーダー」の短縮形で，ラジオ受信機とカセット・テープ録音再生機とスピーカーとの結合機器である。ラジオ放送の受信再生とカセット・テープの録音再生ができる。受信したラジオ放送や，マイクやケーブルを接続して入力した音声をカセット・テープに録音することもできる。カセット・テープを使うラジカセは1968年に初めて登場し（日本のアイワ社「TPR-101」），1970年代には各家電メーカーからさまざまな製品が発売されるようになった。ウォークマンと同じ1979年にはサンヨーの小型ラジカセ「MR-U4」が爆発的にヒットし（最高年間生産台数600万台），また，カセット・テープを2つ使ったダビング作業を容易にする「ダブルデッキ」を搭載した最初の機種（ソニー「ザ・サーチャーW GF808」）も登場した（恩藏, 2009：34-37）。それ以来，録音再生媒体がCDやMDやSDカードへと移行しても，「ラジカセ」は，ラジオと音声録音再生機能をあわせもつ，いわゆるオールインワン型製品のための名称として，今でも生き残っている。ラジカセは消費者に，簡単に録音する手段を与えてくれた。これは「生録」や「エアチェック」や「レンタル文化」の基盤となった（これについては後述する）。

またラジカセは，ウォークマン以前にモバイル・リスニングを可能とした音響機器だった。たいていのラジカセは乾電池駆動が可能で，上部についてある把手（とって）を片手で持って持ち運びできる程度の大きさの音響機器である。音楽を再生しながらラジカセを持ち運びすることも可能なため，肩にラジカセを背負いながら音楽を爆音で鳴らすラジオ・ラヒーム（スパイク・リー監督『ドゥ・ザ・ライト・シング』（1989年）に登場し，常にパブリック・エナミーの《ファイト・ザ・パワー》（1989年）を再生しながらブルックリンの一角を歩き続ける人物）のように，自分の部屋を出て別の部屋や学校などに持っていって普段とは違う場所で音楽を聞くために使うこともできた。ラジカセは自分で私的複製したカセット・テープを外部に持ち出せる音響機器だったわけだ。

このようにラジカセは，カセットの録音可能性と可搬性の2つの特徴を体現していた文化の1つだった。以下，カセット・テープが生み出したその他の新しい音楽文化を取り上げてみよう。

図10-1　ダブルデッキ搭載のラジカセ（HITACHI TRK-W4U）（松崎，2009）

2　録音可能性：家庭で録音・複製する文化

第二次世界大戦以後の磁気録音は，音楽制作のみならず流通と消費にも大きな影響を与えた。磁気録音はエジソン以来の口述筆記機器の夢の実現に貢献し，また，消費者による録音を楽しむ文化を生み出すことで，音楽の私的複製の文化を浸透させた。

❖文房具としての音響再生産技術：口述筆記機器への影響

磁気録音はまず，口述筆記機器の展開におおいに貢献した。本書ですでに述べてきたように，音響技術はかならずしもつねに音楽のためのメディアではなく，口述筆記のためのメディア（☞4章3節）としても展開してきた（☞4章2節）。エジソンも発明当初から口述筆記機器としての展開を構想していたし，実際，1910年代以降のアメリカ合衆国では，レコード音楽産業とともに口述筆記機器産業としての蓄音機産業も成長していた。コロンビア社から分かれたディクタフォン（Dictaphone；そもそもはコロンビア社の商標だったが今や一般名詞化している）社とエジソンのレコード会社から分かれたエディフォン（Ediphone）社の事実上2社が市場を独占し，その牙城は1950年代まで揺るがず続いたようだ。販売されていたのは事務用の特殊で高価な機器（通常の家庭用フォノグラフが20ドル以下のところ，基本的なディクタフォンは300ドル以上）だったし，政府

図 10-2　1922 年のディクタフォン・ワックス・シリンダー（Smith, 1922）

にしか販売されない機種もあったらしい（Morton, 2000：95）。すくなくとも，消費者が気軽に手に入れて使うものではなかったようだ。こうした状況が変化するのは，磁気テープを媒体に用いる口述筆記機器が開発されてからである。とくに，カセット・テープが登場して口述筆記機器が小型化し始めてからは，価格も下がり販売量も増え，専門的な事務用品にとどまらず一般化することになった。カセット・テープこそが口述筆記機器を小型化し，社会的に浸透させた。磁気録音というメディアはカセット・テープが登場した後にこそ，フォノグラフ以来久しぶりに登場した，消費者が使える録音技術として確立したといえよう。

❖録音を楽しむ文化：「生録」

消費者が簡単に録音機器を使えるようになると，「生録（なまろく）」と呼ばれる活動が登場した。これは，電車の走行音，観光地の滝の音，自然に生きている動物や昆虫の音，人生の折り目折り目の卒業式や結婚式など儀式の音など，ようするに，人生において人が出くわすあらゆる種類の音をラジカセなどで録音しようとする文化である。「生録」の「生」は「live」すなわち「生の，リアルタイムの」という意味である。写真撮影に例えるなら，個人による記念写真やスナップショットに類した活動といえよう。

「生録」活動は世界中にみられる。日本の場合，戦後，生録ブームが何回かあった。最初は1951年にソニー社から発売された放送局の取材用ショルダー型テープ・レコーダー「M-1」がきっかけだった。このオープン・リール・デッキは重量20kg以上で，基本的にはラジオ放送などのための業務用だった――この機材を使う主人公を描いた横山隆一の4コマ漫画にちなみ，持ち運び可能なテープ・レコーダーを「デンスケ」と呼ぶようになった――が，これを使って街頭の音などを録音するマニアがいたようだ。また，カセット・デッキが登場した70年代中頃にもブームがあった。当時の「生録」の対象は1975年前後に日本から姿を消そうとしていたSL（蒸気機関車）や，鳥の声などである（長岡，1993：180)。1973年にソニー社からカセット録音機「デンスケ」が発売されたのもブームの一因だった。当時「生録」がブームだったことは，日本有数の音楽出版社である音楽之友社が，隔月刊とはいえ，生録ブームを受けて『ロクハン』という雑誌（図10-4）を刊行していたことからもわかる。この雑誌名は「録音ハンティング」という言葉を略したもので，1975年から79年まで刊行された。桜田淳子など当時のアイドルが表紙を飾り，松本零士が「サウンドスナイパー」なるタイトルの漫画を連載し，大滝詠一のプライベートスタジオが特集されるなど，オーディオ愛好家（オーディオ機器やその音

図10-3　SLを狙う生録ファン[1)]

1）ソニー社ウェブサイト「君は「生録ブーム」を知っているか」(2008年10月2日更新）より〈http://www.sony.co.jp/SonyInfo/CorporateInfo/History/capsule/16/（2015年2月5日確認)〉。

図 10-4 『ロクハン』1976 年 10 月号（著者撮影）

図 10-5 『音の冒険ブック』（若林，1975）

質に熱中するひと）以外の読者層も取り込もうとする雑誌だった。

この頃の「生録」を取り巻く雰囲気を伝える本を１つ紹介しておきたい。それは，松下電器ナショナルRQ-552というラジカセを買うとその付属品としてついてきた『音の冒険ブック』（図 10-5）というガイドブックである。これはラジカセの使い方を豊富なイラスト――デビュー直後の弘兼憲史が描いている――と共に提案するガイドブックで，ここではラジカセを，何よりもまず「録音する機械」として位置づけ，その使い方を提案している。全 10 章の半分以上をかけて，鳥や動物，雨や風の音，SL やお祭りや飛行機などの音，旅行中に遭遇する音や，アウトドアで遊んでいるときの音など，さまざまな音を録音することがすすめられている。１章では身近な人間の声の録音が，２章では自分の演奏や歌の録音が推奨されている。発明当初のエジソンがフォノグラフの将来について想定したいくつかの用途が想起される（☞ 4 章）。そのなかからこのガイドブックは，「家族の声，とくに遺言などの記録」「演説やその他諸々の発話の記録」といった用途に音響機器を使うことを提案しているといえよう。「生録」とは，口述筆記と同じように，音響メディアを音楽以外の目的のために使う活動だったのである。

❖音楽の私的複製：エアチェックからレンタル文化へ

とはいえ，音響メディア史の大部分は音楽メディア史である。この観点からみると，カセット・テープが音楽メディアに与えた最大の影響は，レコード音楽の家庭における私的複製を可能にしたこと，だろう。これは，MD，CDR，HDDや外部メモリと記録媒体を変えつつもこんにちまで広く続いている音楽文化である。

60年代にはまだ「オープン・リールのほうが音質はよい」と考えられていたため，バンドの練習や珍しいテレビ番組の録音など，音質が重要な場合はたいていオープン・リールが使われていたようだ（恩藏，2009：34）。日本の消費者にとって民生用録音媒体のデファクト・スタンダードがオープン・リールからカセット・テープに切り替わっていったのは，当時発売された磁気テープ録音再生機器の品目から考えると，どうやら60年代末頃のようだ。70年代以降は，すでに述べたようにラジカセが普及したこともあり，カセット・テープ文化が花開いた。そして登場したのが，エアチェックする文化とレンタルする文化である。

①エアチェック文化　「エアチェック」とは，FMラジオで放送（＝エア）される楽曲をFM雑誌などの番組表でチェックしておいて，自分の好きな曲が放送されるとそれをラジカセでカセット・テープに録音し，その録音テープを繰り返し聴いて（あるいはたんに所有することで）楽しむ消費文化である。1970年代から80年代にかけて盛んだった。FM放送は，モノラルだったAM放送とは違って最初からステレオ放送だったし，AMより高音質だったので，音楽を聴くのにうってつけの放送として好まれた（溝尻，2006：116）。FM放送をエアチェックする人々のために，60年代以降発売されるようになったのがFM雑誌と呼ばれるジャンルの雑誌である。FM雑誌とは，FM放送で放送される楽曲プログラムを掲載した雑誌で，購買者はその番組表を参考にエアチェックした。『TV Bros』などテレビ番組表のラジオ版である。『FM fan』（1966年創刊），『週刊FM』（1971年創刊），『FMレコパル』（1974年創刊）という先

行3誌に加え，80年代に人気を博した『FMステーション』(1981年創刊）が有名である。これらはその全盛期には毎号100万部近くの発行部数を誇っていた（恩藏，2009：68, 184)。

カセット・テープは，消費者がエアチェックという私的複製を自分なりに楽しむ文化を生み出した。例えば，上記のFM雑誌たちはすべて，消費者が自分のカセット・テープを飾るためのパッケージとして使える紙を付録としてつけていた。エアチェックを終えた読者が，録音し終えたカセット・テープに録音した曲名などを印すために，カセット・テープ付属のそっけない紙を使うのではなく，雑誌付属のイラストや音楽家の名前を印刷した厚紙のインデックスなどを使った。これを「ドレスアップ」と呼んだ（恩藏，2009：110)。エアチェックとは，既成のパッケージ文化をそのまま継承するのではなく，どこかに消費者の創意工夫を取り込む余地を残した文化だったのである。

②レンタル文化　エアチェック文化は80年代後半には衰退していった。先述のFM雑誌もすべて90年代のうちにどんどん売上を落とし——この部数の凋落にはインターネットの普及はまだあまり関係がなかった——，ほとんどは90年代のうちに休刊し，2001年には最後まで残っていた『FM fan』誌もその35年間の歴史に幕を下ろした。その原因は，貸しレコードあるいはレンタルCDの流行である（恩藏，2009：207-211)。これは，商業的に録音販売されているレコード音楽を貸レコード屋などから借りてきて自宅でカセット・テープに私的複製する消費文化だった。DJのナレーションやCMが入ったりアルバムの全曲は放送されなかったりするFM放送よりも，自分の好きなレコードやCDを自分の好きなときに再生して複製できるのだから，私的複製のためのソースとしてFM放送よりもレンタルのほうが好都合なことはいうまでもなかった。レコード音楽のレンタルは1980年に黎紅堂（れいこうどう）が貸レコード業を始めたのが

最初で，この業態の拡大に対応して1984年に日本の著作権に貸与権が確立された（☞Topic 3）。その結果，レンタル・ビジネスとそれを支える私的複製の文化は，その媒体を変えつつも現在にいたるまで日本の音楽産業の大きな部分を占めることになった。

レコード音楽のレンタル・ビジネスは日本特有の業態だが，VHSやDVDに記録された映画のレンタル・ビジネスは日本特有ではない。管見の限りでは，この「レンタル文化」をめぐる比較文化論的な分析や研究はまだない。日本の音楽産業や私的複製の特徴の1つであることは明らかなのだから，非常に待ち望まれるところである。

3　可搬性：音楽を持ち運ぶ文化

カセット・テープは，レコードよりも簡単に「自分の音楽」を持ち運びできるメディアだった。ラジカセや「カー・オーディオ」，そしてとりわけ，1979年に発売されたソニー社のウォークマンは，音楽をモバイルにしたことで，私たちの音楽経験のあり方を一変させた。

✣ 1979年ソニー社ウォークマンの登場

①歴　史　1979年7月1日に「ウォークマン（Walkman）」第1号機「TPS-L2」が発売された。これはミニプラグのついた軽量小型ステレオ・ヘッドフォンを用いる，電池駆動の小さなモバイル再生専用機器である。この名称はソニー社の商標で和製英語だったが――英語文法に則ればWalking man――，こんにちでは英語の辞書にも登録されている一般名詞でもある（当初，海外では，「Sound About」など4種類の名前があった；黒木, 1990：64-71）。

この誕生には2つの説がある。1つは当時のソニー会長盛田昭夫

図 10-6　二代目ウォークマン TPS-L2 の広告（ゲイ, 2000）

氏自らがニューヨーク出張中に街を歩いている時に発案したというもの（ゲイ, 2000）で，もう１つは，若いエンジニアが遊びで自分のためだけに小型のカセットレコーダーを改造して作ったステレオ再生可能なカセット・プレイヤーを商品化したというもの（黒木, 1990）である。いずれにしても一代目のウォークマンは，ソニー社内においても相当型破りな製品として受け止められた。

というのも，ウォークマンは，録音機能こそがカセット・テープ機器にとって最重要の機能だった当時の常識とは反対に，再生専用機器として発売されたからだ。ウォークマンはカセット・テープの録音可能性を捨てて，可搬性をクローズアップした商品だった。ウォークマンはポータブル・ラジオのように音楽を外に持ち出せる。しかもラジオとは違って，「自分の音楽」を持ち出せたのだ。ウォークマンの衝撃とは何よりもまず再生革命だった。その後もウォークマンは，記録メディアがCD やMD などに多様化しつつも（☞ 11 章），今に至るまでソニー社の主力製品の１つである。例えば，製品発表のニュースリリース[2]において，ソニー社は，自分たちが「ウォークマンを通じて，“いつでも，どこでも，手軽に”音楽を屋

2）例えば2004 年７月１日発表の「“いつでも，どこでも，手軽に”音楽を楽しむ―ウォークマン　新世代へ」〈http://www.sony.co.jp/SonyInfo/News/Press/200407/04-033/（2015 年２月５日確認）〉など。

外へ持ち出して楽しむという文化を創り上げ」「携帯型音楽端末という商品カテゴリーを打ち立てた」ことを誇っている。iPodなど現在のDAP（Digital Audio Player）につながる小型の音響再生機器あるいはモバイル・リスニングの起源は1979年のウォークマンにあるのだ。

ウォークマンの再生革命についてもう一点つけ加えておこう。ウォークマンで初めて「ヘッドフォンやイヤフォンを用いる音楽聴取」が一般化した。ヘッドフォンに類したものを通じた聴取は19世紀からずっと存在していたが――管で集音した音を聴く聴き方は，1816年にラエンネックが発明された聴診器（☞9章コラム：両耳聴の歴史と聴診器）や1890年代に流行したコイン・イン・ザ・スロット（☞4章3節）に遡ることができよう――，1970年代までさほど一般的ではなく，初めてウォークマンで音楽を聴いたものの多くが，その聴取体験の迫力に驚いたという感想を記している。例えばウォークマンの開発プロジェクトを率いた黒木は次のように記している。

> 「初めて聴いたときはほんとに驚きました。こんな小さな機械から，どうしてこんな迫力のある音が出るのか不思議でした。いまなら当たり前なのですが，初めて体験したときはどんな音が出るのか想像もしていなかったので，運命交響曲の出だしを脳天に叩きこまれた感じでした。当時はそのような音は大出力のステレオ装置で聴くものだとばかり思い込んでいましたし，ヘッドフォンで音楽を聴くという習慣もなかったので，二重に驚かされたわけです」（黒木，1990：46）。

②否定的評価と肯定的評価　さて，ウォークマンというまったく新しいタイプの音響再生機器は，当初は売上の予想すら立たずセールス部門もこの商品の販売に反対だったし，7月の発売直後にも

さほど売れなかったが，8月以降は口コミの影響で爆発的に売れ始め，すぐに日本のみならず世界中の人気商品となった（黒木, 1990：55-84)。それに伴いウォークマンに対する批判も生じ，それ以降こんにちに至るまで，ウォークマンあるいは家の外でイヤフォンを用いて行なうモバイル・リスニング一般に対する肯定的／否定的評価が継続的になされ続けている。

典型的な否定的評価は，電車の中などでイヤフォンを用いてウォークマンを聴くことの非社交性を批判したり，イヤフォンを用いる音楽聴取の不健康性を攻撃したりする――実際，1980年の夏に，ウォークマンが初めて槍玉に挙げられた問題は「難聴」問題だった。ウォークマンが子どもの難聴の原因として批判された（黒木, 1990：90-92)。また，典型的な肯定的評価はやはり，「“いつでも，どこでも，手軽に”音楽を屋外へ持ち出して楽しむという文化」の面白さや，イヤフォンを用いる音楽聴取の迫力をほめたたえる，あるいは少し珍しいかもしれないが（もしくは，少し気取ったやり方だが)，ウォークマンを，自分で「都市のサウンドトラック」を作るための道具として賞賛する，という論調もあった。つまり，日常に自分専用のBGMを加えていつもの都市経験を変容させる技術としてウォークマンを肯定的に評価するわけだ（Chambers, 1994)。まどろっこしい褒め方にも思えるが，これもまた1つの典型的な「モバイル・リスニングを肯定的に評価するやり方」である。

✣カー・オーディオ，8トラ，カラオケ

1965年に8トラック・テープという規格が開発され，70年代頃まで普及していた（Daniel, et al., 1999：98-100)。これはループ状のエンドレス・テープをプラスティックのカートリッジに封入したもので，左右2チャンネルのステレオ・トラックが4本平行に並んでおり，録音可能な磁気トラックが8本あった（なので「8トラ」と呼

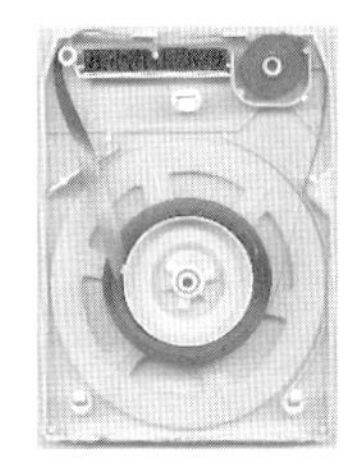

図10-7　8トラック・テープレコーダー（ビクター社CHR-250）
（長岡，1994：184）

ばれる）。この4本のループになったステレオ・トラックそれぞれに曲を録音しておくことで，ボタン操作一発で曲の頭出しができた。この操作の簡便さから，8トラはカー・オーディオのための規格として普及していった——オープン・リールは車載用としては扱いにくかった上に，カセット・テープは当初，小さかったので会議記録など口述記録が主な用途で音楽再生用とは考えられていなかった。日本では，1960年代後半の自家用自動車の普及を背景にカー・オーディオの標準装備として普及していった（烏賀陽，2008：64）。

また，最初期のカラオケもこの8トラを利用した。カラオケの発明家は，1967年に事業を始めたが数年で辞めてしまった根岸重一，もしくは，1971年に始めカラオケという商売を世界中に広めた井上大祐のいずれかとされるが，どちらも初期のカラオケ機器のために，すぐに頭出しのできる8トラを使った。カラオケでは曲の伴奏音楽をすぐに頭から再生する必要があったので，8トラは好都合だったからである（烏賀陽，2008：38）。

つまり，カー・オーディオとカラオケはカセット・テープを介してつながっている。日本初のカー・ラジオを生産した帝国電波社は1963年に日本初のカー・ステレオを作り，その後70年に商号を「クラリオン」に変え，カラオケ事業にも進出した。このつながりは何なのか今は深く追求しないが，いずれも，カセット・テープが生みだした消費活動の一形態である。

4　デジタル時代のカセット・テープ

以上，カセット・テープに関わるいくつかの文化を紹介してきた。

ラジカセ，口述筆記機器，「生録」，エアチェック，レンタル，ウォークマン，カー・オーディオ，カラオケ，等々である。これらをすべて「プロが作った商業用音楽を消費者が自分のものとする活動」とまとめておこう。カセット・テープに録音した音楽は「自分の音楽」だったのだ。プロの音楽家が制作したレコード音楽であっても，それを私的複製したのは消費者自身だという意味で「自分の」音楽となったのだ。レコードやCDを購入して所有することで「自分の音楽」にする以外の方法で，カセット・テープは，音楽を「自分の音楽」として所有する方法を実現した。カセット・テープは，私的複製することで，あるいは音楽を持ち歩くことでも「自分の音楽」にする方法を提供してくれたわけだ。カセット・テープは音楽の所有のあり方を一段階複雑化したといえよう。

1990年代にMDが開発され，民生用録音媒体の販売量の割合を超えられた後は廃れるだけと思われたが，2013年1月31日にMDプレイヤー販売終了が決まった後も今なお，細々とではあるが，テープ文化は生き残っている。MDやDAPを使い始めなかった老人がカラオケ練習などの用途で10分テープを大量に使っているというニュースもあれば（TBS, 2012），21世紀の10年代も半ばになってから，インディーズレーベルの間で自主流通のカセット・テープが流行しつつあるというニュースもある（exciteニュース, 2013）。あるいは，21世紀以降ある種のレトロ趣味とともにラジカセの面白さを見直す風潮もあり，最近では，松崎順一『ラジカセのデザイン！』（松崎, 2009）なるマニアックなラジカセのビジュアルブックが発売されたりした。

◉ディスカッションのために

1　消費者が録音技術を手に入れることで可能になる活動を列挙してみよう。
2　消費者が音楽を持ち運べるようになることで可能になる活動を列挙してみよう。
3　カセット・テープという古いメディアが今でも使われている理由について考察してみよう。

【引用・参考文献】

烏賀陽弘道（2008）．カラオケ秘史―創意工夫の世界革命　新潮社

恩藏　茂（2009）．FM 雑誌と僕らの 80 年代―『FM ステーション』青春記　河出書房新社

河端　茂（1985）．レコード産業界　教育社新書―産業界シリーズ　教育社

キットラー, F.／石光泰夫・石光輝子［訳］（2006）．グラモフォン・フィルム・タイプライター（上）（下）　筑摩書房（Kittler, F. (1986). *Grammophon, film, typewriter.* Berlin: Brinkmann U. Bose.）

黒木靖夫（1990）．ウォークマンかく戦えり　筑摩書房

ゲイ, P. 他／暮沢剛巳［訳］（2000）．実践カルチュラル・スタディーズ―ソニー・ウォークマンの戦略　大修館書店（Gay, P. (1997). *Doing cultural studies: The story of the Sony Walkman.* Thousand Oaks, CA: Sage.）

シェーファー, M.／鳥越けい子・庄野泰子・若尾　裕・小川博司・田中直子［訳］（2006）．世界の調律―サウンドスケープとは何か　平凡社（Schafer, R. M. (1977). *The tuning of the world.* New York: Knopf.）

庄野　進（1986）．環境への音楽―環境音楽の定義と価値　小川博司ほか［編著］　波の記譜法　時事通信社, pp.61-80.

長岡鉄男（1993）．長岡鉄男の日本オーディオ史 1950-82　音楽之友社

日本オーディオ協会［編］（1986）．オーディオ 50 年史　日本オーディオ協会

細川周平（1990）．レコードの美学　勁草書房

増田　聡・谷口文和（2005）．音楽未来形　洋泉社

松崎順一（2009）．ラジカセのデザイン！― Japanese old boombox design catalog　青幻社

溝尻真也（2006）．日本におけるミュージックビデオ受容空間の生成過程―

エアチェック・マニアの実践を通して　ポピュラー音楽研究 **10**, 112-127.

森　芳久・君塚雅憲・亀川　徹（2011）．音響技術史―音の記録の歴史　東京藝術大学出版会

山川正光（1992）．オーディオの一世紀―エジソンからデジタルオーディオまで　誠文堂新光社

若林駿介［監修］（1975）．音の冒険ブック―テープ・レコーダーをかついで自然の中にとび出そう　ナショナルテープ・レコーダーご購入特典 2/21 発行　松下電器産業録音機事業部

Chambers, I. (2004). The Aural Walk. C. Cox, & D. Warner (eds.) *Audio culture: Readings in modern music*. New York: Continuum. pp.98-101.（原著 1994 年）

excite ニュース（2013）．今ふたたびカセットテープが注目される理由とは？（8 月 25 日掲載）〈http://www.excite.co.jp/News/bit/E1376985106061.html（2015 年 2 月 5 日確認）〉

Daniel, E. D., Mee, C. D., & Clark, M. H. (eds.) (1999). *Magnetic recording: The first 100 years*. Piscataway, NJ: IEEE Press Marketing.

Morton, Jr. D. L. (2000). *Off the record: The technology and culture of sound recording in America*. New Brunswick, NJ: Rutgers University Press.

Morton, Jr. D. L. (2004). *Sound recording: The life story of a technology*. Westport, CT: Greenwood Press.

Morton, Jr. D. L. (n.d.). *The history of sound recording technology* 〈http://www.recording-history.org/index.php（2015 年 2 月 5 日確認）〉

Smith, C. C. (1922). *The expert typist*. New York: MacMillan.

TBS（2012）．「応援！　日本経済　がっちりマンデー！！」　儲かる！時代遅れビジネス（3 月 25 日放映）〈http://www.tbs.co.jp/gacchiri/archives/20120325/1.html（2015 年 2 月 5 日確認）〉

デジタル時代の到来

CD へと急速に移行したレコード産業

谷口文和

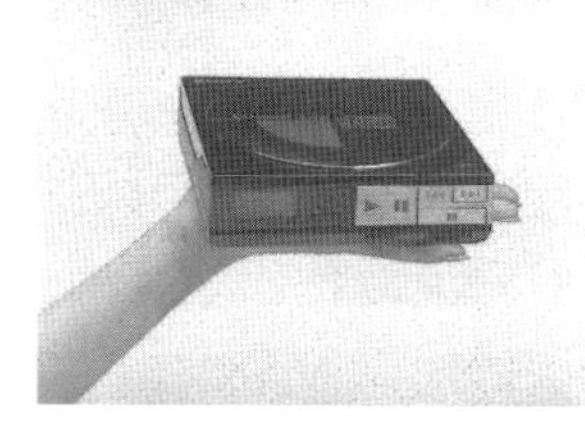

CDP-D50（森他, 2011：112）

CD（コンパクト・ディスク）や DVD（デジタル・ビデオ・ディスク），ブルーレイディスク，インターネットを介してデータをやりとりするパソコンやスマートフォン，それらで扱われる音はすべてデジタル・データである。音楽制作や放送など音響を扱う業務も，ほとんどがデジタル環境で行われている。第6章で「今やすべての音楽は電気音楽になった」と述べたが，それと同じ意味で，「すべての音楽はデジタル化された」といえるだろう。

今ではデジタル音響技術の恩恵を受けることがあたりまえになっている。しかしその便利さは，デジタル技術の導入と同時に自動的に生じたわけではない。導入当初には，既存のアナログ型の技術が担っていた役割をどのようにして引き継いでいくかという課題もあった。スムーズな定着に成功した CD の普及過程は，そうした観点から捉えることもできる。

 音のデジタル化とはどういうことか

✣音がデジタル化された現在

録音の登場から数えて百年以上にわたる音響再生産技術の歴史も，ここまでですでに半分以上を辿り終えた。しかしながら，音響メディアが現在の姿になるまでには，もう1つ根本的な技術的転換があった。音声情報のデジタル化である。現在の私たちが音にふれる経験や，今まさに起こりつつある音楽文化の変化を考えるには，デジタル技術に関する基本的な理解が欠かせない。この章と次章で，音のデジタル化の仕組とそのメディアとしてのあり方を解説する。

✣アナログとデジタル

まず，そもそも「デジタル」とは何なのかを確認しておこう。

形容詞“digital”の名詞形である“digit”は，元はラテン語で「指」のことだ。人が指を折りながら数を数えるところから，この語は「数」を意味するようになった。つまり「デジタル」とは，単純にいえば情報が数値で表せるということを指している。

「デジタル」という概念は「アナログ（analog）」との対比で説明される。ある物事（例えば時間や重さ）の量をデジタルに表す場合，ある量はそれに最も近い別の量と切り離されて表される。この性質を「離散的」という。それに対して，アナログな量は「連続的」に変化し，数値では表しきれない。これは「階段の何段目にいるのか」と「スロープのどのあたりにいるのか」という違いでもある。

前章までに見てきたLPレコードやカセット・テープといった録音媒体と，これから取り上げるCDの違いも，まずはアナログとデジタルの違いとして説明できる。アナログな媒体が音の波（それ自体もアナログ情報である）を振幅の連続的な変化として記録するのに対して，デジタルな媒体は音を離散的な情報へと変換した上で記録

している。

✣音のデジタル化

では，音はどのようにデジタル化されるのか。最も代表的な方式で，CDにも採用されている「パルス符号変調（Pulse Code Modulation / PCM）」は，次のような原理になっている。

音の振動は，電気信号の状態では電圧の波として表れる。この電圧を一定時間ごとに測定し，数値として記録する（この過程を「標本化／サンプリング」と呼ぶ）。数値化された電圧の変化を線で結ぶことで，音の波形が階段状の線によって復元される（図11-1）。要するに，音のデジタル化とは，音の振幅の連続的な変化を離散的な数値へと変換することである。

もっとも，波の形が一定間隔で数値化されるということは，各数値の「あいだ」にあたる部分の情報は失われてしまう（この点で，デジタル情報はアナログ情報に劣るという評価もあり得る）。間隔をなるべく詰めることによって，波形はより緻密にデジタル化できるが，その分だけ記録すべき情報量は増える。

PCM方式の場合，ある音をどれだけの情報量で記録するかは，

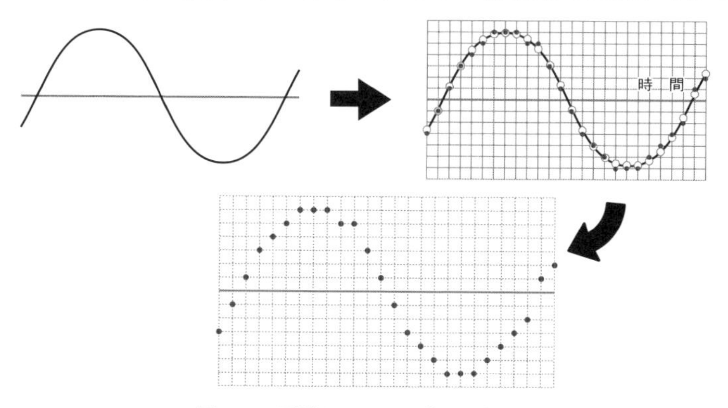

図11-1　デジタル・サンプリングの仕組

「時間あたりのサンプリングの回数（サンプリング周波数）」と「数値化に使う目盛りの細かさ（量子化ビット数）」によって決まる。

サンプリング周波数を大きくすることで，その分だけ時間的により細かい振動，つまり高い音域を記録できる。原理的には，サンプリング周波数の半分の周波数が記録の上限となる。CDの規格（サンプリング周波数44.1kHz）ではサンプリングは1秒間に44,100回行われるが，これは人間の耳の可聴音域である20kHzをカバーすることができる。

数値の細かさを指すのに用いる「ビット」という単位は，2進数（1と0）で表される数値の桁数を意味する。つまり，1ビット増えるごとに数値を測る目盛りは2倍となる。CDに採用されている16ビットであれば，2の16乗にあたる65,536段階ある目盛りで音の振幅を測っているということになる。

❖デジタル情報の性質

デジタル情報の最大の利点として，複製の際に同一性を完全に維持できることが挙げられる。アナログ情報は記録媒体の特性や状態といった物質的条件の影響を受け，複製された情報にはほんのわずかな違いが生じる。蝋（ろう）管やビニールの円盤，磁気テープにアナログ方式で記録された音は，経年劣化など媒体の物質的な変化の影響を受ける。そのため，再生される音にも各媒体に特有のノイズが加わるなど，それとわかるような特徴が表れる。一方，デジタル情報は数値として同じでさえあれば完全に同一であるとみなされるので，個々の複製が成功している限り，何度繰り返してもそのせいで情報が変わることはない。

そして，数値が変わらなければ同じ情報であるというデジタルの性質は，同じ情報をいくつもの異なる記録媒体で扱えるという別の利点につながる。つまり，デジタル情報は記録される媒体の物理的特性に左右されない。もちろんデジタル情報も記録媒体の劣化などによって失われる可能性はあるが，その前に複製を繰り返すことで，原理的にはいつまでも同一性を保つことができる。

デジタル・データ化することによって，異質な情報を同列に扱うこともできる。例えばCDには，音声情報そのものだけではなく，トラック数や各トラックの時間といったインデックス情報も記録されている（この情報があることで各トラックをすばやく頭出しできる）。さらには1枚のCDに，音声とは別に映像やパソコン用のプログラムを記録することもできる。その意味でCDをはじめとするデジタル媒体は，音の情報を「音だけの情報」としてではなく，さまざまな情報の一環として扱うことを容易にしている。

2 デジタル音響技術の実用化

✣電話から始まったデジタル音声の技術開発

それでは，音の世界にデジタル技術がどのように浸透していったのか，順を追ってみていこう。

音のパルス符号変調の原理は，イギリスの技術者アレック・リーヴスによって発明されている。ITT社（国際電話電信会社）のパリ研究所に勤務していたリーヴスは，長距離の通信でも音声が劣化しない仕組を模索した結果，「オンとオフ」（つまり「1と0」）からなるパルス信号に変換して伝送することで音声がノイズの影響を受けにくくなると考え，1937年にPCM方式の原理を発明した（森他，2011：98）。このように，PCM方式はまず電話をはじめとする音声通信の分野で開発された。

第二次世界大戦による軍事的な技術開発の機運を背景に，1940年代前半からベル研究所がPCMの研究に乗り出し，その実用化に大きく貢献した。1948年には同研究所のクロード・シャノンが「コミュニケーションの数学的理論」という論文を発表し，情報を符号化するための理論的基盤を用意した。そして，やはりベル研究所が同時期に開発したトランジスタによって，音の符号化の計算が実用可能となった。PCM 方式の通信システムは，1952 年には北米で試験的に導入が始まっている（Freeman, 1999：111-112）。

✣デジタル録音

話し言葉を伝えることが目的であるために低い音質でもこと足りる電話とは違い，デジタル録音には人間の可聴音域全体をカバーすることが期待された。ただでさえ戦後からハイファイ熱が高まり続けていた中で，LP レコードに匹敵する音質をデジタル音声で実現するには多大な工夫が要求された。

PCM 方式を用いた録音技術の開発は日本が先導するかたちで進んだ。1960 年代には，東京オリンピック（1964 年）に音声や映像の技術面から貢献しはずみをつけていたNHK（日本放送協会）が主要な役割を果たした。NHK 研究所の手による世界初のステレオ PCM 録音機は，1969 年に公開実演が行われた（森, 1998：138）。

1970 年代に入ると，開発プロジェクトはレコード会社や電機メーカーに引き継がれた。1971 年，日本コロムビア社がNHK から借り受けた録音機を使って制作した打楽器奏者ツトム・ヤマシタの『打！―ツトム・ヤマシタの世界』が発売され，世界初のデジタル録音によるLP レコードとなった（岡, 1986：218）。これを皮切りに，1970 年代にはデジタル録音を謳ったLP の発売が日本や欧米で相次いだ。

さらにNHK の音響研究部長だった中島平八郎がソニー社に移籍したことで，ソニー社はデジタル音声の分野で中心となる役割を担うことになる。1974 年にデジタル録音機を完成させると，1977 年には初の家庭用録音機「PCM-1」を発売した。PCM-1 は入力された音声信号をデジタル変換し，当時すでに普及していたビデオテープ[1)]

に記録する仕組になっていた（森, 1998：147-149）。

✣ CDの誕生

デジタル録音を売りにしたLP盤を次々と発売することで，デジタル録音が次世代の音楽メディアになるという印象を広めたレコード業界は，いよいよアナログ・レコードに代わるパッケージの開発に乗り出した。レコードの歴史においては「フォノグラフ対グラモフォン」「LP盤対45回転盤」というように異なるフォーマットが競合し，そこでの競争が結果的にレコード産業を方向づけてきた。それに対してデジタル方式のレコードの場合は，世界各国の大手レコード会社が開発段階から審議を行い，発売前に規格の統一が図られた。そうした中で1979年にソニーとオランダのフィリップス社が規格の共同開発を開始した。両社によって提案され，他の案を抑えて統一規格として採用されたのがCDである（森他, 2011：105-109）。

円盤表面にある渦巻き状のトラックに情報が刻み込まれているという点で，CDの形状もアナログ・レコードを受け継いでいる。しか

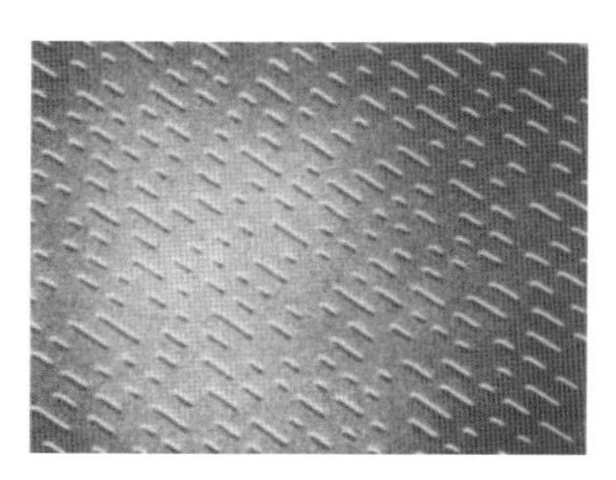

図11-2　CDの記録面の拡大写真（中島・小川，1996：101）

1）磁性体を磁化させることで映像情報を記録するテープ状の記録媒体。PCM-1が発売された時点では，ソニー社が1975年に発売した「ベータマックス」と日本ビクター社が1976年に発売した「VHS」という2種類の規格が一般家庭向けに提供されていた。

し隣り合うトラックの間隔はわずか1.6ミクロンで，「ピット」と呼ばれるくぼみの深さも0.1ミクロンしかない。CDがその小さな空間に情報を詰め込めるのは，光の反射を利用しているからである。トラックに沿ってレーザー光を当てると，ピットのない箇所ではレーザーがそのまま跳ね返るが，ピットに当たると光が乱反射して戻らない。この違いを「1と0」として，CDは膨大な情報を記録している。

こうして，直径12センチという「コンパクトな円盤」に，LPのほぼ2枚分にあたる約74分の音声情報を収録できる媒体が誕生した（現在では80分以上の収録も可能）。ちなみにこのCDのサイズは，カセット・テープの対角線の幅（11.5センチ）を意識して提案されたといわれている。また，74分という収録時間については「ベートーヴェンの《交響曲第九番》が収録できるようヘルベルト・フォン・カラヤンが望んだことで決まった」というエピソードが知られている。ただし実際にカラヤンが直接そのように発言したのではなく，規格を決める会議の中で74分案をアピールするために引き合いに出されたのだという（森, 1998：165–167）。ともあれこうしたエピソードからは，当時の音楽聴取に求められていたハイファイ性（クラシック音楽が楽しめる）と手軽さを併せ持つ記録媒体としてCDが設計されたことがうかがえる。

✣ CDの急速な普及

1982年10月，CDの再生機とソフトが日本で同時に発売された（欧米ではその翌年から発売）。それからわずか5年で，日本ではCDの生産枚数がLPを追い抜いている（図11-3）。その背景には，CDを普及させるための大胆な販売戦略があった。1984年にソニーが再生機第2弾として発売した「CDP-D50」は，CDケースを4枚重ねたサイズにまで小型化することに成功し，CDの手軽さをアピールした。また，原価を大幅に下回る約5万円という価格で売り出し，

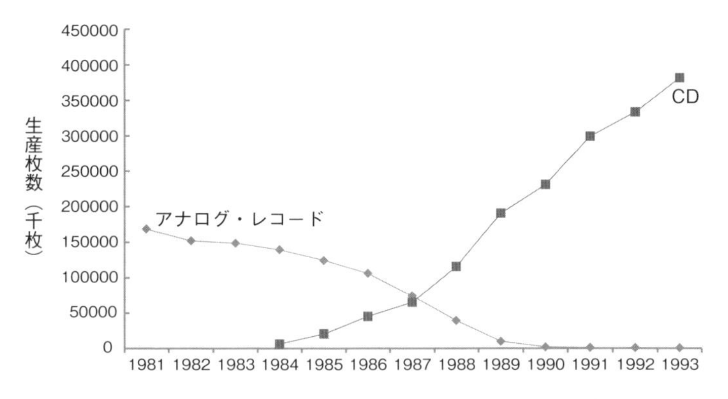

図11-3　日本におけるアナログ・レコードとCDの生産枚数推移
（日本レコード協会の統計資料をもとに作成）

赤字を覚悟の上でLPからの乗り換えを消費者にうながした（烏賀陽, 2005：34-36）。メディアにとってのハードウェアの重要性をソニーは強く認識していた。

日本で特にCDの普及が進んだもう1つの要因として，直径8センチとさらに小型化し，約22分の音声が収録できるCDシングルの発売（1988年）が挙げられる（図11-4）。サイズの異なる2種類のCDからは，レコード産業の商品フォーマットになっていたアルバムとシングルの関係をデジタル時代でも踏襲しようという意図が見て取れる。ただし媒体があまりに小さくなったため，商品化にあたっては8センチCDを2枚並べたサイズの短冊型のパッケージが用いられた（このパッケージは折ってさらに小さくすることが可能だった）。

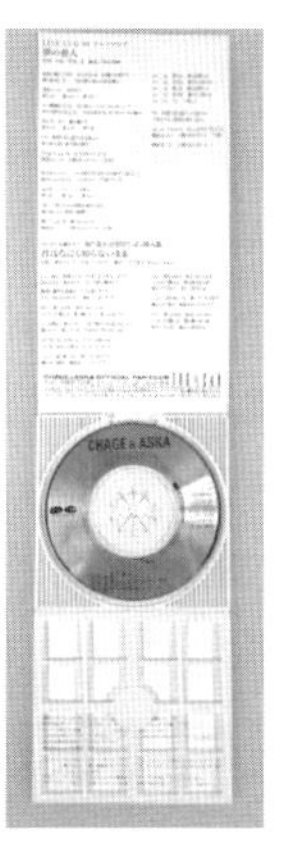

図11-4　CDシングル（筆者撮影）

8センチのCDシングルは日本以外でも発売されたものの，ほとんど普及しなかったようだ。もちろん欧米でもシングルという商品形態は受け継がれたが，12センチCDをそのまま使うかたちで定着したといえる。2014年現在では8センチCDは日本でもほとんど見られなくなった。8センチCDが売られていた1990年代前後は，日本のレコード産業がピークを迎えた時期と一致する。つまり1990年代における日本のレコード産業の隆盛は，単にそれだけ音楽に人気が集まったというだけでなく，CDを基盤としたビジネスモデルが成功したことによるものだと考えられる。

✣ CD規格の汎用化

その一方，情報記録媒体としてのCDの便利さは，すぐに音声情報以外にも適用された。その結果，元のCDの規格からさまざまな規格が枝分かれし，「CDファミリー」とも呼ばれる規格群（図11-5）を形成した（逆に，音声のみを収録するCDだけを指す際には「CD-DA（Compact Disc Digital Audio）」という名称が使われる）。そのうち代表的なものをいくつか挙げておきたい。

図11-5　CDファミリー[2)]

2）CD-R標準化団体「オレンジフォーラム」のウェブサイトより作成〈http://www.cds21solutions.org/osj/j/family/index_2.html（2015年2月9日確認）〉。

コンピュータで読み取れるデータを収録できるCD-ROMの規格は1984年に制定された。コンピュータが個人で扱える「パーソナル・コンピュータ（パソコン）」となって普及した時期に対応しており，1980年代末からプログラムなど大容量のデータのやりとりに活用された。また，音声や画像，動画のデータをまとめて収録できるため，パソコンのいわゆるマルチメディア化にも一役買った。

さらに1995年には，CD-DAの規格を拡張するかたちで，音声データとは別に他の形式のデータを収録できるCD-Extra（または「エンハンスドCD」）も発表された。これはCDとして再生できると同時に，パソコンを使えば動画を再生したりプログラムを実行したりもできるというもので，すでにパソコンが一般化していた1990年代後半以降，音楽などメインの内容に「おまけ」をつけるという用途で活用された。

その一方で，静止画像用のフォトCD（1990年制定），動画用のビデオCD（1993年制定）など，各情報の形式に特化した規格も用意されている。パソコンのように総合的なデジタル環境でなくても，それぞれに対応した機器があれば再生できる。これらは日本ではあまりなじみがないが，他のアジア諸国では商品パッケージとして流通している。

1989年には，使用者による記録が可能なCD-Rが発売された。当初CD-Rはハードウェアとともに非常に高価で，他の記録メディアと比較するとデータの書き込みが1回しかできないという短所もあったが，CD-ROMの試作品を作るという用途に重宝されたことから爆発的に普及した。1997年には繰り返し記録できるCD-RWの発売も始まった（森他, 2011：126–127）。

以上のように，用途が音声に限定されず汎用性が高いという点が，アナログ・レコードにはないCDの特徴の1つとなっている。これはすなわち，CDが音楽などの音を商品化する主要な媒体であったと同時に，音に限定された媒体ではなかったということを意味している。デジタル技術環境がさらに発展し，デジタルならではの汎用性が発揮されるにしたがって，音楽は次第にCDという媒体自体からも切り離されることになる（☞12章）。

3 デジタル環境の浸透

❖デジタル環境における音の編集

1980年代以降，音のデジタル化はパッケージ以外のかたちでも進行した。特に音楽制作や音響編集の環境は，デジタル機器の登場によって大きく再編された。制作環境とそこから生まれる表現との関係については第14章で改めて述べるとして，ここでは音楽の制作から受容までを全体的に捉えて，デジタル化の展開を把握しておこう。

まず何より，情報が記録媒体に依存しないというデジタルの特性により，音の編集の可能性が大きく拡大された。磁気テープは音の切り貼りを容易にしたが（☞8章），媒体そのものを加工するために物質面での限界があった。また，編集過程で複製を繰り返すにつれて音質が劣化するという問題もあった。これに対してデジタル・データは複製を繰り返しても原理的に変化しないため，使いたい箇所を好きなだけ複製して使うことも容易になった。

アナログ式の記録媒体の上では，音の情報は時間軸に沿って1本の線のようにつながっている。テープの切り貼りにしても，根本的にはこのつながりの組み換えというかたちで行われる。一方で記録媒体に束縛されないデジタル・データは，このつながりに縛られることなく音を好きなだけ複製し，編集できる。音に限らず，時間的なデータの編集における両者の違いは「リニア（線的）編集／ノンリニア（非線的）編集」と区別される。

❖デジタル楽器の登場

ノンリニア編集というデジタルの特性を効果的に用いているのが，データ化された音を「演奏」というかたちで操作できるデジタル楽器である。例えば電子ピアノは，本来のピアノで鳴る音をデジタル・データとして収録しており，押された鍵盤やその押される強さに対応した音が再生される仕組になっている。したがって電子ピアノの演奏は，「鍵盤というインターフェイスを使ってその場で音を編集しながら鳴らしている」という風に捉えることもできる。

この電子ピアノのように，既存の楽器の音を素材とすることでその代わりとなる電子楽器は，デジタル楽器以前にも磁気テープを使うことで実現していた。1963年に発売された「メロトロン」は，ある楽器の音が録音されたテープが鍵盤を押すことで再生するという楽器である。メロトロンはビートルズなど1960～70年代のロックにしばしば使われたが，同じテープを繰り返し再生するために音が劣化するなどの問題を抱え，次第にシンセサイザーに押されていった。

これと同じ発想のもと，数秒程度の音をデジタル録音（すなわちサンプリング）し，その音の高さを変えたりしながら演奏できる「サンプラー」と呼ばれる電子楽器が，1970年代末から相次いで作られた。最初のサンプラーとして知られるフェアライト社の「CMI（Computer Musical Instrument）」シリーズ（1979年発表）は，サンプリングした音を鍵盤に割り当ててメロディを演奏できるほか，音の波形を直接描いて音を合成する機能ももっていた（相原, 2011：185-186）（図11-6）。さらにフェアライト社は，各楽器の音や効

図11-6　フェアライトCMI（Vail, 2000：216）

果音のデータを収録したライブラリを提供した。サンプラーの使用者にとってこうしたライブラリは，いわば「音色のパレット」として機能した。音声データを音色として扱うというこの発想は，1988年に日本のコルグ社が発売した「M1」によってデジタル・シンセサイザーの発音方式として取り入れられると（相原, 2011：215），電子楽器の1つのスタンダードとなり，「PCM音源」と呼ばれている。

こうした動きと並行して音楽制作のデジタル化を推し進めたのが，電子楽器間で演奏データを共有するための規格として1983年に制定された「MIDI（Musical Instrument Digital Interface）」である。MIDI規格では，個々の音の高さや強さ，音のオンオフといった情報を通信することにより，ある楽器の鍵盤を押すことで別の楽器から音を発することができる（Roads, 2011：548-549）。PCM音源などのデジタル電子楽器にMIDIが組み込まれたことによって，音楽の情報を「音色」と「演奏」という2種類のデジタル・データに分けて，それぞれ複数の機器でやりとりしながら処理できるようになった（電子楽器における両者の分離については☞13章）。とはいえMIDIは，リアルタイムでの演奏よりもむしろプログラミング（いわゆる「打ち込み」）による音楽制作に活用された。デジタル環境では，いわば「演奏」そのものが編集の対象となったのである。

❖デジタル通信によって流通する音楽

パソコンが高性能化するにつれて，演奏データのプログラミングと音響データの編集は1つの環境の中で改めて統合された。その一方，比較的小さなデータ量で音楽を再生できるMIDIデータは，通信網を使った音楽サービスの分野でも活用された。

その中でも，音楽産業の一分野にまで発展したのが通信カラオケである。1992年，ゲーム会社のタイトー社と，元はミシン製造会社だったブラザー工業の傘下のエクシング社により，MIDIを利用した通信カラオケサービスが相次いで開始された（前川, 2009：98）。通信カラオケ以前のカラオケサービスでは，楽曲の音源そのものがカセット・テープなどのかたちで店舗に置かれており（☞10章），そこに収録されていない楽曲は歌うことができなかった。それに対して通信カラオケは，端末に収録された各楽器の音声データを，デジタル通信用の回線を使って送られてきたMIDIデータを使って鳴らすという構造になっている。この仕組によって最新のヒット曲にもすぐに対応できるようになり，カラオケは若年層をターゲットとした娯楽として新たなブームを迎えた。

同時期に流行した音楽ビジネスとしてもう1つ欠かせないのが「着メロ」である。「着メロ」は携帯電話の着信音をメロディにする機能を指す略称で，あらかじめ端末に組み込まれたメロディを選択したり，自分で電話のキーを使ってメロディを打ち込んだりする機能をもつ携帯電話が1990年代後半から登場している。間もなく着メロ作りがブームになると，1999年には携帯電話のデータ通信機能を使って着メロのデータを配信するサービスが提供されるようになった[3]。こうして隆盛した着メロサービスは，21世紀に入って開始された携帯電話向け音楽配信ビジネス（☞12章）のひな形にもなっている（八木, 2007：96-98）。

どちらのサービスも，レコード産業の最盛期と連動し，互いに支え合うようにして成功を収めた。音楽ファンはただ好きな曲や流行している曲のCDを購入するだけでなく，その曲をカラオケで歌い，着メロに設定することで，複合的に楽しんだのである。レコードの音楽はいつの時代にも他のメディアやビジネスとの協力関係から力

3）着メロの配信サービスが始まる以前には，数字で書かれたとおりに携帯電話のキーを入力すればメロディが設定できるようにヒット曲のデータを掲載した書籍が出版されるなどした。

を得てきたが，1990年代にはその相手もまたデジタルへと移行しつつあった。

❖消費者向けのデジタル録音

CDの成功に続けて，カセット・テープのように消費者をターゲットとしたデジタル録音媒体も売りだされた。

1987年に発売されたDAT（デジタル・オーディオ・テープ）は，前節で紹介したPCM-1から発展するかたちで開発された，磁気テープにデジタル信号を記録する媒体である。CDと同レベルの音質で録音できるということでカセット・テープに代わる商品となることがDATに期待されていたが，その性能ゆえに思いがけない問題が持ち上がった。カセット・テープとは違いCDのデータを一切劣化させずにコピーできることをレコード業界が懸念したのである。そのためDATの発売当初には，CDと同じ44.1kHzというサンプリング周波数に対応させないという妥協策がとられた。その後1990年に，2世代目以降のデジタルコピーができない（つまりコピーのコピーが作れない）というコピー制限技術を機器に組み込むことで，44.1kHzのデータにも対応するようになった（森他，2011：148-151）。

さらに1992年には，より小型化しカジュアルに扱えるデジタル媒体が相次いで発売された。フィリップス社とパナソニック社が開発したDCC（デジタル・コンパクト・カセット）と，ソニー社によるMD（ミニ・ディスク）である。この競争は，カセット・テープに近い形状をしていたDCCではなく，CDと同じく工学ディスクを使用し頭出しの容易なMDに軍配が上がった。直径6.4センチのディスクに60分の音声（1999年に80分まで拡大）を記録するため，音声圧縮技術を用いてCDよりも音質を落とすことでデータ量を小さくしていたが，それでもDATと同様に2世代目以降のデジタルコピー制限が課された（森他，2011：132-139）。

4 デジタル化の「過渡期」としての CD

CD はレコード産業の全盛期をもたらし，音の環境のデジタル化に大きく貢献した。しかしながら，CD の普及と並行して進んでいたデジタル音声の利用法にまで目を向けると，CD の隆盛自体はかならずしもデジタル技術の可能性を全面的に活かしたものではなかったこともうかがえる。

電子楽器や通信カラオケの分野では，デジタル・データの複製や編集の容易さを活かした製品やサービスが生み出されている。それに対してCD は，頭出しが容易といった利点もあるとはいえ，基本的にはアナログ・レコードの延長線上に位置づけられた。消費者用の録音媒体として用意されたDAT やMD に対してレコード産業の要望によりコピー制限が課せられたことも，音楽と一体となったパッケージという，CD に求められていた役割を物語っている。つまり，媒体に依存せず複製できるというデジタル・データの特性は，CD の開発や普及の際には想定も期待もされていなかったのだ。

2014 年現在，多くの人にとってCD は単なる「データの容れ物」の１つに過ぎない。そうした価値観が定着するまでには，技術の発展だけでなく，それにともなう産業や受容の変化を待たなければならなかった。その具体的な展開は次章で詳しく取り上げるが，この観点から振り返れば，CD の全盛期はあくまで音のデジタル化の「過渡期」だったと考えることもできる。

図 11-7　MD と DCC と CD-R（筆者撮影）

◉ディスカッションのために

1　身の回りにあるさまざまな情報源から「デジタル型」と「アナログ型」の両方があるものを探し，それらを対比しながらデジタルとアナログの違いを説明しよう。
2　1980年代に出版されたオーディオ関連や音楽関連の書籍や雑誌を図書館で探し，その中でCDやその再生機器がどのように紹介されているかを調べてみよう。
3　本文中で紹介された記録媒体について，登場当時にそれぞれどのような利点があったのかを整理しよう。その上で，それらの媒体を比較し，現在からみてどのように評価できるか考えてみよう。

【引用・参考文献】

相原耕治（2011）．シンセサイザーがわかる本―予備知識から歴史，方式，音の作り方まで　スタイルノート
烏賀陽弘道（2005）．Jポップとは何か―巨大化する音楽産業　岩波書店
岡　俊雄（1986）．レコードの世界史―SPからCDまで　音楽之友社
前川陽一郎（2009）．通信技術とボックス商売でカラオケがエンタメの王者に　前川陽一郎［編］カラオケ進化論！―カラオケはなぜ流行り続けるのか　廣済堂出版，pp.89–120.
中島平八郎・小川博司（1996）．コンパクトディスク読本（改訂3版）　オーム社
森　芳久（1998）．カラヤンとデジタル―こうして音は刻まれた［改訂版］　ワック出版部
森　芳久・君塚雅憲・亀川　徹（2011）．音響技術史―音の記録の歴史　東京藝術大学出版会
八木良太（2007）．日本の音楽産業はどう変わるのか―ポストiPod時代の新展開　東洋経済新報社
Freeman, R. (1999). *Fundamentals of telecommunications*. New York: John Wiley & Sons.
Roads, C.／青柳龍也・小坂直敏・平田圭二・堀内靖雄［訳］［監修］・後藤真孝・引地孝文・平野砂峰旅・松島俊明［訳］（2001）．コンピュータ音楽―歴史・テクノロジー・アート　東京電機大学出版局（Roads, C. (1996). *The computer music tutorial*. Cambridge, MA: MIT Press.）
Vail, M. (2000). *Vintage synthesizers*. San Francisco, CA: Miller Freeman Books.

◉ Topic 3：音響メディアと著作権―複製をめぐる駆け引き――谷口文和

メディアのあり方を左右する社会的な力の1つとして法制度がある。中でも表現の複製に関わる著作権は，音の再生産を技術的基盤とする音響メディアにとっても重要な意味をもっている。ここで著作権の基本的な役割を整理し，音響メディアの発展にどのような影響を及ぼしているかをみておこう。

著作権の内容は大きく，何らかの創作的表現（＝著作物）を利用することで得られる利益を保護する「著作財産権」と，表現の作者を保護する「著作者人格権」の2つに分けられるが，単に「著作権」という場合は財産権を問題とすることが多く，ここでも前者に限定して話を進める。著作権は英語では「コピーライト（copyright）」といい，元々は「著作物の複製」をめぐる権利である。著作権法では文字通りの「複製権」だけでなく「上演権」「放送権」「公衆送信権」「貸与権」など数々の権利が事細かく定められているが，これらも表現の複製や利用をコントロールするためのルールである。

著作物には利用の形態に応じて多数の権利が絡むため，著作権は「権利の束」であるといわれる（福井, 2005：63）。例えば，ある小説が出版されてヒットすると，それを原作として漫画や映画が制作されることがあり，さらにその映画がテレビで放送されたりインターネットで配信されたりもする。それらはいずれも元の小説の表現を別のかたちに置き換えて複製したものとみなされ，そこに小説の著作権が及ぶ。それと同時に，漫画や映画も二次的な著作物として扱われるため，そのインターネット配信ともなれば何重にも権利処理が必要となる。

では，音の表現に対して著作権はどのように適用されるのか。音楽の場合，著作物とみなされるのは音そのものではなく，旋律や歌詞，すなわち楽譜や言葉として書き表すことができる要素のことである。なぜなら，歴史を辿ると著作権は印刷技術に基づく出版ビジネスを保護するために生み出された権利であり（☞5章コラム：楽譜印刷とレコード以前の音楽産業），音楽の場合はまず楽譜出版がその対象とされたからだ。したがって演奏や録音は，楽譜に表された楽曲を音というかたちで複製したものとして扱われる。とはいえ，演奏や録音にもそれぞれ音楽の流通において重要な役割をもつため，これらには「著作隣接権」という，著作権に準じる権利が認められている。特にレコードの音源に対して発生する著作隣接権は「原盤権」と呼ばれ，音楽産業においては楽曲に対して生じる権利（すなわち音楽著作権）と同じくらいの重要性をもっている[1)]。したがって，ある楽曲の音源を利用する際には，著作権と原盤権が二重に関わることになる。

複製技術が消費者の手に行き渡った現在，著作権のあり方が改めて焦点となっている。特にインターネットのようなデジタル・データの流通経路は，原理的には巨大なデータ複製装置であり，その利用にあたって著作権問題は避けて通れない。現に動画共有サイトなどではテレビ番組や市販の音源をアップロードする著作権侵害行為が常態化しており，2015年現在でも摘発や運営者による削除といった対処以上の解決法は確立されていない。一方で「複製手段を持つ少数の送り手と複製物を享受する多数の受け手」という図式が当てはまらないメディア環境（☞1章）では，権利者から利用者への一方的な複製制限とは異なる，円滑な著作物利用の制度設計も期待されている。

消費者の複製をどう扱うかという問題は，デジタル技術の普及期から取り沙汰されてきた。そこで折り合いをつけるための試みの1つが，日本では1992年に導入された「私的録音録画補償金制度」である。これはCD-RやMDといった消費者向けのデジタル媒体が著作物の複製に使われることを想定し，その販売価格に権利者への補償金をあらかじめ含めるというものだ。それと同時に，MDなどの録音メディアには本文中でも述べたように，デジタルコピーの回数を制限する技術が組み込まれている。こうして既存の産業側は，法制度と技術の両面から著作権に基づく利益をコントロールしようとした。

しかしながら，この2つのやり方は同時に強化すると矛盾をきたすという面ももっている。というのも，消費者によるデジタル・データの複製を技術的に強く制限していくのであれば，そもそも私的複製に対する補償を求める必要がないのではないかという話になるからだ。逆に，権利者の経済的利益をきちんと確保できるのであれば，消費者による複製を本格的に認めた方が双方にとってメリットがあると考えることもできる。著作権問題を舞台として，デジタルメディアのとるべき方向性が今まさに問われているのである。

【引用・参考文献】

安藤和宏（2009）．アメリカにおけるミュージック・サンプリング訴訟に関する一考察（1）―Newton判決とBridgeport判決が与える影響　知的財産法政策学研究 **22**, 201-231.

福井健策（2005）．著作権とは何か―文化と創造のゆくえ　集英社

1）ただし，アメリカでは著作隣接権という概念が無く，録音物として固定された音源も著作物の一種と位置づけられている（安藤, 2009：209）。

解き放たれた音

1990年代以降の「流通」の変化をめぐって

中川克志

iPod classic (late 2009) *

本章では1990年代の以降の状況を概観する。前章でみた通り音響再生産技術は1980年代までにデジタル化した。90年代以降の音楽をとりまく最大の変化は，技術がデジタル化したこと以上に，小売商品としての音楽の存在様態そのものがデジタル情報化したことであろう。90年代以降，音楽は，音楽配信などの手段で，デジタル情報として販売されるようになった。また，CDなどの物理メディアに記録されて販売される場合でも，消費者がパソコンにMP3などの音声フォーマットで保存することで，音楽はデジタル情報として扱われるようになった。MP3（MPEG-1 Audio Layer-3）の登場以降，あるいはインターネットの普及以降，あるいはパソコンの大衆化以降など，いくつかの始点を定めることができるが，90年代のいずれかの時点以降に音楽はデジタル情報として流通し消費されるようになった。音楽の存在様態がデジタル情報化したのである。本章ではそうした状況を概観するための構図を提示したい。

*Apple社ウェブサイトより〈http://images.apple.com/support/assets/images/products/iPodclassic/hero_ipodclassic_2009.jpg（2015年2月5日確認）〉。

1 導入：1990年代以降の音楽

本章では1990年代以降の状況を概観してみよう。90年代には，音楽の生産・流通・消費のすべての段階で，音楽メディアとその周辺のさまざまな領域に大きな地殻変動が生じた。それは，インターネットとMP3の普及に代表される技術的革新に伴う私たちのライ

表12-1　日米におけるレコード音楽の産業規模の変化
（日は生産金額，米は売上金額）[1)]

	日本（単位：億円）	アメリカ（単位：百万ドル）
1997	5880	11906
1998	6075	13193
1999	5696	14251
2000	5398	14042
2001	5031	13418
2002	4815	12325
2003	4562	11848
2004	4313	12153
2005	4222	11195
2006	4084	9651
2007	3911	7986
2008	3618	5171
2009	3165	4562
2010	2836	3635
2011	2819	4373
2012	3108	4482
2013	2705	4474

1）日本のデータについては，一般社団法人日本レコード協会のウェブサイトで公開されている「音楽ソフト種類別生産金額の推移」より作成〈http://www.riaj.or.jp/data/money/（2015年2月5日確認)〉。アメリカのデータについては，日本レコード協会「日本のレコード産業」（http://www.riaj.or.jp/issue/industry/）で紹介されている国際レコード産業連盟（IFPI）資料をもとに作成（協力：谷口文和）。

フスタイルの変化と，1998年以降レコード音楽の売り上げが右肩下がりに落ち続けていることに最もよく表れている。一般社団法人日本レコード協会の統計によると，日本におけるレコード音楽の生産金額のピークは1998年の6075億円で，その後どんどん減少し，2011年には2819億円にまで減少した[2)]。2012年には3108億円に暫時回復した（1980年代後半の水準に戻った）が2013年には再び減少に転じており，この変化は今なお進行中で，現段階では総括できない。そこで本書の歴史編を締めくくる最終章では，およそ90年代後半から2000年代前半の音楽の「流通」の変化に話題を限定し，重要な事象に言及するに留めることとしたい。

2　歴史：音楽のデジタル情報化

1990年代に音楽の存在様態はデジタル情報化した。つまり，小売商品としての音楽が，CDのような記録媒体という物理的な制約にあまり制限されなくなることで，デジタル情報として流通するようになった。この事態を二段階に分けて説明してみよう。記録される音楽と記録メディアとの物理的結びつきが脆弱化することで音楽をデジタル情報として扱い始める段階（①）と，そのデジタル情報が物理的制約に縛られずに流通し始める段階（②）である。

❖①レコードとしてのCDからデジタル情報容器としてのCDへ

まずは，記録される音楽と記録メディアとの間の物理的結びつきが脆弱化していった過程は次のような段階を進んでいったと図式化できる。こうして，レコードと同じ機能を狙っていたCDというメ

2）合衆国におけるレコード音楽の産業規模の縮小はより劇的で，ピーク時の99年には142億5100万ドルだったが，2010年には36億3500万ドルにまで減少した（表12-1）。

ディアは，デジタル情報であれば何でも記録するメディアに変化した。

❶記録媒体の汎用化と脱音楽化　CD規格（☞11章3節）の多様化に伴い，CDという記録媒体は必ずしも音響だけを記録する媒体ではなくなった。

❷音響デジタル情報化技術の一般化　90年代中頃にPCとCD-Rが普及したことに伴い，CDに記録された音楽をデジタル情報として取り出すことが簡単になった。

❸デジタル情報としての音楽の流通と消費　デジタル情報として処理することで，音楽は特定の物理メディアに依存しなくなった。レコードとしてのCDはデジタル情報容器としてのCDに変化した。

その結果，音楽と記録メディアとの物理的結びつきは脆弱化し，音楽はデジタル情報として処理されるようになった。さらに，こうして取り出されたデジタル情報が流通するようになることで音楽の存在様態はすっかりデジタル情報化されることになる。それを可能としたのは，MP3という音声フォーマットとインターネットの普及だった。

✣②インターネットとMP3の普及

MP3というフォーマットは音声をデジタル情報として処理しやすくした。また，インターネットというインフラストラクチャーの普及はデジタル音声情報の流通経路を用意した。MP3とインターネットは，デジタル情報としての音楽が物理的制約に縛られずに流通するための基盤であった。それぞれ説明しておく。

MP3について　MP3とはMPEG-1/MPEG-2 Layer 3の略称で，本来は動画を扱うMPEGというフォーマットの一部，音声処理を担当するフォーマットである。音声をデジタル情報として処理するこの音声符号化技術は，1970年代初頭から研究されていたもので，そもそもは，人間の聴覚心理特性を応用した最先端の音声圧縮方式として開発された。例えば，複数の音が重なり合った時，ある音は聞こえるがその他の音は，存在するはずだが聴感上は聞こえなくなる。これを「マスキング効果」という。MP3はこうした聴覚心理特性を駆使し，聞こえなくなる音の情報を削ることで，元々の音声ファイルのデータサイズを聴覚上その違いがほとんどわからない程度に音質を維持したまま，圧縮縮小できる。MP3は音質をほとんど損なわずに，CDとほぼ同等の音質のファイルを10分の1程度まで縮小できるようになった。この技術は1993年にISO（International Organization of Standardization=国際標準化機構）の標準規格として認められた。当初よりMP3の開発に関わっていたドイツのフラウンホーファー研究所により1994年にはパソコンを使ってCDをMP3にエンコードするソフト（13enc）が開発され，95年にはパソコンでMP3を再生するソフト（WinPlay3）が登場した。1997年に開発されたWinampという音楽再生ソフトが，1998年のヴァージョン2以降は無料でも提供されるようになったことで，小さなファイルサイズで高音質を実現するファイル形式としてMP3は，90年代後半以降，音声をデジタル情報として処理してインターネットを通じてやりとりするためのファイル形式のデファクト・スタンダードとなっていった（mp3licensing.jp；Sterne, 2012：201-202；増田・谷口, 2005：28-29）。

インターネットについて　インターネットの起源は1950年代に遡る。当時のメインフレーム・コンピュータと端末との一対一通信が，コンピュータ同士の一対一接続に発展し（1957年），60年代から70年代にかけて世界中で，複数の小規模ネットワークが，例えば1つの研究所や大学内部で構築されるようになった。特定の団体もしくは個人が利用する小規模の閉じたネットワークが，世界中のネットワークに接続された，中心のない開かれた匿名性の高い「インターネット」として一般公開されたのは90年代前半である（浜野, 1997など）。90年代半ばには，パソコンの普及ともあいまって，インターネットは大衆化した。インターネットは，コミュニケーション，放送，通信等々のためにそれまで発明されたほぼ全てのメディアの機能を代替する可能性をもつ。MP3もまた，このインターネットを通じ流通・消費されるようになった。

つまり，90年代後半頃に音楽は，CDなどの物理的な記録メディアからMP3という音声フォーマットのデジタル情報として取り出され，デジタル情報として，インターネットを通じて流通・消費されるようになったのである。

3　流通の変化：音楽配信など

❖商品としての音楽の変化

1990年代以降の音楽（の流通の局面）に生じた最大の変化は，音楽という小売商品がインターネットを経由して流通するようになったことである。音楽がインターネット上を流通する方法は，その販売対象がCDの場合，及びMP3などの音声ファイルの場合の2通りある。前者はつまりインターネットを用いた通販業であり，その代表は1995年（日本では2000年）にサービスを開始したAmazon.com, Incであろう。これらが街のレコード屋やタワーレコードといった従来の小売販売業に与えた影響は甚大でその意義は過小評価できないのだが，ここでは別の角度から音楽産業の動向について考えてみたい。

まず，注目すべきは，音楽産業の販売商品に音声ファイルが加わったことである。CDやレコードなど既存の音楽メディアがある特定の物理的媒体に依存していたのに対し，音声ファイルの記録媒体はフラッシュメモリ，HDD（Hard disk drive），CD，何でも構わない。つまり，音楽という小売商品は特定の容器（パッケージ）を必要としなくなったといえる。

この変化は重要である。というのも，これは音楽の商品としての性質が変化しつつあることを示すからだ。しかしながら，音楽という商品が無形の情報財に変化しつつあることの帰結は，現状では，まだ総括できる段階ではない。以下では，およそ90年代後半から2000年代前半の音楽の「流通」の変化に話題を限定し，この時期に登場した，小売商品としての音楽が聞き手のもとに届く新しい経路，すなわち音声ファイルを用いた音楽流通経路についてのみ言及しておきたい。

✣ MP3の普及：MP3.com，ナップスターの衝撃

90年代後半以降，音声ファイルを用いた音楽流通経路が登場した。デジタル情報としての音楽が，レコード会社の一元的な管理下に留まらず，音楽配信サービスやネットラジオ，ミュージシャン個人による音楽配信の試み，あるいは，P2P（peer to peer）ソフトを用いた音楽ファイルの交換や動画共有サイト経由の音楽鑑賞といったさまざまな経路を通じて，流通するようになった。

①mp3.com　その最初期の事例が「mp3.com」である。これは1997年に設立された，合法的に無料で音楽を共有するためのサービスで，無名ミュージシャンが宣伝のために自分の音楽をmp3ファイルで登録し，ユーザーはそれを無料でダウンロードできるサイトとして有名だった。mp3.comはサイトに掲載したオンライン広告から収益を得ており，ミュージシャンは自分に関連する統計データ――ジャンル別や地域別チャートなど――と，再生回数に応じた成果報酬を得ることができた（Alderman, 2001：46-55）。こうしたウェブサイトは2010年代の今ではあまり珍しくないかもしれない

が，2003年に活動を停止するまでの数年間，mp3.comはmp3ファイルを提供するミュージシャンなら誰であろうともこのサイトでみつけることができるという唯一無二の場所であり，無名ミュージシャンの宣伝にとっては計り知れない意義をもつウェブサイトだった。

②ナップスターの衝撃　最初の大きな衝撃は1998年にナップスターというソフトウェアがもたらした。これは初めてP2P技術を利用したファイル共有ソフトで，ノース・イースタン大学の学生だったショーン・ファニングが友人たちと音楽ファイルを共有するために制作した。ナップスターは1999年に爆発的に流行した（メン，2003）。

このプログラムのユーザーたちは，ナップスター社のサーバーを介して無料で，不特定多数と（違法に）「ファイル交換＝ファイル共有」することができた。ユーザーはまず，自分が所有する楽曲ファイルのリストをナップスター社のサーバーに登録する。次に彼は自分が欲しい曲をサーバーで検索する。もし誰かがその曲の音楽ファイルをもっていてサーバーにリストを登録してあれば，ユーザーはその所有者からその曲の音楽ファイルをダウンロードできた。つまり，自分の音楽ファイルと交換に，会ったこともない誰かが所有する音楽ファイルを入手できたのだ。とはいえ，ユーザーは実際に物々交換したわけではなく，誰かのファイルのデジタル情報を複製して入手した。「ファイル交換」とは実は「ファイル共有」だった。

ナップスターでは，廃盤などの理由で入手しにくい音源を手に入れるために使うものも，自分のプロモーションという目的のために自作の音源を共有するミュージシャンもいた。しかし，ナップスターはすぐに，著作権を無視した違法ファイル交換が日常的に

3）ナップスターの革新的でしかし合法的な利用を模索していたナップスター社周辺のある人物は「流通量の約9割は違法だ」と述べていた（メン，2003：207）。

行われる場となり[3]，1999年12月には全米レコード協会（RIAA：Recording Industry Association of America）が，2000年4月にはメタリカが，ナップスター社を提訴した。2000年7月にはカリフォルニア連邦地裁が「著作権付き楽曲の交換を一切禁ずる」差し止め命令を出した。その後，著作権保護などの条件付きでサービス存続が認められるなどの紆余曲折もあったが，2001年7月にはサービス停止し，ナップスター社は2002年後半に倒産した。

❖ iPodは何を変えたか：DAP，iTunes Music Store

音楽の流通と消費の風景を一変させたもう1つの大きな事件は，DAPの爆発的な普及と，それに伴う音楽配信サービスの普及・確立である。デジタル情報化された音楽ファイルをフラッシュメモリやHDDに記録して再生する最初のDAPは，1998年の韓国製プレイヤーmpmanだった。しかしもちろん，DAPが爆発的に普及したのは，2001年11月にアップル社からiPodが発売された後である。アップル社はこの前の2001年1月には音楽管理ソフトiTunesを公開していた。これはiPodとの連携管理のために必須のソフトウェアで，パソコン（少なくともMacintosh）における音楽再生ソフトのデファクト・スタンダードとなった。2003年4月には，第3世代iPod発売と同時にiTunes Music Storeが始まり，音楽ダウンロード販売が始まった（現在のiTunes Store；日本では2005年8月にサービス開始）。2007年4月9日のプレスリリースでアップル社は，同年3月にiPodの累計販売台数が1億台を突破したと発表した[4]。

iTunesとiPodによって，パソコンメーカーだったアップル社は音楽産業に参入した。とはいえ，アップル社は既存の音楽市場の覇

4）アップル社の2007年4月9日発表のプレスリリース「iPodの累計販売台数，1億台を突破」より〈https://www.apple.com/jp/pr/library/2007/04/09100-Million-iPods-Sold.html（2015年2月5日確認）〉。

権を奪いとったのではなく，音楽配信という新しいタイプの音楽産業を定着させたといえるだろう。

そもそも，CDではなく音声ファイルをダウンロード販売する方式は1990年代半ばから行われており，アップル社が最初ではない。例えば，イギリスのサーブレス・サウンド&ビジョン社が1995年12月から，CD並みの音質の音楽データをダウンロード販売していた[5)]。しかしアップル社は，iPodという革新的なDAPと，総合音楽管理ソフトウェアであるiTunesと，そして，使いやすい音楽ダウンロード販売システムであるiTunes Music Storeを提供することで，音楽配信を定着させたのである。

iTunes Music Storeが画期的だったのは，販売する音楽ファイルからできるだけDRM（digital rights management）を取り除こうとし，最終的に撤廃したことである。DRMとは，レコード会社などからの要請で設定されたデジタル著作権管理システムで，消費者が，購入した音楽ファイルを自由にやりとりしたり，さまざまな機器で再生したり，CD-Rなどを用いて複製したりすることを禁止するシステムである。例えばサーブレス社のサービスでは，購入した楽曲データは専用のソフト以外では再生できなかった。彼らは，音楽ファイルのデジタル複製を大量に作成されることで売り上げが減少することを心配した。しかし，こうした処置はミュージシャンの著作権やレコード会社の利益を守るために必要だったとはいえ，消費者にとっては不便極まりないものだった。消費者は，自分がもっている複数のパソコンやDAPで自由に音楽ファイルをやりとりできず，（サービスを変えると別のDRMに従わなければいけないので）

5）マルチメディア・インターネット事典のサーブレス・サウンド＆ビジョン（Cerberus Sound+Vision/CSV）の項〈http://www.jiten.com/dicmi/docs/k11/16900s.htm（2015年2月5日確認）〉及び，インターネットウォッチ（1996）を参照した。

何か1つのサービスに囲い込まれる必要があった。こうした状況下でiTunes Music Storeは「FairPlay」という緩いDRMを採用した。FairPlayは，入手した音楽ファイルを再生できるパソコンの台数を5台，そのファイルを用いた音楽CD-Rの作成を7枚まで許可するものだった（津田, 2004：296）。とはいえ，これが消費者をiTunes Music Storeに囲い込むDRMだったこともまた確かだった。iTunes Music StoreがDRMを完全に撤廃するには，amazon mp3などによるDRMフリーの配信サービスの開始（2008年1月，日本では2010年11月）を待たねばならなかった。iTunes Storeで提供する全ての楽曲もDRMフリーとなったのは2009年（日本では2012年）のことである[6]。

❖日本の事情：携帯電話向けの音楽配信

日本の有料音楽配信の事情は海外とは違う。日本の有料音楽配信の売上額は，2005年以降に急激に増加（2005年から2007年にかけて，343億円➡535億円➡755億円）した。同時期のオーディオ・レコードの売上げ額は3672億円➡3516億円➡3333億円と継続的な微減状態にあり，2006年には有料音楽配信の売上げ（535億円）がCDシングルの売り上げ（508億円）を上回った（表12-2☞次頁）。

しかし日本の場合，パソコンよりも圧倒的に携帯電話向けのサービスの方が強い。これは日本レコード協会の統計で「インターネット」ではなく「モバイル」として分類される項目のことで，インターネットを用いたiTunes Store経由の音楽ダウンロード販売ではなく，「着うた」[7]や「着メロ」（☞11章）として知られる「携帯電話のデータ通信機能を利用した音楽配信サービス」のことであ

6）この項目の記述に際しては，インターネットウォッチ（2007a, 2007b, 2009），TechCrunch（2007），InformationWeeK（2008），はっぴーまっくネット（2012）を参照した。

表 12-2　日本における音楽配信の売上額の変化 [8)]

年	有料音楽配信売上実績（年間）（単位：億円）	金額構成比率（単位：%）	
		インターネット	モバイル
2005	343	5.4%	94.3%
2006	535	9.4%	90.6%
2007	755	8%	92%
2008	905	10.1%	89.9%
2009	910	11.4%	88.6%
2010	860	11.9%	88.1%
2011	720	17.7%	82.3%
2012	543	34.1%	65.9%

る。日本では携帯電話向けとパソコン向けの音楽配信の市場規模は2005年には約10倍の，それ以降も数倍の開きがある。

iTSが主導した欧米とは違い，日本の音楽配信は，大手レコード会社が出資したレーベルゲート（現レコチョク）社による「着うた」

7）「着うた」とは，ある楽曲全体ではなく30秒程度だけが携帯電話の着信音としてMP3やAACなどのフォーマットで符号化されたもの，あるいは，そのように符号化された音声を販売するサービスである。ソニー・ミュージック・エンターテイメント社の登録商標である。2002年12月に着メロの発展形として登場し，2004年冬には一部分だけではなく楽曲全体を配信する着うたフルも導入された。iモードなど携帯電話を用いた通信環境が発達した日本特有のもので，著作権の関係で，着うたを外部メモリーにコピーするには外部メモリーカードの著作権保護機能を用いる必要があるなど面倒な携帯電話用コンテンツだったが，音楽の「ライトユーザー」の嗜好にマッチしたらしく，2000年代前半の日本の音楽配信の大部分を担うことになった（津田, 2004：290-293）。

「着うた」は大手レコード会社が共同出資して始められた音楽配信事業である（ITmedia ニュース, 2004）。つまり，日本の音楽配信は当初，レコード会社が音楽配信における原盤権をパソコン系ではなくケータイ系に重点を置いて行使することで，独占的に展開しようとしていた，と考えられるだろう。これが，日本ではパソコン系の音楽配信におけるDRMフリー化が大きく遅れたこと（先述）の原因と考えられるかもしれない。

などが開拓した。つまり日本の場合，音楽配信に用いられる音声ファイルはレコード業界によって，そして，インターネットではなく携帯電話のデータ通信網によって，囲い込まれたのである。日本では，DRMによるコピー制限がiTSより強い音楽配信が定着することになった。

4 音楽の危機：レコード産業の変質

90年代後半以降，音楽配信の登場と同時に，CD-Rを用いた音楽CDの私的複製（☞Topic 3）や，インターネットを流通するMP3ファイルを複製することで行われる，商業音源の私的複製が盛んに行われるようになった。こうした私的複製が増えれば正規商品の売り上げは下がるだろう。また，景気変動や若者文化の変質などさまざまな複合要因のせいで，90年代後半以降，レコード産業の売上金額は減少の一途を辿りつつある。こうした状況に危機感を抱く人々も登場した。以下，主として日本の話題に的を絞って言及しておく。

❖問題としての私的複製

パッケージ産業としてのレコード産業にとって，音楽CDやMP3ファイルなどの商業音源を私的複製する行為は大きな商売敵となり得る。それが時には，著作権法が認める私的複製以上の複製行為

8）一般社団法人日本レコード協会のウェブサイトで公開されている「有料音楽配信売上実績」より作成〈http://www.riaj.or.jp/data/download/（2015年2月5日確認）〉。2013年より有料音楽配信売上実績に関わる統計区分が，「IFPI（国際レコード産業連盟）統計区分への対応」「（将来的な）新デバイス・新サービス開始時における迅速な対応」「（生産実績，新譜数など）パッケージ統計との区分統一」を目的として，デバイス別からサービス形態別の新区分に変更されている（日本レコード協会，2013）。ここでは2012年までの統計資料だけを提示する。

となると考えられたからだ（☞Topic 3）。90年代後半の音楽愛好家の多くが，CD-Rを用いて複製することで，法を侵犯するという意識のないまま手軽に違法コピーを行うことが可能になった。また，MP3とインターネットを使って簡単に音楽ファイルの複製を不特定多数に配布できるようになったことで，著作権法を意識的に侵犯する人々の数も増えた。MP3とインターネットは著作権における私的複製の問題をさらに先鋭化させたのだ（福井，2005；2010）。

❖音楽産業の反発

同時期，日本のレコード産業の売上は，1998年を頂点としてそれ以降右肩下がりに減少していった。Jポップ以外の娯楽の流行，Jポップそのものの陳腐化，景気の停滞といった複数の原因をすぐに思いつくので，売上減少の原因の全てを私的複製や違法ダウンロードの増加だけに求めるのは間違いだろう。しかし00年代前半のレコード産業はそうした。正確には，00年代前半のレコード産業は，売上減少の原因を自分たちの外部に求めたのかもしれない。この時期のレコード産業のそうした反応を示す象徴的な出来事が，CCCD（copy controlled compact disc）を巡る一連の騒動である。

CCCDとは00年代前半に日本のいくつかのレコード会社から販売されていたCDの類似製品で，通常の音楽CDをパソコンでコピーできないようにしようとしたものである。CDにはそもそもDRMがかけられていないので，パソコンを使って簡単にデジタル・コピーできる。この私的複製をレコード音楽の売上減少の原因と考えたレコード産業が導入したのが，CCCDだった。CCCDのコピーガード技術は「CDプレイヤーなら再生可能だが，パソコンのCDドライブならば誤差訂正できず読み取れないレベルのノイズ」を意図的にデータに混入することで，パソコンを用いた私的複製を禁止しようとする技術だった。

日本では2002年3月エイベックス社がCCCDを導入し，各社が追随した。しかし，CCCDには色々な問題――CD規格（レッド・ブック）から意図的に逸脱しており，かなりの割合でCCCDを再生できないCDプレイヤーがある（しかも，そもそもCCCDはCDではないので，レコード会社はこのことに責任を取らないことを明言していた），時には再生装置を破壊したり音質が悪化したりすることもあるらしい，正当な権利の範疇の私的複製さえも侵害する等々――があり，消費者のCD離れ，ミュージシャンのレーベル離れにもつながった（CCCD導入後，2004年3月の時点で，エイベックスのCD売上が20%減少したというデータがある）。結局のところ，CCCDは使いにくいという認識が普及し，MP3にリッピング（CDやDVDに記録されているデジタル情報をそのままあるいは扱いやすいファイル形式でパソコンにコピーする行為）してから聴く聴取スタイルが一般化したこともあり，2005年頃にCCCDは生産されなくなった（津田, 2004）。

❖音楽危機言説

以上のような状況を，衰退していくパッケージ産業の側から危機感を煽る言葉遣いで喧伝する言説がある。「音楽は死なない！」（落合, 2006），「携帯音楽を守りたい」あるいは「STOP! ILLEGAL COPY 〜違法コピー撲滅〜 考えてみよう。未来の音楽のこと。このまま違法コピーが続けば，近い将来の音楽の創造サ

図12-1　「STOP! ILLEGAL COPY」のポスター[9]

9）一般社団法人日本レコード協会のウェブサイトより〈http://www.riaj.or.jp/illegal/（2015年2月5日確認）〉。

イクルは破壊されます」（いずれも日本レコード協会キャンペーンより）等々，私的複製を行なうことで音楽文化が消滅してしまう！と危機感を煽る言葉たちである。これらを「音楽危機言説」と呼べるだろう。その特徴は，「①音楽CDの売り上げ低下という現状を踏まえ」「②その原因を音楽産業の外部――（違法な）私的複製や（違法）ダウンロードの増加など――に求め」「③「音楽文化の滅亡」という悲観的予測をくだす」とまとめられる。

音楽産業界の切実な利益構造に関係するこの言説の，その正否は即断するまい。しかし，人類史に比肩しうる歴史を持つ「音楽」が滅亡することは恐らくないだろう。また，売上減少の原因の全てを私的複製や違法ダウンロードだけに求めるのは暴論である。娯楽に使われるお金が，携帯電話やDVDなど音楽以外の産業に費やされるようになったことや，CDなどの物理的媒体だけではなく有料音楽配信も音楽を入手する経路として認知されてきたこと，なども原因だろう。それゆえつまり，ここで死ぬとされる「音楽」は，実のところせいぜい「パッケージ産業としての音楽産業が扱う商品としての音楽」に過ぎないのではないか。このことだけ指摘しておく。

5　「水のような音楽」

音楽の存在様態がデジタル情報化し，インターネットを経由して流通することで，新しい音楽文化が生まれた。この新しい音楽文化では音楽は「水」のようなものである。というのも，私たちはいつでもどこでも（多くの場合は無料で），いわば水道水のように音楽を入手できるからだ。この「水のような音楽」というのはクセックとレオナルト（2005）が用いた便利なメタファーである。このメタファーを具現している新しい音楽文化の事例として，YouTubeに代表される動画共有サイト（☞コラム），あるいは，インターネット・

◉コラム：動画共有サイト　[中川]

動画共有サイトとは，インターネット上のサーバに不特定多数の利用者が動画を投稿し，それを不特定多数の利用者で視聴共有できるサービスである。それは，消費者が製作した映像，あるいは著作権を侵害するかたちでアップロードされた映像――権利者の許諾を得ていないテレビ番組など――を通じて，消費者同士で交流するプラットフォームを提供した。そこには既存の音楽も動画ファイルの形式で投稿された。2005年に開設されたYoutubeを嚆矢とし，以降，さまざまな種類の動画共有サイトが開設されるに至る。

ラジオやサブスクリプション・サービスといった非所有型の音楽配信をあげることができる。ここでは，後者について少し説明しておく。

❖インターネット・ラジオ，サブスクリプション・サービス

インターネット・ラジオには3種類ある。①従来の地上波のラジオ放送のような放送をインターネット経由で行うもの，②地上波のラジオ放送をインターネット経由で放送するもの，そして③レコメンド機能を備えた音楽専用ラジオである。インターネット経由で従来型のラジオ放送を行う①のタイプに相当するラジオ局はたくさん登場し，多様化かつ細分化している。②についてはあまりいうことはない。インターネットを通じた「放送」を行なうことで，従来のラジオ・メディアからどのような変貌を遂げるかは未だ未知数である。③は，個々の聴き手の好みの音楽を自動的に判別してそれぞれの聴き手にとって唯一無二のラジオ局を自動生成し，音楽を再生し続けるタイプのサービスである。たいていはフリーミアムのビジネスモデルで運営される（大多数のユーザーは無料で使用し，少数が広告なしの有料サービスを利用することで，利益を得るビジネスモデル）。このタイプのラジオで最も有名なのはPandoraである。Pandoraは

非常に高機能なレコメンド機能を備えており，ユーザーの好みに即して多くの楽曲を自動的にお薦めするためのデータベースを多くのミュージシャンを雇って人力で構築している。Pandoraはこのレコメンドエンジンに定評があり人気が出た。ただし，現段階の日本では，③のインターネット・ラジオを通じた音楽放送は行われていない。なぜなら，これは日本の著作権法上いわゆる「放送」とはみなされず，送信可能化権（インターネットなどで著作物を自動的に公衆に送信し得る状態に置く権利）に関係するメディアとみなされるのだが，日本ではこの権利処理の制度がまだ整備されていないからである（福井, 2005）。

また，サブスクリプション・サービスとは，あるレーベルが権利を保有している楽曲ならば，指定された機器（たいていはユーザー個人のパソコンとDAP）を使えば月々定額制ですべて聴き放題，というサービスである。ただし，これも現状では海外の事例がほとんどである。日本では，2006年10月に日本のタワーレコードと合同でナップスタージャパンが定額音楽配信サービスを開始したが，2010年2月にサービスを停止した（小野島, 2013）。現在でもMusic Unlimited，レコチョクBEST，LISMO Unlimitedといったサービスもあるが，この市場の将来性は未知数である。

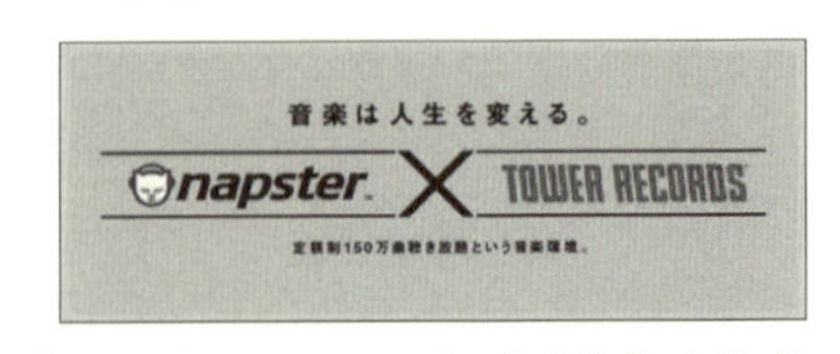

図12-2　ナップスター＆タワーレコードによるサブスクリプション・サービス
（2006年10月～2010年2月）[10)]

10）All About社のニュースサイトの2006年10月3日掲載記事「音楽は人生を変える。150万曲聴き放題！」より〈http://allabout.co.jp/gm/gc/205502（2015年2月5日確認）〉。

このように，（先進国ならば）音楽を水道水のようにどこにでもある限りなく無料に近いものとして消費できる環境が登場してきている。小売商品としての音楽の大半が水道水のようなものになったのだとすれば，安価な小売商品としてのCDを販売していた街のレコード店や，小売商品の大量販売を主目的としていた音楽産業は，衰退していくしかないのかもしれない。そのような小売商品は今や（ほぼ）無料になってしまったのだから。自宅にいるままですぐに水のような音楽を味わえる簡便さを知った聴き手が，小売商品としてのCDを買うためにわざわざ街に出ていくことが再び常態化する

◉コラム：「デジタル音楽」とはどういう意味か　［谷口］

インターネットなどデジタル流通経路を介した音楽配信全般を指して「デジタル音楽」と言われることがしばしばある。例えば2014年現在，Amazon.co.jpの音楽配信サービスのカテゴリ名は「デジタルミュージック」となっている。あるいは「デジタル音楽」と「CD」とで売上を比較するようなニュース記事も散見される。しかしながら，CDがデジタル・データの記録媒体であることを考えれば，そのCDを「デジタル音楽」に含めないのは不自然に思われる。詳しくない人は「CDはデジタルではない」と誤解しかねないだろう。どうしてそうなったのだろうか。

おそらくそうした物言いには，「デジタル技術は情報をモノから解放する」という含意が込められている。第11章でも述べたように，デジタル媒体でありながらアナログ・レコードの延長線上でモノとして扱われてきたCDは，現在の状況からみれば中途半端な，ある面ではアナログ媒体に近い位置づけがなされている。現に英語圏では，音楽配信を指す「デジタル」の対義語として，「物体的」という意味の「フィジカル」という名称が使われる傾向にある。もはや「アナログ／デジタル」という対立軸がずらされてしまっているのだ。

私たちが技術を理解する際，その理解は純粋に工学的な知識に基づいているとは限らない。むしろそこには，技術に求められている社会的価値が投影されがちである。この「デジタル音楽」の用語法もまた，私たちがメディアとしてのあり方を通して身近な技術をみているという一例であるといえる。

未来も，あまり想像できない。また，水道水ではなく，瓶詰めのペリエなど有料の高級品としての音楽商品が登場するかもしれないし，既存のパッケージ商品はそうした高級化路線を探るべきなのかもしれない。水道水だけで大量の音楽を入手できる消費者がわざわざお金を払ってペリエを飲みたがるとは限らないので，消費者が入手する音楽の全体量が増えるにもかかわらず，音楽産業全体が縮小していく危険性も十分予想できる。とはいえ，こうした事態がどうなるかはわからない。結局のところ，音楽産業の将来像はよくわからない。聞き手としての私たちにできることは常に，私たち自身の立場に最適な方法を探りつつ，その変化に適応し，あるいはその変化する過程に参加していくことなのだろう。

◉ディスカッションのために

1　1990年代以前と以後で，小売商品としての音楽の流通がどのように変化したか，またその原因は何だったかについて本章の記述をふりかえりながらノートに書き出して整理してみよう。
2　また，本章で述べた変化が2010年代以降の現在にどのような影響を与えているかについて，周囲の人の音楽の聴き方や自らの経験を振り返って考察してみよう。
3　周囲の人と2の考察を交換して，読んでみよう。そして自分の考察に欠けていた点があれば補ってみよう。

【引用・参考文献】

インターネットウォッチ（1996）．サーブレスが7月末からインターネットによる楽曲販売を正式に開始　1曲100円程度で16bit／44.1KHzのCD並み音質を実現（1月15日掲載）〈http://internet.watch.impress.co.jp/www/search/article/9607/0904.htm（2015年2月5日確認）〉
インターネットウォッチ（2007a）．英EMIがDRMフリー楽曲の提供を開始，iTunes Storeが5月から販売（4月3日掲載）〈http://internet.watch.impress.co.jp/cda/news/2007/04/03/15286.html（2015年2月5

日確認)〉
インターネットウォッチ（2007b）．Apple がDRM フリー全楽曲を値下げ，Amazon.com との競争が激化（10月19日掲載）〈http://internet.watch.impress.co.jp/cda/news/2007/10/19/17239.html（2015年2月5日確認)〉
インターネットウォッチ（2009）．米Apple，「iTunes Store」の全楽曲をDRM フリー化へ（1月7日掲載）〈http://internet.watch.impress.co.jp/cda/news/2009/01/07/22019.html（2015年2月5日確認)〉
落合真司（2006）. 音楽は死なない！—音楽業界の裏側　青弓社
小野島大（2013）. 音楽配信はどこへ向かう？—アップル，ソニー，グーグルの先へ…ユーザーオリエンテッドな音楽配信ビジネスとは？　impress Quick Books〔kindle 版〕　インプレス
クセック, D.・レオナルト, G.／yomoyomo［訳］（2005）．デジタル音楽の行方 —音楽産業の死と再生，音楽はネットを越える　翔泳社（Kusek, D., & Leonhard, G.（2005）. *The future of music: Manifesto for the digital music revolution*. Boston, MA: Berklee Press.）
津田大介（2004）．だれが「音楽」を殺すのか？　翔泳社
日本レコード協会（2013）．2013年第1四半期 有料音楽配信売上実績 THE RECORD **643**（2013年6月 号）〈http://www.riaj.or.jp/issue/record/2013/201306.pdf（2015年2月5日確認)〉
はっぴーまっくネット（2012）．iTunes in the Cloud，日本でもついに開始&全曲DRM フリー化！—大幅進化したiTunes 新機能まとめ（2月22日掲載）〈http://happymac.net/archives/1222（2015年2月5日確認)〉
浜野保樹（1997）．極端に短いインターネットの歴史　晶文社
ばるぼら（2005）．教科書には載らないニッポンのインターネットの歴史教科書　翔泳社
福井健策（2005）. 著作権とは何か　集英社新社
福井健策（2010）. 著作権の世紀　集英社新社
増田　聡・谷口文和（2005）．音楽未来形　洋泉社
増田　聡（2008）音楽のデジタル化がもたらすもの　東谷　護［編］双書 音楽文化の現在 I —拡散する音楽文化をどうとらえるか　勁草書房, pp.3–23.
メン, J.／合原弘子・ガリレオ翻訳チーム［訳］（2003）．ナップスター狂騒曲　ソフトバンククリエイティブ（Menn, J.（2003）. *All the rave: The rise and fall of Shawn Fanning's Napster*. New York: Crown Business.）
森　芳久・君塚雅憲・亀川　徹（2011）．音響技術史—音の記録の歴史　東京藝術大学出版会
レヴィ, S.／上浦倫人［訳］（2007）．iPod は何を変えたのか？　ソフトバ

ンククリエイティブ（Levy, S.（2006）. *The perfect thing : How the iPod shuffles commerce, culture, and coolness.* New York: Simon & Schuster.）

Alderman, J.（2001）. *Sonic boom: Napster, mp3, and the new pioneers of music.* Cambridge, MA: Perseus Publishing.

ITmedia ニュース（2004）. 8月26日発表のニュース「着うた」参入妨害の疑い，公取委が大手レコード会社に立ち入り〈http://www.itmedia.co.jp/news/articles/0408/26/news019.html（2015年2月5日確認）〉

InformationWeeK（2008）. Amazon Adds Fourth Major Record Label To DRM-Free Music Store（1月10日掲載）〈http://www.informationweek.com/amazon-adds-fourth-major-record-label-to-drm-free-music-store/d/d-id/1063197?（2015年2月5日確認）〉

mp3licensing.jp（n.d.）〈http://www.iso.org/iso/catalogue_detail.htm?csnumber=22412（2015年2月5日確認）〉

Sterne, J.（2003）. *The audible past: Cultural origins of sound reproduction.* Durham, NC: Duke University Press.（スターン, J.／金子智太郎・谷口文和・中川克志［訳］（印刷中）. 聞こえくる過去―音響再生産技術の文化的起源　インスクリプト）

Sterne, J.（2012）. *MP3: The meaning of a format.* Durham, NC: Duke University Press.

TechCrunch（2007）. Amazon MP3 Beta Launches（9月25日掲載）〈http://techcrunch.com/2007/09/25/amazon-mp3-beta-launches（2015年2月5日確認）〉

第Ⅲ部　音響メディアと表現の可能性

第13章　新しい楽器
電子楽器の楽器化と楽器の変化

第14章　音を創造する飽くなき探求
レコーディング・スタジオにおけるサウンドの開拓

第15章　音響メディアの使い方
音響技術史を逆照射するレコード

「第Ⅲ部　音響メディアと表現の可能性」は，音響メディアと人間の表現活動との関係をめぐる3つの章からなる。第Ⅰ部と第Ⅱ部が新しい音響メディアによって変容していく文化の軌跡をたどるもの——音響メディアの歴史——だったとすれば，第Ⅲ部は，新しい音響技術とその技術を駆使する私たちとの相互作用の中から立ち現れる現実の変容がテーマとなるといえよう。以下では，なかでも私たちの創作的な活動に焦点をあてた3つの独立した話題が取りあげられる。それぞれ，新しい音響再生産技術と，新しい技術を用いて私たちが作り出す現実の諸性質と，技術を介して現実を作り出す人間活動を批判的に検証する創作活動とが，主題となる。各章ともに，第Ⅰ部と第Ⅱ部とは別の角度から，音響メディアが私たちにもたらしたものを批判的に眺め直し，日常生活の一部として透明化したメディアを意識化するための試みである。

第13章「新しい楽器：電子楽器の楽器化と楽器の変化」では，20世紀以降に登場した新しい楽器が主題となる。テルミンやオンド・マルトノなど20世紀以降に登場した「新しい」楽器と，リズムマシンやサンプラーなどシンセサイザー以降に道具としての楽器の操作と発音の契機が分離した新しい「楽器（＝機材？）」をとりあげる。「楽器」と「演奏」の変化という側面から20世紀の音響再生産技術と人間との関係の変化をたどることが第13章の目的である。

第14章「音を創造する飽くなき探求：レコーディング・スタジオにおけるサウンドの開拓」で検討されるのは，録音が構築される際に用いられる諸文法である。音を発生源から分離して取り扱えるようにした音響再生産技術は，生演奏される音楽と別の論理で構築される録音芸術，すなわち「レコード音楽」を生み出した。第14章では，録音スタジオからデジタル音楽制作環境へという音楽制作環境の変化とその影響をたどることで「空間表現」の諸相が検討される。ここではレコード音楽特有の表現論理が考察されるのだ。

第15章「音響メディアの使い方：音響技術史を逆照射するレコード」では，音響メディアそのものを主題とする芸術表現——グラモフォンムジークやクリスチャン・マークレーの諸作品などとくに「レコード」を主題とする作品群——がとりあげられる。これらは，日常生活の一部となった音響メディアのあり方を批判的に検証する表現である。第15章では「メディア考古学」という言葉を手がかりに，本書を通じて検討してきた音響技術史を，逆照射し得る芸術表現を紹介する。

新しい楽器

電子楽器の楽器化と楽器の変化

中川克志

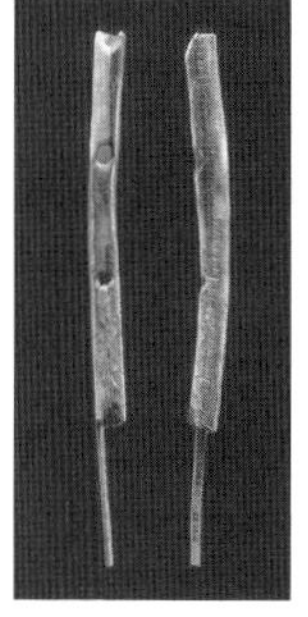

2012年にドイツで発見された約4万年前の人類最古の楽器：マンモスの牙を使ったフルート＊

楽器とは何か？　20世紀以降に登場した，新しい音響生成のための道具を眺めると，こうした疑問が生じる。国語辞書を引けば「楽器」とは「音楽を演奏するために用いる器具。弦楽器管楽器打楽器鍵盤楽器などの総称」とある。つまり楽器とは「演奏」のための道具である。しかし20世紀には，この「楽器」や「演奏」が意味する内容そのものを揺るがせる事例が生み出されてきた。本章では，1960年代頃を境に，それ以前に登場した「新しい」楽器たち（電気を使う楽器たち）と，それ以降に登場した新しい「楽器」たち（リズムマシン，サンプラー，シーケンサー）を紹介し，その違いについて考察してみよう。前者はそれまでの伝統的な西洋芸術音楽のための楽器と同様に平均律を演奏できる楽器として導入されたのだが，その地位におさまらない音の世界を提示した楽器だった。また，後者では，道具としての楽器の操作と発音の契機が分離することで，「楽器」とか「演奏」が意味するものが変容している。「楽器」と「演奏」の変化という側面から20世紀の音響技術と人間との関係の変化を辿ること——これが本章の目的である。

＊The Wiredの2012年5月31日掲載記事「世界最古の楽器？ 4万年前の骨フルート」より〈http://wired.jp/2012/05/31/rock-of-ages-40000-year-old-musical-instruments-the-worlds-oldest/（2015年2月5日確認)〉。

新しい楽器

❖分　類

20世紀以降に新しく登場した楽器はほぼすべて，何らかの段階で電気を利用する道具である。つまり，伝統的な楽器群に新たにつけ加えられた「新しい」楽器たちは電気器具である。これはさらに2つに分類される（表13-1）。

表13-1　電気器具としての楽器の分類

電気楽器（electric instrument）
物理的な振動を電気信号に変換し，その信号をスピーカーから発音する楽器
電子楽器（electronic instrument）
電子回路を用いて電気信号を生み出し，その信号をスピーカーから発音する楽器

例えばエレキギター（☞コラム：次頁）は，アコースティックギターの振動を電気的にピックアップしてその電気信号を増幅して発音するので電気楽器だが，シンセサイザーは，そもそも増幅すべき振動がなく電子回路を用いて発音するので電子楽器である（「アコースティック」という用語については102頁，あるいは268頁を参照）。

これらの新しい楽器は，たいてい，既存の楽器を何らかの観点から拡張したものだった。たいていは，Ⓐ既存の楽器の外見や構造，とりわけそのインターフェースを模倣するか，あるいは，Ⓑ既存の楽器を改造してその発音原理に電気的増幅メカニズムを加えることで制作された。つまり，Ⓐ既存の楽器を模倣する（がゆえに発音部分は電子回路を用いる）電子楽器か，Ⓑ既存の楽器を電化した（そして，その元々の音響振動を電気的に増幅する）電気楽器か，そしてそれに加えて，Ⓒまったく新しい音響生成機械として作られた。これらをふまえると，新しい楽器は次の3種類に分けられる。

Ⓐ既存の楽器を模倣する電子楽器，Ⓑ既存の楽器を電化した電気

◉コラム：エレキギターの変遷　[谷口]

物体の振動を電気信号化する電気楽器の代表例としてエレクトリック・ギター，いわゆるエレキギターの仕組をみてみよう。空気中の音を拾うマイクロフォンに該当する部品としてピックアップがある。ピックアップは磁石にコイルを巻いたもので，指やピックで弦を弾く箇所の下部に取り付けられている。鉄製の弦が振動するとピックアップにおいて磁力が変化し，演奏に応じた電気信号が得られる。

こんにち普及しているエレキギターは，アコースティック・ギターの発展形として考案された（アコースティック・ギターをそのまま電気楽器化したタイプは「エレアコ」と呼ばれる)。しかしアコースティック・ギターが弦の振動を共鳴させ音を豊かに響かせるために中が空洞になった胴体を必要とするのに対して，エレキギターが電気信号をクリアに拾うためには，そのような機構はむしろ不要となる。多重録音（☞8章）でも知られるレス・ポールは1941年，弦の張られた胴体が木材のように柱状になった「ログ（丸太)」という名の「ログ・ギター」を開発し，共鳴胴の代わりに一枚板を用いたソリッド・ボディ型ギターの原型を示した（Waksman, 1999：40–45)。

明瞭な音色と電気的増幅による大音量を手に入れたエレキギターだったが，1960年代以降のロックを中心に，今度は音の迫力を増すため，エフェクターを使用して意図的に音色を歪ませることが好まれるようになる。また，一度スピーカーから再生された音を再度ピックアップで拾い，音をループさせることでフィードバック・ノイズを起こすことも，ジミ・ヘンドリクスらロックのギタリストによって演奏技法の1つとして位置づけられた。音の電子的な加工に大きな比重を置いたエレキギターの表現は，発音原理の点で電気楽器でありながら発想としてはシンセサイザーのような電子楽器へと接近していったとみることもできる。

楽器，Ⓒ新しい電子楽器：既存の楽器を模倣しないまったく新しいタイプの楽器である。

❖代表的な新しい楽器

このⒶからⒸには，例えば次のような楽器がある（表13-2)。

① **1906年　テルハーモニウム**：Ⓐ　発明家サデウス・ケーヒルによる発明で，最古の電子楽器とされる。真空管発明以前の電子楽

表 13-2　代表的な新しい楽器

1906 年	テルハーモニウム：Ⓐ
1920 年	テルミン（楽器）：Ⓒ
1928 年	オンド・マルトノ：ⒸからⒶへ
1930 年	トラウトニウム：ⒸからⒶへ
1930 年代	既存の楽器を電化した電気楽器たち：Ⓑ
1935 年	ハモンドオルガン：Ⓐ
1957 年	RCA Mark II シンセサイザー：Ⓒ
1964 年	モーグ・シンセサイザー：Ⓐ

器なのでとにかく巨大で，家一軒程度の大きさで 200 トン以上の重量があった。演奏者は，多重発電機で生み出した正弦波（サイン波）を合成した音を，鍵盤のようなスイッチで操作した。当時の録音も実機も現存しない。ケーヒルはこの機械のために 1896 年から特許を出願し始め，1897 年に「電子的に音楽を生成して配信する技術と装置」の特許を得た。音を合成する（synthesize する）機械という意味でこの 1896 年の文書において「シンセサイザー」という言葉が初めて使われた（Holmes, 2012；Weidenaar, 1995 など）。

② 1920 年　テルミン（楽器）：Ⓒ　ロシア（1922 年以降ソ連）の科学者レオン・テルミン博士が発明した。テルミンヴォックスともい

図 13-1　テルハーモニウムの鍵盤インターフェースとその多重発電機
（Weidenaar, 1995：90-91）

う。一般に広く認知された最初の電子楽器である。その独特の音色と，楽器に触れずに演奏するという唯一無二の演奏スタイルが特徴で，既存のどの楽器とも似ても似つかない外見と構造をもっている。1920年代後半に西洋社会に紹介されたが，すぐには有名にならず，映画音楽の音響効果――ヒッチコック『白い恐怖』(1945)やロバート・ワイズ『地球の静止する日』(1951) など――やポピュラー音楽の飛び道具として使われるなかで，徐々に社会に定着していった (竹内, 2000；尾子, 2005 など)。

図 13-2　テルミン（楽器）を演奏するテルミン博士
(竹内, 2000：28)

③ 1928年　オンド・マルトノ：Ⓒから Ⓐへ　フランスの作曲家，音楽教育家であるモーリス・マルトノによって発明された。トーン・フィルターで正弦波を加工することで作った音を，弦，シンバル等のさまざまな加工を施したスピーカーから出力。テルミン同様単音でも演奏できるが，鍵盤あるいはリボン・コントローラー（指で押さえると値を滑らかに，あるいは突然に変更できるインターフェース）を使って演奏するようになったので，「Ⓒから Ⓐへ」と分類した。リボンで演奏する場合は鍵盤の手前に張られているワイヤーを用い，ワイヤーについた指輪を左右に動かすことで音高を上下させる。それゆえテルミンより音程の制御が容易であった。音の強弱を表現したり，ポルタメントやグリッサンドも表現できた。1947年からはパリ音楽院で正規に教えられたし，作曲家のオリヴィエ・メシアンも《トゥーランガリラ交響曲》(1948) のなかで用いている (Holmes, 2012 など)。

④ 1930年　トラウトニウム：Ⓒから Ⓐへ　ドイツのフリードリヒ・トラウトバインによって発明されたニクロム線を指で押さえて演奏するリボン・コントローラー型の電子楽器である。後に鍵盤イ

図 13-3　オンド・マルトノ（左）[3] **とミクストゥール・トラウトニウム（右）**
（相原, 2011：44, 45）

ンターフェースも組み込むようになったため「Ⓒから Ⓐへ」と分類している。二号機以降，後にトラウトニウムの代表的な演奏家として知られるようになったオスカー・サラが中心となり開発を継続した。ヒッチコックの映画『鳥』（1963）で用いられた鳥の鳴き声や羽ばたきの音はすべて，オスカー・サラがトラウトニウムで作ったものである（Holmes, 2012 など）。

オンド・マルトノもトラウトニウムも，初めはテルミンのようにまったく新しい電子楽器として着想されたが，鍵盤インターフェースを採用したことで世間に認知されたといえよう。次節で述べるように，その社会的受容のプロセスはシンセサイザーと似ている。

図 13-4　トラウトニウムの演奏インターフェース（Holmes, 2012：33）

⑤1930年代　既存の楽器を電化した電気楽器たち：Ⓑ　1920年代後半から1930年代にかけて，既存の楽器を電化した電気楽器たちがたくさん開発された。初めはピアノで，その後，ヴァイオリン，ヴィオラ，チェロ，ダブル・ベースなど弦楽器が電化された。1920年代に，電気を用いた音の増幅が実用化されたことは原因の1つだろう。この結果，「ロックンロール」の立役者ともいえる「エレキギター」も誕生した。1932年にリッケンバッカー（社）が最初のエレキ・ギターを販売する。当初は膝に乗せて演奏するタイプのある種のスティール・ギターとして使われた。1948年にはソリッド・ボディのエレキギターも登場した（北中, 2002；The New Grove Dictionaryなど）。

⑥1935年　ハモンドオルガン：Ⓐ　1920年代から開発されていた電子オルガンの1つ。1935年に発明家のローレンス・ハモンドが開発，販売。初期はコイルと歯車の回転で発生する電磁気を用いて発音し，後に電子回路を用いて発音するようになった。つまり，ハモンドオルガンは初期には電気楽器で，後に電子楽器になった。Ⓐとして分類しておく。当初はアメリカ合衆国の西部開拓の最前線などでパイプオルガンの代替物として用いられ，後にその独特な音色が好まれるようになった（The New Grove Dictionaryなど）。

⑦1957年　RCA Mark IIシンセサイザー：Ⓒ／1965年　モーグ・シンセサイザー：Ⓐ，実はやはりⒸ　当初は全く新しい音響生成装置として誕生し，後に，鍵盤楽器を模倣する電子楽器として一般化した。次節で解説する。

図13-5　ハモンドオルガン・
（米本, 2008：104）

2 シンセサイザー：電子機器の楽器化

❖シンセサイザー（synthesizer）とは

Mac 内臓の国語辞書をひくと，シンセサイザーとは「電子楽器の一〔ママ〕。発振回路で得た音を電子回路で加工し，さまざまな音色を生成する。多くは鍵盤（けんばん）楽器状。シンセ。」と説明されている。しかし，シンセサイザーを簡単に「楽器」と呼べるかどうかは疑問である。シンセサイザーは常に音響生成装置だったが，最初は，リアルタイムで音響操作や音響出力できる道具ではなかったからだ。シンセサイザーがリアルタイムで操作できる道具になったのは，1960 年代後半に，鍵盤インターフェースを採用したモーグ・シンセサイザーが登場して以降である。

そもそもシンセサイザーとは，音を電子的に制御して合成する（synthesize する）機械のことである。シンセサイザーは，①正弦波，矩形波，ノコギリ波という 3 種類の基本的な人工音とホワイト・ノイズをベースに音響を編集加工し，②生楽器の音をシミュレートしたり，新しい音色を合成したりする機械である。つまり，そもそもシンセサイザーは必ずしも鍵盤楽器として着想されたわけではなかった。ただし，一般に受容されるようになったのは，モーグ・シンセサイザーにおいて鍵盤インターフェースが導入され，シンセサイザーが「楽器化」してからだった。

❖初期のシンセサイザーとその普及

あらゆる電子楽器はシンセサイザーだともいえるが，本格的に音楽制作に用いられた最初のシンセサイザーは 1950 年代に登場した。

①RCA シンセサイザー　最初の実用的なシンセサイザーはRCA シンセサイザーである。1955 年にMark I が，1957 年にMark II が登場した。これはRCA 社のプリンストン研究所で働いていたハリ

ー・オルソンとハーバート・ベラーが50年代前半から開発していたもので，50年代後半に，オットー・ルーニングとウラジミール・ウサチェフスキーがロックフェラー財団から助成金を獲得してコロンビア大学音楽学部に作ったコロンビア－プリンストン電子音楽センターに設置された。初期のシンセサイザーはまず，1950年代の電子音楽スタジオにおいて芸術音楽制作のために使われたのだった。

この機械は，音高，音量，持続，音色のパラメーターをパンチカード（Mark Iは紙ロール）を通じて命令することで，音の周波数，音量，持続，音色（波形，倍音構造，エンベロープ等々）を予め指定し，組み合わせておくことができた。初期のシンセサイザーは，予め指示を受けてそれを保存し，その後で音響を生産する機械だった。こうして例えば，ミルトン・バビット《シンセサイザーのためのコンポジション（Composition for Synthesizer）》（1964）のような現代音楽の複雑な作品が生み出された（Chadabe, 1997；Holmes, 2002；Holmes, 2012）。

この機械は既存の「楽器」とは似ても似つかなかった。というのも，これは，パンチカードで操作する大型コンピュータ（メインフレーム・コンピュータ）の一種で，掃除用具用のロッカーが数個並んだような外見だったからである。また，これらの初期のシンセサイザーはリアルタイムで操作できなかった。この点こそが，既存の

図13-6　RCA Mark II　シンセサイザー（Holmes, 2012：185）

楽器との大きな違いであった。RCAシンセサイザーも既存の楽器も同じ音響生成装置だが，前者の場合，実際に音響が発せられる前に発音メカニズムへの指示を記録する必要があった。この「装置の操作と発音の契機の分離」という特徴は，20世紀後半の新しい「楽器」の多くの特徴となる。

②モーグ・シンセサイザー　モーグ・シンセサイザーが鍵盤楽器として流通することで，シンセサイザーという楽器が認知されていった。モーグ・シンセサイザーは，アメリカの電子工学博士ロバート・モーグが1963年にハーブ・ドイチと知り合い，ふたりで1964年に開発を始めた。1967年，ふたりで制作した試作品にモーグは「モーグ・シンセサイザー」という名称を付け，翌1968年にウェンディ・カルロス（Wendy Carlos，当時はWalter Carlos）の『スウィッチド・オン・バッハ』が大ヒットし，シンセサイザーは広く知られることになった。

モーグ・シンセサイザーは60-70年代の電子音楽スタジオで最もよく使われていたシンセサイザーだった。それは，当時の音楽家たちが感じていたシンセサイザーの3つの問題点を解消したからだ。大きさ，安定性，コントロールの問題である。トランジスタを使うことで大きさと安定性の問題は解消した。当時のシンセサイザーについては，電源を入れるたびに毎回微妙に音高が異なる等々といった動作の不安定さが語られがちだが，それでも，それ以前と比べると格段に安定していた（Chadabe, 1997；Pinch & Trocco, 2002）。

コントロールの問題とは，既存のシンセサイザーにリアルタイムの操作性がなかったこと，である。そのためにモーグは，電圧で音高や持続を調整するヴォルテージ・コントロール方式を導入し，その電圧制御のためのスイッチとして鍵盤を用いた。これこそがモーグ・シンセサイザー（図13-7）の革新だった（難波, 2001）。

実はモーグは試作機を制作するまで鍵盤を使おうとは考えていな

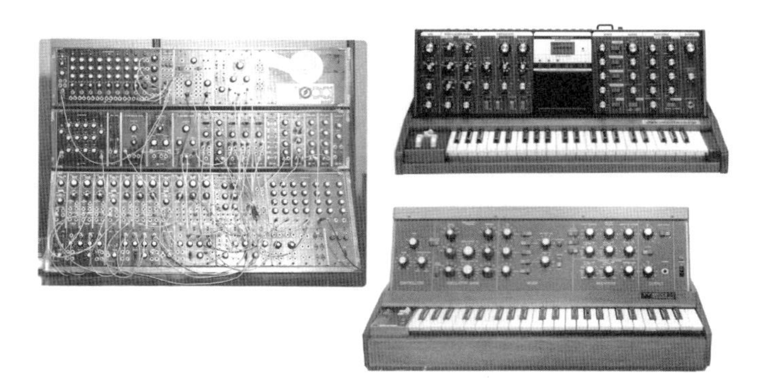

図13-7　モーグ・シンセサイザー I（キーボード・マガジン, 2014：15）

かったし，鍵盤以外にもリボン・コントローラーというインターフェースも作っていた。つまり鍵盤インターフェースにこだわってはいなかった（映画『MOOG』でのモーグ博士の発言より）。しかし結果的には，シンセサイザーに鍵盤を搭載したことこそがシンセサイザーなる存在を一般に認知させることになった。鍵盤インターフェースが採用されたことで，シンセサイザーは，それまでピアノやオルガンのために培われてきた多大な演奏技法やレパートリーの領域の成果を流用できるようになったからである。だからこそ，ウェンディ・カルロスは1968年にシンセサイザーだけを使ってバッハの作品を演奏して『スウィッチド・オン・バッハ』を制作できたのだ。また1970年に発売されたミニモーグは，世界初のステージ仕様のシンセサイザーとして，キース・エマーソンなどが自らのバンドのライブ・パフォーマンスで使用した。

❖電子機器の楽器化

シンセサイザーという音響生成装置の社会的受容過程において，シンセサイザーという電子機器がリアルタイム操作を可能とする楽器に変質したこと，つまり，電子機器の楽器化という契機があった

◉コラム：シンセサイザーの仕組み　　［中川］

1960年代後半に登場したアナログ・シンセサイザーは電圧制御シンセサイザー（Voltage Controlled Synthesizer）とも呼ばれる。それらは，シンセサイザーを用いて音色を操作する際，音のいくつかのパラメーターを電圧で制御するからだ。これらのシンセサイザーは，いくつかのモジュール（音の電気信号を変形処理するブロック）をケーブルで接続して（＝パッチングして）音を作るパッチング・モジュラー・シンセだった。そのモジュールの中でも最も基本的なものが，モーグ・シンセサイザーで初めて搭載されたVCO，VCA，VCFというモジュールである。

VCOとは電圧制御発振器（Voltage Controlled Oscilator）のことであり，ノコギリ波，矩形波，三角波，正弦波など単純な波形の人工音（とホワイト・ノイズ）を用いて，基本波形を作る発信器である。VCAとは電圧制御増幅器（Voltage Controlled Amplifier）のことであり，音量を制御して音の減衰などを管理する回路である。VCFとは電圧制御フィルター（濾波器）（Voltage Controlled Filter）のことであり，ある周波数より低い周波数だけ残して高い周波数帯域をカットするロー・パス・フィルター（LPF: Low-pass Filter）や，逆に低周波をカットするハイ・パス・フィルターなどを用いて，波形の周波数を加工する回路である。

また，VCAは音のエンベロープ（Envelop）を操作する。つまり，発音した音がどのタイミングで大きくなり，減衰し，消えていくか，という時間的変化を操作する。エンベロープはアタック・タイム（Attack: 音が鳴り始め最大になるまでの時間），ディケイ・タイム（Decay: 第一次減衰，最大音量から持続音量まで減衰するのに必要な時間），サステイン・レベル（Sustain: 音の持続部分の音量），リリース・タイム（Release: 持続音量から減衰し始め，無音になるまでの時間），という4つのパラメーターがあり，あわせてADSRと呼ばれる（図）。「アタック，ディケイ，サステイン，リリース」と書かれているつまみを操作すると，シンセサイザーが出す音色は大きく変化するのである。

VCO，VCA，VCFのモジュールで音色の基本を作成し，ADSRを操作することで音色の時間的変化を操作するという考え方は，これ以降のシンセサイザーにおける基本的な考え方となり，音響操作の分水嶺を画する発明となった。

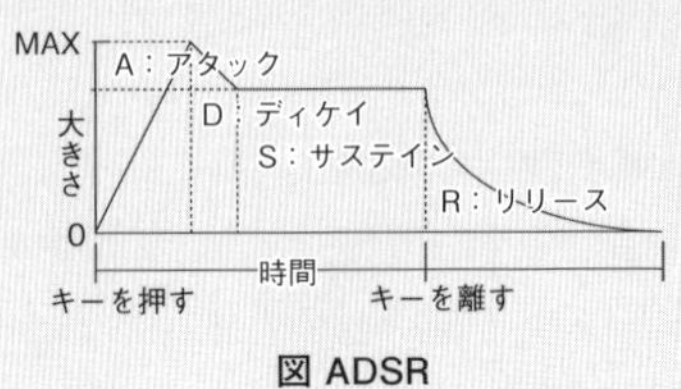

図 ADSR

ことを指摘しておきたい。

それは鍵盤というインターフェースを採用したことで達成された。最初シンセサイザーは，パンチカードで操作する専門家のための機械だった。しかしその後，モーグ・シンセサイザーが，鍵盤インターフェースを採用することで，リアルタイムに操作できるようになった。この鍵盤インターフェースのおかげで，シンセサイザーは「鍵盤楽器」のように操作できるようになった。ただし，鍵盤インターフェースはシンセサイザーに副産物と副作用ももたらした。これについて少し説明しておきたい。

鍵盤インターフェースの利点＝副産物とは，シンセサイザーを鍵盤楽器として扱えること，つまり，鍵盤楽器の演奏技術をシンセサイザー操作技術に転用できたことだろう。この結果，シンセサイザーは「（リアルタイムに操作可能であるという点で馴染み深い）楽器」として，一般に普及することになった。

鍵盤インターフェースの欠点＝副作用とは，それ以前のシンセサイザーにはあった，新鮮な視点からの音響構築の可能性を削減してしまったことである。例えばRCAシンセサイザーでは，音高，持続，音量などをすべてゼロから決定しなければいけなかったが，逆にその自由度の高さこそが多くの音楽家を惹きつけた。なのに，鍵盤インターフェースを使えば，シンセサイザーが作り出す音響はどうしても，1オクターブを12等分する既存の平均律の枠組に縛られることになる。「自由度の高さ」と「音楽的な価値の高さ」は相関関係にあるわけではないが，シンセサイザーの鍵盤インターフェースにある種の窮屈さを感じるという証言を，多くの音楽家が残している（映画『MOOG』におけるV. ウサチェフスキーの発言など）。

以上を踏まえると，シンセサイザーという音響生成のための電子機器は，伝統的な意味での「楽器」になったのである。電子機器が楽器化したのだ。さらにいえば，シンセサイザーという全く新しい電子機器は，鍵盤インターフェースの採用により平均律という既存の世界でも役立つ楽器であると証明できたからこそ，社会的に認知されることになったともいえるかもしれない。

ところで，モーグ・シンセサイザーには，後の電子機器の多くに見られるもう１つの特徴もあった。RCA シンセサイザーにも見られた「装置の操作と発音の契機との分離」である。これは，シンセサイザーという楽器の操作方法が既存の楽器の操作方法とは異なるものであったことの帰結でもある。次にこの特徴についてみておきたい。

3 新しい「楽器」：楽器の変化

❖装置の操作と発音の契機との分離

20 世紀後半の新しい「楽器」は 19 世紀までの楽器とは質的に異なる。それゆえ，「新しい」楽器というよりは新しい「楽器」なのである。その萌芽は，シンセサイザーの操作において音色の編集加工作業と発音契機が分離していることに見出せる。RCA Mark II シンセサイザーの場合，まずはパンチカードで機械を操作し，その後で発音していた。モーグ・シンセサイザーの場合も，まずは３種類の波形とホワイト・ノイズをベースに音色を編集加工してから発音していた。いずれも，音響生産装置における装置の操作（＝音色の加工）の契機と発音する契機が分離している。この分離が，20 世紀後半に登場した新しいタイプの「楽器」とその「演奏」を特徴づけているように思われる。その典型として，リズムマシン（あるいはドラムマシン），サンプラー，シーケンサーを取りあげる。これらは，伝統的な楽器とは外見も構造も機能も形態も全く異なるが，音楽を作るための音響生産装置であり，それゆえ新しい「楽器」だと考えることができる。以下では「新しい」楽器と新しい「楽器」の違いを「装置の操作と発音の契機との分離」に見出してみたい。

❖リズムマシン，サンプラー，シーケンサー[1)]

①リズムマシン　リズムマシンはドラムの代替物として考案された装置である。実際のドラム音をサンプリング（☞11章）した電子音や，バスドラム，スネアドラム，ハイハットなどドラムセットあるいは打楽器の音色を真似た電子音を並べてパターンを作成しておき，それを選ぶことで自動的に演奏する。あるいは，それらの電子音を（後述するシーケンサーのように）プログラムして自由に並べて演奏する。細分化すると，予めアナログ音源で作られたリズムパターンを選択して演奏する機種をリズムボックス（日本初のリズムボックスである1963年のドンカマチックなど），ローランド社のTR808（1980年）以降リズムパターンをプログラムできるようになった機種をリズムマシン，リン・ドラム（LinnDrum）（1982年）などサンプリング方式のPCM音源が使われるようになった機種をドラムマシンと呼ぶ。いずれにせよ，予めどのような音色でどのようなパターンのドラムパターンを演奏するかを決めてプログラムした後に，ボタンを押して，そのドラムパターンを発音する。

②サンプラー　第11章でも言及したように，サンプラーもまた，録音した音を加工編集することで発音する音を予め準備し，その後でボタン（鍵盤）を押して発音する装置である。

③シーケンサー　音楽用シーケンサーとは，予め記録されたデータとプログラムに基づき，電子楽器やその他のプログラムの動作を制御したり，録音データを再生したりすることで音楽を構築する装置である。プログラムした一定のパターンを自動演奏できるリズ

1）以下は，Roads（2001），ヴェイル（1994），『キーボードマガジン』（2014）を参照した記述である。

ドンカマチック
（Brend, 2005：62）

TR-808
（相原, 2011：285）

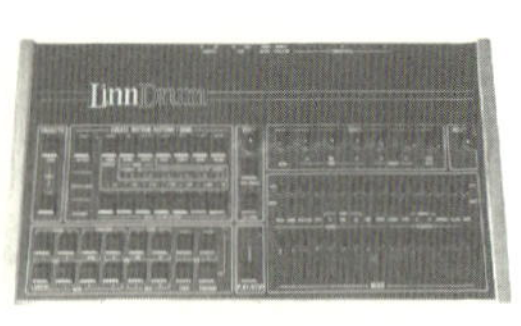

LinnDrum
（相原, 2011：287）

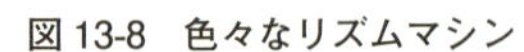

図 13-8　色々なリズムマシン

メロトロン[2)]

フェアライト CMI
（ヴェイル, 1994：177）

AKAI S612
（相原, 2011：288）

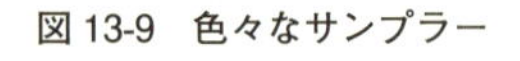

図 13-9　色々なサンプラー

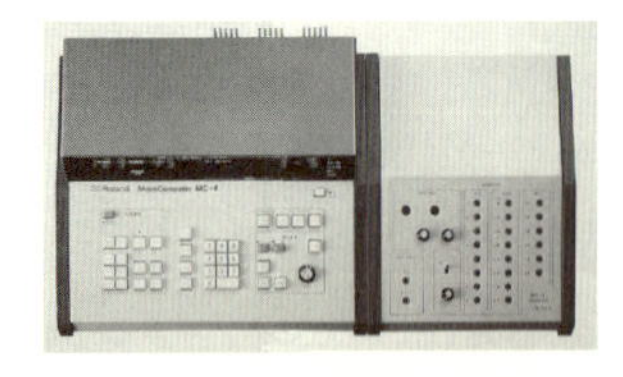

図 13-10　シーケンサー Roland MC8（米本, 2008：128）

ムマシンは，パーカッションの音色に特化したシーケンサーといえよう。また，専用機器とDTM（Desktop Music：☞ 14章）のシーケンサーソフトは，ハードウェアシーケンサーとソフトウェアシーケンサーとして区別できる。

最初の音楽用シーケンサーは，モーグ・シンセサイザーのモジュールの1つで，電圧制御によるアナログ・シーケンサーだった。こ

2）ウェブサイト Tokyo Mellotron Studio より〈http://www.geocities.jp/mellotronics/photom40060104.jpg（2015年2月5日確認）〉。

れにより反復アルペジオや単純なリズムパターンの反復を自動演奏することが可能だったが，さほど複雑なことはできなかった。最初のデジタル・シーケンサーは1974年発売のオーバーハイム・エレクトロニクス社のDS-2で，本格的なコンピュータ制御によるデジタル・シーケンサーとして発売されたのは1977年発売のローランド社のマイクロコンポーザーMC-8である。販売価格120万円（当時の大卒初任給10万円程度）という高価な商品だったが，これ以降，音楽制作でシーケンサーは活用されていく。

シーケンサーは新しい音響生産装置としてというよりも，新しい音楽構造構築システムの中核として理解すべきかもしれない。だが，これが中世以来の自動演奏「楽器」の伝統の拡張であることも確かだ。なかでも，演奏する楽曲（プログラム）を交換できるオルゴール（18世紀末に登場）や自動ピアノ（19世紀に登場）に似ている。いずれも，事前にプログラム可能な音楽生産装置なのである。自動演奏楽器は，再生データ（あるいは演奏データ）をロール紙などに記録し，それぞれの装置で「再生」することで，楽器の動作を制御する。音楽の再生産という自動演奏楽器の社会的機能の多くは，複製音楽再生産装置としての「レコード」や「CD」や「ラジオ」に継承されたと考えるべきだが，事前にプログラム可能な音楽生産装置という機能はシーケンサーに継承されたと考えることができる。その場合，こうした自動演奏楽器とシーケンサーとの一番の違いは，シーケンサーが，音楽構造や発音される音響の音色を，自動演奏楽器とは比べ物にならないくらい柔軟に変えることができたことに求められるかもしれない。シーケンサーは，自動演奏より音楽制作に適合的な道具だったのだ。ともあれ，シーケンサーもまた，発される音を予め決定し，その後でボタン（鍵盤）を押して発音する装置である。

❖考　察

これらの新しい「楽器」に共通する特徴として，装置の操作と発音の契機とが分離していることに加え，①編集加工可能な電子音を用いること，②その電子音の配列（再生順序）をプログラム可能なこと，③ボタンを押して実行すること，もあげられるだろう。これらの新しい「楽器」は，電子音の音色を編集したり，発音タイミングをプログラムしたりした後で，ボタンを押すことで発音する。この新しい「楽器」における「演奏」は，伝統的な楽器における「演奏」とは異なり，「プログラムという行為」と「ボタンを押す行為」が組み合わさった行為になっている。つまりこの新しい「楽器」においては，「楽器」のあり方も演奏行為も変質しているのである。メディア哲学者フルッサーの考え方を援用すれば，この楽器の変化は「道具から装置への変化」と記述できるだろう（フルッサー, 1999参照）。楽器は，直接的な結果を生み出すための単なる「道具」ではなく，写真機などと同じく，人間がボタンを押すことで機械の機能に従って自動的に結果を生成する「装置」となったわけだ。新しい「楽器」とは人間と機械が結合した「装置」であり，「演奏」は「（予めプログラムした音のシーケンスを再生するために）ボタンを押すこと」になったのである。このような新しい「楽器」をさして「機材」と呼ぶのかもしれないが，これ以上の考察を展開する余裕はもうない。「楽器」と「演奏」の変化という側面から，シンセサイザーを中心に20世紀の新しい楽器について検討し終えたところで，本章を終えておこう。

◉ディスカッションのために

1　「楽器」とは何かを本章の記述に基づいて整理し，論じてみよう。
2　電子楽器と電気楽器の違いを本章の記述に基づいて整理してみよう。
3　シンセサイザーとは何か？　本章の記述を振り返りながら整理してみよう。
4　「音響生産装置」と「楽器」との違いを，本章で扱ったリズムマシン，サンプラー，シーケンサーを事例にあげつつ，説明してみよう。

【引用・参考文献】

相原耕治（2011）．シンセサイザーが分かる本―予備知識から歴史，方式，音の作り方まで　スタイルノート

ヴェイル，M.／藤井美保他［訳］（1994）．ビンテージ・シンセサイザー　リットーミュージック（Vail, M.（2000）. *Vintage synthesizers : Pioneering designers, groundbreaking instruments, collecting tips, mutants of technology*. San Francisco, CA: Miller Freeman.）

尾子洋一郎（2005）．テルミン―ふしぎな電子楽器の誕生（ユーラシア・ブックレット）　東洋書店

大人の科学マガジン編集部［編］（2007）．特集 テルミン博士とふしぎな電子楽器　ふろくテルミンMini　大人の科学マガジン　17号　学習研究社

川崎弘二／大谷能生［協力］（2006）．日本の電子音楽　愛育社

キーボード・マガジン編集部［編］（2014）．特集 シンセサイザー大特集　2014年夏号　第36巻3号　通巻385号　リットー・ミュージック

北中正和（2002）．ギターは日本の歌をどう変えたか―ギターのポピュラー音楽史　平凡社

小泉宣夫・岩崎　真（2011）．サウンドシンセシス―電子音響学入門　講談社サイエンティフィク

竹内正美（2000）．テルミン―エーテル音楽と20世紀ロシアを生きた男　岳陽社

田中雄二（2001）．電子音楽 in JAPAN　アスペクト出版社

難波弘之（2001）．書評論文『電子音楽イン・ジャパン，1955-1981』ポピュラー音楽研究 **4**, 71-82.

ハンス・フェルスダッド監督　MOOG（モーグ）　DVD　NODD-00023　ナウオンメディア

フルッサー，V.／深川雅文［訳］（1999）．写真の哲学のために―テクノロジ

ーとヴィジュアルカルチャー　勁草書房（Flusser, V. (1983). *Für eine Philosophie der Fotografie*. Göttingen: European Photography.）

増田　聡（2008a）．音楽のデジタル化がもたらすもの　東谷　護［編］　双書　音楽文化の現在 I—拡散する音楽文化をどうとらえるか　勁草書房, pp.3-23.

増田　聡（2008b）．電子楽器の身体性　テクノ・ミュージックと身体の布置　山田陽一［編］（2008）．音楽する身体—〈わたし〉へと広がる響き　昭和堂, pp.113-136.

松前公高（2007）．シンセサイザー入門—音作りが分かるシンセの教科書（CD付き）　リットーミュージック

ミヒェルス, U.［編］／角倉一郎［日本語版監修］（1989）．図解音楽事典　白水社（Michels, U. (1985). *DTV-Atlas zur musik: Tafeln und texte*. Kassel, München: Verlag.）

米本　実（2008）．楽しい電子楽器 自作のススメ　オーム社

Brend, M. (2005). *Strange sounds: Offbeat instruments and fonic experiments in pop*. San Francisco, CA: Backbeats Books.

Chadabe, J. (1997). *Electric sound: The past and promise of electronic music*. Upper Saddle River, NJ: Prentice-Hall.

Holmes, T. B. (2002). *Electronic and experimental music: Pioneers in technology and composition*. (2nd edn). New York: Routledge.

Holmes, T. B. (2012). *Electronic and experimental music: Technology, music, and culture*. (4th edn). New York: Routledge.

Pinch, T. & Trocco, F. (2002). *Analog days: The invention and impact of the Moog synthesizer*. Cambridge, MA: Harvard University Press.

Roads, C.／青柳龍也・後藤真孝［訳］（2001）．コンピュータ音楽—歴史・テクノロジー・アート　東京電機大学出版局（Roads, C. (1996). *The computer music tutorial*. Cambridge, MA: MIT Press.）

Théberge, P. (1997). *Any sound you can imagine: Making music / consuming technology*. Hanover, NH: University Press of New England.

Waksman, S. (1999). *Instruments of desire: The electric guitar and the shaping of musical experience*. Cambridge, MA: Harvard University Press.

Weidenaar, R. (1995). *Magic music from the telharmonium*. Metuchen, NJ: The Scarecrow Press.

音を創造する飽くなき探求

レコーディング・スタジオにおけるサウンドの開拓

谷口文和

ドラムのマルチマイク録音
（筆者撮影）

音は元来より，何かの存在やその動き，つまり「そこに何かがいる」ことを知るための主要な情報源である。音楽もまた，ただ音の響きやメロディとして聴かれるだけでなく，その声の主への感情を強く引き起こす。

音響再生産技術はそうした音を，その響きが生じた元の空間から切り離し，響きそのものとして扱うことを可能にする。レコードやラジオで再生される歌には，その声の主である本人は伴わない。にもかかわらず，数々のスター歌手の栄光が示すように，それらのメディアを通じて声の主の存在感はますます高まっていった。聴き手の大多数は，響きを発したはずの音楽家が「そこにいる」ことを求め続けている。音響メディアは音の発生源の存在感を消し去るよりもむしろ，存在感を再構築するように作用してきたのだ。

 レコード音楽のサウンド

✣レコード上に表現された世界

第Ⅱ部でもたびたび触れたように，時代ごとに発展してきた音響再生産技術は，そのつど新たな音楽表現に取り入れられてきた。音の電気化（☞6章）はクルーナーの流行につながり，磁気テープ（☞8章）はオーバー・ダビングやマルチトラック録音を音楽制作の手法として定着させ，レコードのステレオ化（☞9章）は各パートの左右の配置という要素を音楽の録音に付け加えた。したがって，音響再生産技術によってもたらされた音の経験の変化は，レコードにおける音楽表現の変化という観点からも捉えることができる。そこでこの章では，20世紀以降にレコードという形態で制作され聴かれてきた音楽（本書では「レコード音楽」と呼ぶ）のあり方に焦点を当てて，技術と表現の関係を考察する。

ただ歌や演奏を録音するだけでなく，媒体上での音の加工や編集という過程を経ることで完成するレコード音楽は，映画をはじめとする映像表現と対比できる。私たちはある映画の物語や登場人物を，現実の世界から切り離して理解している。わずか1，2時間のあいだに何年も経過する物語上の時間や，魔法や超常現象といった非現実的な光景は，「現実とは別の，表現された世界」として楽しまれる。

レコード音楽にも同じような側面がある。さまざまな編集を経て作り上げられた音の表現は，現実とはかけ離れた響きになっている。例えば，多重録音を駆使して作られる1人コーラス（☞8章）は，現実には起こり得ないものだ。しかしその非現実的であるはずの響きは，現在ではことさら意識されることもなく多くの人に聴かれている。これは，映画を観ることが「現実とは別の世界」を経験することであるように，「音によって表現された，現実とは別の世界」を聴いているのだという風には考えられないだろうか。

しかしながら，映画において架空の世界を作り上げるための「文法」がさかんに研究されてきたのに比べると[1]，レコード音楽が同様の観点から考察されることは少ない。それは1つには，レコードというメディアの上に成り立つ表現が単に「音楽」としか呼ばれず，その場で演奏される音楽と区別されずにきたためかもしれない。つまり，「映画」を「演劇」と区別して理解する視点が，音楽においては欠けているのだ。英語圏では「レコード・プロダクション」や「レコーディング・アート」といった呼称が用いられることがあるが，「レコード音楽」という概念を導入するのは，この視点を補うことを念頭においているためだ（谷口，2010：241-245）。

❖「サウンド」という語が指し示すもの

これまで音楽を理論的に捉える際には，もっぱら「音階」「拍子」「和音」といった，楽譜上に表すことのできる枠組が用いられてきた。一方，録音技術を駆使して生まれる音楽表現は，それらの枠組では測れない要素をもっている。そうした要素を考えるためのキーワードとして「サウンド」に注目したい。「サウンド」は単なる物理現象としての音ではなく，「ビートルズ・サウンド」「ヘビメタ・サウンド」といったように，ある音楽の特徴や印象を漠然と指すために用いられる傾向がある。

アメリカでも1960年代初頭までに，あるジャンルの音楽的特徴を意味するように「サウンド」という語が用いられるようになったという。その初期の例として，カントリーの発信源となった都市から名付けられた「ナッシュヴィル・サウンド」や，ソウル・ミュージックの代表的レコードレーベルに由来する「モータウン・サ

1）映画研究の分野では，カメラワークや撮影された映像の編集について表現という観点から理論化が進んでおり，教科書もいくつも刊行されている（ジアネッティ，2003；ボードウェル，2007）。

ウンド」がある（Théberge, 1997：192-194）。テネシー州ナッシュヴィルには，数々のヒット曲を輩出したRCA社のスタジオ（1957年設立）があり，プロデューサーのチェット・アトキンスやスタジオ専属の演奏家がレコーディングを手掛けていた（コーガン＆クラーク，2009：54-64）。ミシガン州デトロイトを拠点としたモータウン（1959年設立）もまた，1つのスタジオと比較的少数の音楽家たちによってヒット曲を量産する体制を備えていた（ゴーディ，1996）。したがってそれぞれの呼称は，彼らによる楽曲のアレンジや演奏の特

◉コラム：レゲエを生んだサウンドシステム文化　［谷口］

レコード音楽のサウンドの発展には，制作環境だけでなく再生環境のあり方も深く関わっている。その顕著な例として，ジャマイカでレゲエが誕生する基盤となった「サウンドシステム」の文化を紹介しよう。

まだ国内にレコード産業をもっていなかった1940年代のジャマイカでは，地理的に近いアメリカのラジオ放送を受信して聴かれていたリズム＆ブルースのレコードが輸入され，音響機器を広場などに設置してパーティが開かれるようになった。そこでレコードの音に合わせて客を煽る「ディージェイ」のパフォーマンス（他のDJ文化とは役割が異なり，歌手やラッパーに近い）が生まれ，レゲエ独特の軽妙な歌唱法へとつながった。パーティを主催するサウンドシステムは，音の大きさや所属するディージェイのパフォーマンスで競い合った（ブルースター・ブロートン，2003：172-182）。レゲエのサウンドの特徴である極端に強調された低音域も，サウンドシステムで鳴らすことが前提となっている。

レゲエにみられるもう1つの特徴として，サウンドの「使い回し」が挙げられる。レゲエのレコードには通常，パーティでのパフォーマンス用に歌を抜いた「ヴァージョン」（つまりカラオケトラック）が一緒に収録される。ある曲がヒットすると，その曲のヴァージョンに別の歌手やディージェイが歌を乗せることもさかんに行われる。歌の内容も完全に変えてしまうため，同じ伴奏のサウンド（「リディム」と呼ばれる）を用いた無数の歌が存在することになる（ブルースター・ブロートン，2003：184-187）。人気のある1つのリディムだけで構成されたコンピレーション・アルバムも作られるなど，リディムはレゲエにおける共有物として扱われている。

徴，スタジオの設備に由来する音質，ひいては商業的なレコード制作のシステム全体を含意していたと考えられる。

音楽の捉え方においてサウンドが前景化してきた要因として，同じ音を繰り返し再生できるという，レコード音楽ならではの経験も挙げられるだろう。フレーズの合間に聞こえる歌手の息遣いやエレキギターのうなりといった瞬間的な響きでさえ，何度も再生を繰り返すうちに記憶に焼き付けられ，その作品にとって無くてはならないサウンドとなる。

❖サウンドを生み出すスタジオワーク

限られた音の組み合わせとして，楽譜を用いて説明できる旋律や和音とは違い，「サウンド」と呼び得る対象には非常に雑多な要素が含まれるため，その全体像を示すことは難しい。そこでこの章では，レコード音楽のサウンドのあり方をなるべく具体的に捉えるための切り口として，サウンドが生まれるレコーディング・スタジオの変遷に焦点を置くことにしたい。

映画の撮影では，俳優や光景にどのようなアングルからカメラを向けるかによって，登場人物の表情や印象，さらにはその場面の物語上の意味はさまざまに変わり得る。そして，撮影されたフィルムをつなぎ合わせたり，特殊効果を加えたりすることによって，映画の舞台は現実と変わりない世界にも，空想上の世界にもなる。スタジオでの録音でも同様に，歌手や楽器に対してどのようにマイクを置くかによって，記録される響きは大きく変化する。また，録音された素材の加工やミックスを通じて，元の演奏にはなかった効果を付け加えることもできる。要するに，レコード音楽の制作とは歌や演奏をただ記録することではなく，音楽家とスタジオのエンジニアやプロデューサー，そしてスタジオの機器による共同作業なのである。

以下では，アコースティック時代の録音からデジタル録音に至るまでの音楽制作環境の変遷と，そこから時代ごとに登場したサウンドとの関係を辿っていく。

2　レコーディングのための空間

✣「楽器」となったスタジオ

アコースティック録音においては，空気を伝わる音の振動が直接針の振動に変換されて記録媒体に刻みつけられていた。再生可能な録音物を作るためには，歌手がホーンに顔を突っ込むようにして歌ったり，楽器演奏者が寄り集まって演奏したりといったように，音を効率的に集める工夫が必要だった（☞6章）。歌や演奏が身体的な制約を受けた一方で，当時「レコーディスト」と呼ばれていたエンジニアが，録音対象に合ったホーンを選択したり，ホーンと適切な距離をとるよう音楽家に指示したりと，録音の質を高めるための工夫をこらしていた（Horning, 2013：15–18）。商品として制作されたレコードは，その最も初期の段階から，単に音楽を記録したものというよりもむしろ，音楽家とエンジニアによる共同作業の産物だった。

1920年代後半から電気録音が導入されると，録音機器を介した音楽家とエンジニアの関係に加えて，録音が行われるスタジオという場所全体も重要な要素となった。アコースティック録音ではホーンを使って音を直接「吹き込む」のに対して，マイクは室内の残響も含めて音を「拾う」ことができるからだ。1930年代以降，レコード制作やラジオ放送のために設立された大型スタジオでは，ナレーションは明確に聞こえるよう残響を抑えた部屋で，音楽は豊かに響くよう音がよく反射する壁を用いた部屋でといった具合に，求める響きに応じて複数の空間が使い分けられるようになった。また，楽器や演奏内容に合わせてパネルやカーテンを設置することで響きが調整された。

響きが精妙に調整されたスタジオは楽器になぞらえられることも

あった。教会だった建物を改装して1949年に設立されたコロンビア社のニューヨーク30丁目のスタジオは，「レコーディング・スタジオのストラディヴァリウス」と，バイオリンの名器の名をもって称えられた（Horning, 2013：89-90）。スタジオで録音することは，楽器を演奏することと同等に，音がよく響くようデザインされた実践として理解されたのだ。

❖レコーディングにおける分業

録音に電気を用いることで登場したもう1つの手法として，複数のマイクで集めた音を混ぜ合わせる「マルチマイキング」がある。個々のマイクが拾った音をそれぞれ増幅した上でミックスすることにより，パートごとの音量のバランスを操作できるようになったのだ。マルチマイキングによって，演奏の音に遠近感を与えられるようになった。ボーカルなど音量を大きくして前面に押し出された音と，それより小さめに聞こえる伴奏の音は，いうなれば絵画における人物とその背景のような構図を生み出した（Doyle, 2005：8）。

レコーディングのあり方という点から見ても，この手法はいくつもの点で重要な変化をもたらした。第一に，演奏者同士はかならずしも「1つの空間」で演奏しなくてもよくなった。各楽器の音を個別に拾いやすくするために，あるいは楽器ごとに望ましい響きを得るために，ある楽器だけが離れた場所で演奏したり，楽器の間に仕切りを立てて音を遮ったりすることも，レコーディングにおける基本的な技法となっている。後に磁気テープを使ったオーバー・ダビングやマルチトラック・レコーディングが行われるようになると（☞8章），この傾向はさらに顕著になり，歌手が他の演奏者と顔を合わせることすらなく，別の機会に録音を行うといったことも珍しくなくなった。

それと同時に，録音される音，つまりミックスされた音は，演奏が行われる空間から切り離され，「コントロール・ルーム」と呼ばれる部屋で聴かれるようになった。つまり，音同士の生み出す遠近感のような，レコード音楽において新たに備わった表現要素は，演奏者とは別のところに委ねられた。これに伴って，レコーディングの全体像を見渡して方向性を決める「レコード・プロデューサー」という立場が出現した[2)]。まだそのような分業が明確ではなかった20世紀前半にも，演奏者の側からプロデューサーのような仕事に足を踏み入れたレオポルド・ストコフスキーのような音楽家もいた（☞6，9章）が，それは彼が元々オーケストラの響き全体を統括する指揮者という立場だったからかもしれない。

❖分離された残響

空間的な響きがレコード音楽の表現要素の1つとなり，マルチマイキングによって各パートを個別に扱えるようになると，今度は音の残響成分だけを切り離して操る手法が出現した。演奏が収録されるのとは別の空間で残響成分を発生させて，元の演奏とミックスすることで，あたかもそのような響きのする空間で演奏が行われているかのようなサウンドを合成したのだ。

20世紀中盤，比較的大規模なスタジオでは，演奏に付け足す残響効果を得るために，「エコー・チェンバー」と呼ばれる専用の部屋を併設するようになった。ハリウッドにあるキャピトル・スタジオ（1956年設立）は地下深くに複数のエコー・チェンバーを備え，求める残響に応じて使い分けることができた。また，コロンビア社の設立当時から使われていたニューヨーク7番街のスタジオは，ビルの吹き抜けをエコー・チェンバーとして利用していた（Horning, 2013：93-94）。

2）スタジオ・レコーディングの歴史を研究するスーザン・ホールニングは，このような意味での最初の本格的なレコード・プロデューサーとして，フランク・シナトラなどのレコードを手掛けたミッチェル・ミラーの名前を挙げている（Horning, 2013：99）。

事後的に残響を付け足すという手法を効果的に使った初期のレコードとして知られるのが，ハーモニカ・グループであるハーモニキャッツが 1947 年に発表した《ペグ・オ・マイ・ハート》である。録音を手掛けたビル・パトナムは，マイクで一旦収録した演奏を大理石でできたトイレで再生し，たっぷりと残響を含んだ響きを改めて録音した（コーガン・クラーク, 2009：152-154）。そうすることでこのレコードは，現実離れした空間の広がりを得ることができた。

一方，そのような設備をもたない比較的小規模なスタジオでは，残響にあたる音を人工的に発生させる「リバーブ」と呼ばれる装置（エフェクター）が重宝された。初期の機械的なリバーブは，音の電気信号を金属製の板やバネに伝えて振動させることで，残響によく似た響きを発生させる仕組になっていた。

3　再編されるリアリティ

❖フィクションとしての空間

1960 年代以降，ステレオレコードやマルチトラック録音が定着すると，レコード制作はさらに精密かつ複雑な実践となった。マイクによる収音と同時にミックスするのではなく，トラック別に録音しておいた音に後から手を加えつつミックスできるようになったことで，空間的要素をコントロールする余地もいっそう拡大された。それとともにスタジオのデザインにも変化が生じた。20 世紀の半ばまでは，エコー・チェンバーも含め，豊かな残響を与えてくれる録音環境が高く評価された。しかしマルチトラック録音が定着した 1970 年代までに，とりわけロックやポップのレコードでは，個々のパートはなるべく残響を含まないようなセッティングで録音した上で，後からリバーブやエコーといったエフェクターを用いて響きを付加するという手順が主流となった（Horning, 2013：214-216）。

現実の空間に由来しない，エフェクターによって生み出される残響成分は，減衰時間や音量といったパラメータによって調整できる。したがって，曲の雰囲気に合わせて残響をたっぷりと含ませたり，逆に短くしたりといった方法で，空間的な広がりが演出される。パート間の音量バランスや左右の配置といった要素も含め，録音物の中で組み立てられる音の空間的側面は，レコード音楽にとって表現の一部として不可欠なものとなった。

第９章で示したように，録音再生機器の質の向上とともに浮かび上がってきた「ハイファイ」の価値観においては，レコードの再生音が生演奏さながらに聞こえることが１つの評価基準となった。しかしながら，上記のような手法で制作されたレコードから聞こえてくる演奏が実際に行われている空間は原理的に存在しない。たとえコンサートの場で録音が行われたのだとしても，いくつものマイクでばらばらに集められた素材を組み立てなおすという過程を経ている以上，再生音から感じられる空間は，現実の空間に似せて再構築されたものに過ぎない。ましてや，スタジオでパートごとに録音された音楽の場合は，再現すべき１つの空間自体が元から存在しない。自分自身がいる場所とは別の空間を音に感じるという経験は，フィクションの世界に入り込むことに近いといえるだろう。

❖現実離れした存在感

ハイファイという価値観のもとでは，現実さながらに聞こえる音，いわば「写実的な音」がもてはやされた。しかしそれと並行して，リズム＆ブルースやロックンロールのように音響メディアの発展とともに出現し成長してきた音楽ジャンル（☞７章）では，写実性という観点からみれば不自然とされるような音の加工の技法が編み出されていた。

エルヴィス・プレスリーを世に出すなどリズム＆ブルースやロッ

クンロールの発信源として知られるテネシー州メンフィスのサン・スタジオ（1950 年設立）では，独自の手法でボーカルにエコーのような効果を施していた。マイクで収音されたヴォーカルの電気信号を 2 つに分けると，片方はそのままミキシング・コンソールに送り，もう片方は回路を迂回させることで少し遅らせて入力したのだ（Milner, 2009：151）。これとほぼ時を同じくして，音を一旦テープに録音した上ですぐ再生することで遅らせる「テープ・エコー」という装置も開発されている。ある音を時間的にずらして二重にすることで生まれるサウンドは「スラップバック」と呼ばれ，とりわけロックンロールでボーカルやギターなど特定のパートを強調する技法として定着した（Doyle, 2005：166）。

やまびこなど現実の空間における反響は，発せられた音が遠くにある壁などで跳ね返ってくることにより生じる（それに対して，音が乱反射しながら徐々に消えていくのが残響である）。「エコー」をその意味で捉えるなら，合奏の中で特定のパート，しかも音量バランスの調整によって手前に押し出されているパートだけが遅れて聞こえるのは，きわめて不自然なことだ。しかし不自然だからこそ，そのパートの存在感を高める効果が生まれている。付け加えると，1950 年代にこうした効果が多用され始めた背景には，携帯ラジオやジュークボックスなど音が繊細に聞こえないカジュアルな聴取環境（☞ 9 章）でも印象に残りやすいサウンドにするねらいがあったとも考えられる。

電気録音時代の初期にビング・クロスビーがクルーナーとして脚光を浴びたのと同様に，プレスリーの威光もまた，その時代における新しくセンセーショナルなサウンドによってもたらされたという面をもっている。レコード音楽から聞こえる現実離れした空間は，スター音楽家が常人離れした存在感を発揮する空間にもなった。

4 デジタル・サウンドの可能性

❖ 現実の空間を必要としないデジタル音楽制作環境

すでに第11章で概観したように，デジタル技術は音楽制作の場にも浸透し，音楽表現の発想や手法を大幅に塗り替えた。デジタル・サンプリングされた音は記録媒体の束縛から解放されたため，複雑な編集も音質を劣化させずに行えるようになった。また，MIDI規格に基づくプログラミングによって，各パートの「音色」とその「演奏」は別々に作り出せるものになった。

さらには，従来レコード制作が行われていたスタジオの機能全体が，コンピュータを中心とするデジタル環境へと移行していった。作曲，演奏，録音，編集，ミックスといった過程に丸ごと対応した「デジタル・オーディオ・ワークステーション（DAW）」は，それ1つあれば（あるいは，必要に応じて他の電子機器と接続することで）レコード音楽を完成できるシステムとして，1970年代後半から開発された。中でも先導的な役割を果たしたのが，米国のニュー・イングランド・デジタル社が1977年から発売を始めた「シンクラヴィア」だ。フランク・ザッパやパット・メセニーなど，楽器演奏に留まらない総合的な音楽制作に関心をもっていた音楽家が自身の作品を作るのに活用された（Kettlewell, 2002：191-195）。

1980年代においてDAWは一台数千万円もする高価なものだったが，21世紀に入る頃には，その機能もすべて個人の所有するパソコンの中で実現できるようになった。かつて複数の部屋からなる設備を必要としたレコード制作は，いまやパソコン一台に集約された[3)]。極端にいえば，現実に音の鳴り響く空間は，ボーカルなど一部の録音で必要であるに過ぎない。もちろん現在でもレコーディング・スタジオにこだわる音楽家がいなくなったわけではないが，制作費などの面を考慮しても，スタジオを利用する必然性が薄れているのは確かだろう。

❖デフォルメされるサウンド

レコード制作において現実の空間が意識されなくなったことは，1980年代以降に作られたレコード音楽のサウンドにも反映されている。中でも象徴的なサウンドとして，ここでは「オーケストラ・ヒット」を紹介しておきたい。

「フェアライトCMI」などのサンプラーは，数秒程度の短い音をサンプリングし，鍵盤に合わせて音高を変えることで，その音を使って旋律を演奏できる電子楽器である（☞11章）。サンプラーは原理的にはどのような楽器の音も再現できるが，とはいえ実際には，音高を変えるとともに音色が不自然に変質するという弱点もあった。例えば，サンプリングされた音を一オクターヴ低い音で鳴らそうとすると，再生速度を遅くして音高を低くするために再生時間が倍になり，ひどく間延びした響きになる。そのため，あらかじめデータを用意しているPCM音源（☞11章）の多くは，一定の音域ごとにサンプルを作り直すことで，実際に演奏した音との違いがなるべく目立たないようにしている。

ところがその一方で，このズレは思いがけない副産物を生み出した。フェアライト社がCMI用に提供したライブラリには，個々の楽器の音だけでなく，オーケストラが一斉に鳴らす音もいくつか収録されていた（当時は同時発音数に制約があったことから，サンプラーで多数の楽器の音を1つずつ重ねるのは現実的でなかったという理由も

---

3) パソコンを中心とした音楽制作は「デスクトップ・ミュージック（DTM）」とも呼ばれるが，この語は和製英語である。1989年に日本のローランド社が「ミュージくん」を発売する際，告知する文面に「DESKTOP MUSIC SYSTEM」という表現が用いられたのが，この名称のはじまりであると考えられる（相原, 2011：16-17）。

あった)。オーケストラの各楽器が幅広い音域をカバーしているこのサンプルは，音高を少し変えるだけでも大幅に音色が変化してしまう。にもかかわらず，意図的に元より高い音で再生されたこの音色は「オーケストラ・ヒット」と呼ばれ，1980年代のポップやロックで多用され大流行した（わかりやすい例としてマイケル・ジャクソン《バッド》(1987) の冒頭が挙げられる)。

再生速度を変えて音色を変化させること自体は，レス・ポールによる多重録音（☞8章）や1920年代の前衛音楽（☞15章）でもすでに見られた。しかしオーケストラ・ヒットがさらに興味深いのは，変質した音そのものが1つの個性あるサウンドとして認識されたという点にある。いうなればマンガなどで極端にデフォルメされたキャラクターのような存在感を，そのサウンドは発揮している。さまざまな音の断片が等しく「音色」として扱われるデジタル環境では，明らかに原型を留めていないオーケストラ・ヒットも，さまざまな楽器の音と併存できたのだ。

✣流用されるサウンド

サンプラーを用いたサウンドを語る上でもう1つ外せないのが，既存のレコード音楽からサウンドを流用するという手法である。そこから転じて，この流用の手法自体が「サンプリング」と呼ばれるようになっている。

既存のレコードからのサンプリングは，DJプレイの手法（☞Topic 2）をレコード制作に転用したものだ。初期ヒップホップの代表作として知られるグランドマスター・フラッシュ《ジ・アドヴェンチャー・オブ・グランドマスター・フラッシュ・オン・ザ・ホイール・オブ・スティール》(1981) は，何枚ものレコードを矢継ぎ早に再生するというDJの手法そのもので制作された（映画『ワイルド・スタイル』(1982) でその様子を見ることができる)。サンプラー

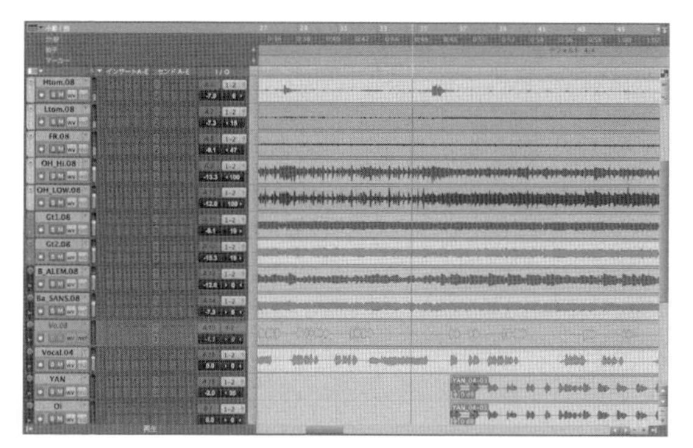

図14-1　Avid Pro Toolsの編集画面

は1980年代後半には比較的安価になったことで，DJがその発想を活かしてレコード制作を行うための主要なツールとなった。

ダンス・ミュージックにおける初期のサンプリングは，基本的にはDJプレイと同様に，レコードからひとまとまりのフレーズやビートを丸ごと抜き出していた。特にヒップホップでは曲のブレイク部分（主要なパートが抜けてリズムパートだけが残る箇所）がさかんにサンプリングされ，そこから転じてサンプリングを用いたサウンドが「ブレイク」と呼ばれるようになった（Schloss, 2004：31-36）。さらに時代が下るにつれ，抜き出したビートをさらに細かく分断して並べ直し，新たなリズム・パターンを組み立てる技法が出現した。ヒップホップではこの技法は「チョップ」と呼ばれ（Schloss, 2004：150-151），ギャング・スターのDJプレミアなどが先駆者として知られている。チョップはサウンド面でも独特の効果を生み出している。あるレコードからサンプリングしたドラムの音には，他の楽器音や先に鳴っていた音の残響なども含まれる。そうした音を使ってビートを組むことで，元の録音の質感を残しつつも，演奏のドラミングとは異なるリズム感が生じるのだ。

また，同じレコードのビートが繰り返しサンプリングされることで，1つのビートから無数のヴァリエーションが発生する。中でもザ・ウィンストンズ《アーメン・ブラザー》（1967）のブレイク部分に現れるわずか4小節のビートは，それを流用したダンス・ミュージックが無数に発表されたことで，「アーメン・ブレイク」と呼ばれるまでになった。例えばマントロニクス《キング・オブ・ザ・ビーツ》（1988）とシャイFX《オリジナル・ナッター》（1994）を聴き比べれば，アーメン・ブレイクのヴァリエーションの幅広さが感じ取れるだろう。

❖増殖するサウンド

さらに，インターネット環境においてレコード音楽がパッケージを必要としなくなると，サンプリングを通じたサウンドの増殖はさらに加速した。元となる音も音楽に限らず，何かの拍子に注目を集めた音を流用したダンス・ミュージックが制作されてインターネットで流通するという現象がしばしば見られるようになった。

そうした現象の1つに，2000年代なかばに日本で爆発的に流行した「ムネオハウス」がある。2002年，当時国会議員だった鈴木宗男に起こった一連の政治スキャンダルの中に，彼の肝入りで北方領土に建設された，通称「ムネオハウス」という施設があった。この話題が連日テレビで取り上げられるうちに，「ハウス」をダンス・ミュージックの一種であるハウス・ミュージックに読み替え，国会で答弁する鈴木らの声をサンプリングした楽曲が次々とインターネットで公開されるという事態が起こった。匿名で発表

図14-2 『THE MUNEO HOUSE』アルバムジャケット[4)]

4）THE MUNEO HOUSE official website "MUNEX" より〈http://www.muneo-house.net/MUNEX/main.html（2015年2月9日確認）〉。

された楽曲群は「DJ ムネオの作品」として扱われ，ウェブサイトで架空のアルバムとしてまとめられた（遠藤，2003：77-79）。

ここで注目すべきは，「ムネオハウスにおけるムネオの声」が，実在する鈴木宗男という人物の声とは別のもの，すなわちサウンドになっているということだ。ムネオハウスをおもしろがって制作した人々は，テレビで繰り返し流れてくる声が，それゆえに一種のサウンドと化していることをよく見抜いていた。レコード音楽をレコードから解放したデジタル環境では，歌や演奏に限らずさまざまな音がサウンドとして増殖していくのだ。

とはいえ，現実の音とサウンドとの分離は，サンプリングによっていきなり実現したわけではない。この章で辿ってきたように，レコード音楽の表現形式が次第に確立されていった当初から，サウンドとしての歌声や楽器音は現実とは異なる空間に居場所を得ていたのだ。そのことに鑑みれば，サンプリングはどちらかといえば，そうしたサウンドのあり方を際立たせる表現手法だということになるだろう。

◉ディスカッションのために

1　本文中で言及されたレコード音楽作品を実際に聴いた上で，それぞれの制作時にどのような手法が使われ，その手法がどのような効果を生み出しているかをまとめてみよう。
2　なるべく多様なタイプのレコード音楽を注意深く聴いて，現実の空間では起こらないような鳴り方をしている音を探してみよう。
3　2と同じ音楽について，鳴っている音の広がりや距離感など，空間的な要素がどのように聞こえるかを描写してみよう。

【引用・参考文献】

相原耕治（2011）．シンセサイザーがわかる本―予備知識から歴史，方式，音の作り方まで　スタイルノート
遠藤　薫（2003）．テクノ・エクリチュール ― コンピュータ＝ネットを媒介とした音楽における身体性と共同性の非在／所在　伊藤　守・小林宏一・

正村俊之［編］　電子メディア文化の深層　早稲田大学出版会, pp.77-113.
オーモン, J.・ベルガラ, A.・マリー, M.・ヴェルネ, M.／武田　潔［訳］(2000). 映画理論講義―映像の理解と探究のために　勁草書房 (Aumont, J., Bergela, A., Marie, M., & Vernet, M. (1994). *Esthétique du film*. 2nd ed. Paris: Nathan.)
コーガン, J.・クラーク, W.／奥田祐士［訳］(2009). レコーディング・スタジオの伝説―20世紀の名曲が生まれた場所　ブルース・インターアクションズ (Clark, W., & Cogan, J. (2003). *Temples of Sound*. San Francisco, CA: Chronicle Books.)
ゴーディ, B.／吉岡正晴［訳］(1996). モータウン, わが愛と夢　TOKYO FM出版 (Gordy, B. (1995). *To be loved: The music, the magic, the memories of Motown*. New York: Warner Books.)
ジアネッティ, L.／堤　和子・増田珠子・堤龍一郎［訳］(2003). 映画技法のリテラシーⅠ―映像の法則　フィルムアート社 (Giannetti, L. (2002). Understanding Movies. 9th ed. Upper Saddle River, NJ: Pearson Education.)
谷口文和 (2010). レコード音楽のもたらす空間―音のメディア表現論　RATIO SPECIAL ISSUE 思想としての音楽　講談社, pp.240-265.
ブルースター, B.・ブロートン, F.／島田陽子［訳］(2003). そして, みんなクレイジーになっていく―DJは世界のエンターテインメントを支配する神になった　プロデュース・センター出版局 (Brewster, B., & Broughton, F. (1999). *Last night a DJ saved my life: The history of the disc jockey*. London: Headline.)
ボードウェル, D.・トンプソン, K.／藤木秀朗［訳］(2007). フィルム・アート―映画芸術入門　名古屋大学出版会 (Bordwell, D., & Thompson, K. (2004). *Film art: An introduction*. New York: McGraw-Hill.)
Doyle, P. (2005). *Echo and reverb: Fabricating space in popular music recording, 1990-1960*. Middletown, CT: Wesleyan University Press.
Horning, S. S. (2013). *Chasing sound: Technology, culture, and the art of studio recording from Edison to the LP*. Baltimore, MD: Johns Hopkins University Press.
Kettlewell, B. (2002). *Electronic music pioneers*. Vallejo: ProMusic Press.
Milner, G. (2009). *Perfecting sound forever: An aural history of recorded music*. New York: Faber and Faber.
Schloss, J. G. (2004). *Making beats: The art of sample-based hip-hop*. Middletown, CT: Weslyan University Press.
Théberge, P. (1997). *Any sound you can imagine: Making music/consuming technology*. Hanover, NH: University Press of New England.

音響メディアの使い方

音響技術史を逆照射するレコード

中川克志

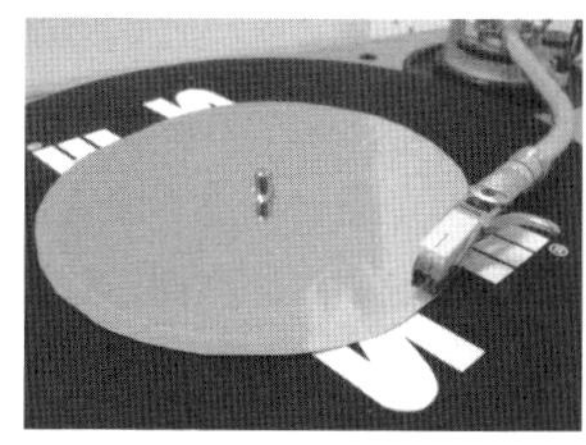

城一裕《カッティング・レコード—予め吹き込むべき音響のない（もしくはある）レコード盤》（2012）（Jo, 2014）

最後に，前章とは違う角度から，音響再生産技術と音を用いた芸術表現との関係について述べておきたい。本章では，音響技術の進化が私たちの文化に与えた影響を批判的に検証する芸術表現を紹介する。こうした芸術表現は，本書で扱ってきた音響メディア史を逆照射する可能性をもつだろう。

音響メディアはいつの間にか私たちの日常生活を構成する基本的な要素の１つになってしまった。つまり，音響メディアは透明化した。本章で紹介する諸実践は，この透明化したメディアを意識化させる。音響メディアが私たちの日常の一部であることは単なる事実であり良し悪しの問題ではない。ただし，私たちは，自分が属する世界がどのように成り立っているかを常に問い返し続けるべきだ。なぜならそれは自分たち自身が生きている世界だからだ。この点において，本章で紹介する諸実践は本書そのものと問題意識を共有している。本書もまた，透明化したメディアを意識化させるために音響メディア史を辿ってきたのである。

1 音響再生産技術と表現

本章では，まず，音響再生産技術（以下ではレコードという媒体を中心に話を進める）の「普通の使い方」に疑義を唱える芸術家たちのアプローチを紹介したい。19世紀末以降，音響再生産技術は基本的には，「①音響を記録して音響として再現する」あるいは「②音響を記録した媒体を（大量に）複製することで音響を複製する」という2つの役割をもつメディアとして社会に受容された。音響再生産技術は，記録した音響を復元もしくは複製する機能に焦点が置かれることで（☞3，4章），既に存在する音響を再生産するためのメディアとして受容された。こうして，レコードは，音楽を大量複製し，小売商品として売買するためのメディアとして受容されたわけだ（☞5章）。この状況が大きく変わるのは第二次世界大戦以降，磁気テープが音楽制作に導入されてからである。磁気テープのおかげで音楽制作のために使える音響素材は拡大した。また，磁気テープを切り貼りしたり逆回し再生したり，再生速度を変化させたりすることで，録音した音響素材を編集加工できるようになった（☞8章）。つまり，音響再生産技術は単なる再生産のためのメディアではなく，生産のメディアとして積極的に活用されるようになった。とはいえ，クルーナー唱法やストコフスキーの場合のように音響再生産技術は初期から音楽制作のために活用されるものであったし（☞6章），のみならず，再生産のためのメディアを生産のために使うという想像力も，1920年代には存在していた。メディアとしての音響再生産技術の再考を促すという意味で，これは音響再生産技術に対するメタ・メディア的なアプローチといえる。本章の第2節で「メディアを再考するアプローチ」として紹介したい。

次に，日常生活に浸透した技術を反省的に取り扱う実践を紹介したい。かつては，音響再生産技術の存在は日常の中で強く意識されていた（☞3章）。しかし，音響再生産技術は，人間の文明の中で歴史を積み重ねていくことで，次第に日常生活の構成要素となり（☞4，5章），あまり意識されない存在となった。つまり，透明化し，自然化した。そうして音響再生産技術が音楽メディアとして社会に定着し，一定の歴史を蓄積した後，透明化したメディアを意識化しようとする実践が登場してきた。これは，音響再生産技術の「普通の使い方」を再考するに留まらず，技術との関係そのものを問い直さんとする芸術活動である。こうした芸術表現は，私たちの日常生活を構成する要素を批判的に検証することで，音響メディア史を逆照射する可能性をもつだろう。本章の第3節では「メディア考古学」という言葉を手がかりに，とくに「レコード」を主題とするこうした実践を紹介したい。

2 メディアを再考するアプローチ

❖生産のためのメディア，再生産のためのメディア

音響再生産技術を生産のメディアとして構想した初期の想像力としてしばしば言及されるのは，ライナー・マリア・リルケの「始源のざわめき」（1919）とラースロー・モホリ＝ナジの「生産－再生産」（1922）というエッセイである。いずれも，20世紀初頭のレコード技術を，予め記録された音響を再生産するためだけではなく，新しい音響を創造するために使うことを提言している。

リルケはエッセイの中で，レコード針を自然界に存在する溝にあててみることで何か新しい音が聞こえるのではないかと夢想している。1919年といえば電気化以前のレコード産業の黄金時代なので（☞5章），レコードは再生産のためのメディアであるという理解が一般的だったはずだ。そんな時代にリルケは，「頭蓋骨の冠状縫合線」と「蓄音機の針が録音用の回転する円筒に刻み込む，細かく揺

れ動く線」との間には一種の類似性があるようにもみえる，という思いつきから，レコード針を人間の頭蓋骨の縫合線にあててみることで，今まで誰も聞いたことがないだろう「始源のざわめき」——言語化される以前の感情のようなもの——が聞こえるのではないか，と夢想した（リルケ，1919）。これは，リルケにおける機械の詩的受容とでもいえようか。さらにいえば，これは，ハイ・フィデリティ概念が定着する以前に蓄音機に対して向けられたある種の感覚——蓄音機を「音を再現する機械（リプロデューシング・マシン）」というよりも「話す機械（トーキング・マシン）」と呼ぶ感覚——と同じであるともいえるだろう（☞3章）。

また，20世紀初頭にドイツのバウハウスなどで活躍した写真家，画家，タイポグラファー，美術教育家であるラースロー・モホリ＝ナジは，1922年の「生産－再生産」という短い文章（Moholy-Nagy, 2004）において，次のような言葉を残している。

> ……人が何かを組み立てるときにいちばん役立つのは，何かを生産すること（生産のための創造）だ。だから，今まで再生産するためにだけ使われてきた道具を，生産的な目的のためにも使える道具へと変えなければいけない。[…中略…] 生産的な目的のためにこの道具の使い方を拡大するためには次のようにすれば良かろう。まず，人が機械的な手段を用いずにワックス・プレートに溝を刻み込む。次にその溝が音響を生み出す。その音は新しい楽器やオーケストラを経由せずに作られる音だ。これは作曲においても演奏においても，（これまで知られていなかった音を用いて音響関係をゼロから生み出すのだから）音響生産の根本的な革新である。[…後略…]

モホリ＝ナジは視覚芸術とくに写真の理論と実践を追求した芸術家で，写真家としては，写真という再生産のためのメディアを創作のための道具として用いて，多くの実験的なフォトモンタージュ作品（写真を切り貼りして全体を構成する写真作品）を残し，造形教育の領域に大きな影響を及ぼした。例えば，写真の印画紙の上に直接物を置いて感光させることで造形的イメージを作り出す，「フォトグラム（photogram）」を大量に制作した。その発想の延長線上でレコードと音響芸術に対しても提言したのがこの文章である。モホリ＝ナジが実際にレコードを用いて何かを制作したという記録は残っていないが，このエッセイは，再生産のためのメディアであるレコードを生産のための道具として使う実験が行われるたびに，そうした発想の起源としてしばしば参照される。モホリ＝ナジはその後もしばしばこの種の提言を行っており，そうした発言とどの程度の影響関係があったかはわからないが，この時代に彼の提言をそのまま実践に移したようにもみえる事例として，グラモフォンムジーク（Grammophonmusik）と呼ばれる実践があった。

図15-1　モホリ＝ナジ撮影のグラモフォンのレコード
（Block & Glasmeier, 1989：55）

✣ 1920年代のグラモフォンムジーク

グラモフォンムジークとはドイツ語である。直訳すると「レコード音楽」，意訳すると「レコードを用いる音楽」だろうか。これは1920年代のドイツで芸術音楽の作曲家が行った実験である。パウル・ヒンデミット，クルト・ヴァイル，エルンスト・トッホ，ステファン・ウォルペといった作曲家たちが，レコードを，音楽再生流通保存のためのメディアとしてではなく，音楽制作の道具として使う可能性を見出し，当時の音楽雑誌上で，機械が作り出す音楽について議論を戦わせ，また，いくつかの作品を発表した。実際にはこの動向は，モホリ＝ナジが提言したように直接レコードの盤面を削るのではなく，録音済みレコードを利用した生演奏の実験だったようだ。例えばヴォルペは，1920年に，8台のレコード・プレイヤーをステージに置き，ベートーヴェンの交響曲第5番をそれぞれ違うスピードで同時に再生した。ただし，グラモフォンムジークの実作品はあまり残っておらず，録音も，パウル・ヒンデミット《レコードのための作品：特殊撮影（抜粋）》（1930）という作品の1分ほどの記録が発見されているだけである。この録音から判断する限りでは，この作品は，記録済み音源を伴奏として用いる生演奏の実験だったようだ（Katz, 2004）。

こうした動向の背景には，機械音楽を志向する当時の音楽界の動向があった。つまり，作曲家が，演奏家という他人の技術や感情に左右されるのではなく，機械的に音響を生成させることで，頭に思い描くどおりの音響を生み出したい，とする，作曲家至上主義的な発想があった（渡辺, 1997：第11章：189-204；渡辺, 1999）。こうした発想のもと，1920年代には他に，ヒンデミットやストラヴィンスキーが，通常は人間の演奏家による演奏を記録する自動ピアノのピアノロールに，演奏を経由せずに直接孔を開けることで作曲を行うという実験を行った。ナチスの台頭，技術的な限界が意識されたこと，サウンド・フィルムやラジオなどの新しいメディアの登場といった理由から，1930年代以降，グラモフォンムジークや自動演奏楽器を用いた作曲は下火になる。しかし，こうした作曲家至上主義的な欲望は残存しており，1950年代の具体音楽と電子音楽においてある種の頂点に達する（☞コラム）。

図15-2　19世紀末の自動ピアノ。紙のロールを利用して自動演奏を行う

◉コラム：現代音楽における1950年代の具体音楽と電子音楽［中川］

「1950年代の具体音楽と電子音楽」とは，YMOやPerfumeやEDMなど広い意味での電子音楽の直接的な祖先ではなく，「現代音楽（西洋芸術音楽の20世紀以降における展開）」における動向の1つである（このジャンルの歴史については，コープ（2011），川崎（2006），中川（2012），田中（2001）などを参照）。これは作曲家が最終的な音響結果を完全に管理しようとする作曲家至上主義の究極のジャンルであり，そのための手段として，音響再生産技術――磁気テープ――を積極的に生産の道具として用いた。これは「具体音楽（ミュジック・コンクレート）」と「電子音楽（エレクトロニッシュ・ムジーク）」という2つの動向に分けることができる。

具体音楽とは，録音された音を編集加工したり組み合わせたりして作る音楽である。パリのラジオ局の技師だったピエール・シェフェールが，1940年代前半に最初はレコードを使って，1950年以降は磁気テープを使って，録音した音を逆再生したり再生速度を変化したりコラージュしたりして組み合わせ，制作し始めた。他にはピエール・アンリやリュック・フェラーリといった作曲家が有名である。

電子音楽とは，人工的に生成した電子音だけを用いて，予め厳密なやり方で取り決めた音高関係を磁気テープの上に構築する音楽である。1951年に西ドイツ放送局に電子音楽スタジオが設置されたのを皮切りに，50年代前半に，NY，東京，ミラノなどで続々と電子音楽スタジオが作られた。そこには，カールハインツ・シュトックハウゼン，オットー・ルーニング，ウラジミール・ウサチェフスキー，黛敏郎など当時の西洋芸術音楽あるいは現代音楽における最先端の作曲家が集まり，電子的な手段を駆使した新しい創作活動にのめり込んでいった。

この「1950 年代の具体音楽と電子音楽」は，既存の西洋芸術音楽を刷新せんとする作曲家による音楽だった。彼らは磁気テープの編集を通じて，そこに録音された音響を後から自由自在に管理できる，というヴィジョンに魅せられた──日本に初めて「電子音楽」を紹介した 1954 年の諸井誠の文章（諸井, 1954）には，演奏家という他人を介在させずに最終的な音響結果を管理できるという可能性に興奮している様子が記録されている──。このジャンルの背後には，作曲家が演奏家を介在させずに最終的な音響結果を管理できるという作曲家至上主義的な夢，ヴィジョン，理想，あるいは欲望があったのだ。

❖サウンド・フィルムの実験

次にサウンド・フィルムの実験について紹介しておこう。これはトーキー映画のサウンド・トラック部分を用いて音響を編集加工する実験だった。映像と音声の同期を可能にするサウンド・フィルムの登場が映画史に与えた影響は計り知れないが，音響芸術に与えた影響に限定すれば，2 点指摘できよう。

まず，記録媒体であるフィルムを切り貼りすることで，記録された音響を編集加工できるようになった。録音した音を切り貼りしてつなぎ合わせたり，再生速度を変えたり逆再生したりすることで，音響を編集加工できるようになったわけだ。そうした先駆的事例として，ヴァルター・ルットマンが作成した《ウィークエンド》(1930) やG・アレキサンドロフとS・エイゼンシュテイン《ロマンス・センチメンタル》(1930) をあげることができる。抽象映画作家だったルットマンは，平日の労働の後の週末を音だけで描き出すために，いくつかの寸劇や街の雑踏からなる音響コラージュを制作し，それを，映像のない「耳のための映画」として実際に映画館で公開した（ロベール, 2009)。また後者の映像作品では，（モンタージュの理論で有名なエイゼンシュテインの助力がどの程度だったかは不明ながらも）音声部分は逆再生やコラージュを駆使して編集加工されていることが確認できる（Kahn & Whitehead, 1992）。いずれにせよ，第二次世界大戦以後に発展した，磁気テープを駆使する音響編集の先駆的実験が行われていたわけだ（☞8章コラム：サウンド・トラック）。

また，「録音メディアに直接音を書く」ことが可能となった。というのも，映像フィルムのサウンド・トラック部分は，音響振動を光の強さに変換して映像フィルムの脇に光の濃淡として音声を記録する仕組みで，音響を波線ではなく光の濃淡で記録する仕組みだったからだ。それゆえ，波線で記録する場合には現実的にほぼ不可能だった，（サウンド・フィルムに絵や模様を）「描く＝書く」ことにより音を生み出すという作曲家至上主義的な欲望が実現可能となったわけだ。こうした実験は1920年代の後半から多くの音楽家や映像作家によって行われた（James, 1986；増田・谷口, 2005：68）。その多くで実際にいかなる音声を生成したか確認することは難しいが，ドイツの映像作家オスカー・フィッシンガーが，模様のパターンの組み合わせで音階を作り出せることを発見したこと，あるいは，前述のモホリ＝ナジが《Tönendes ABC》（1932）という実験作品（現存せず）を制作し，音の描き方と生み出される音を「アルファベット」と呼んで実験したことなどは有名である（渡辺, 1999）。また，1920年代後半以降のソ連でもこの種の実験が多くなされていたことが近年発掘された[1)]。また，サウンド・フィルムに描く＝書くことで音響を作り出した人物として最も有名なのは，カナダの実験的なアニメーション作家ノーマン・マクラーレンだろう。彼は1930年代以降に約70作品を制作したが，1940年代頃から，フィルムに直接着色したり，サウンド・トラックに直接描き＝書き込んだりする「ダ

1）ニコライ・ヴォイノフによる「ペーパー・サウンド」など（Smirnov, 2013）が挙げられる。

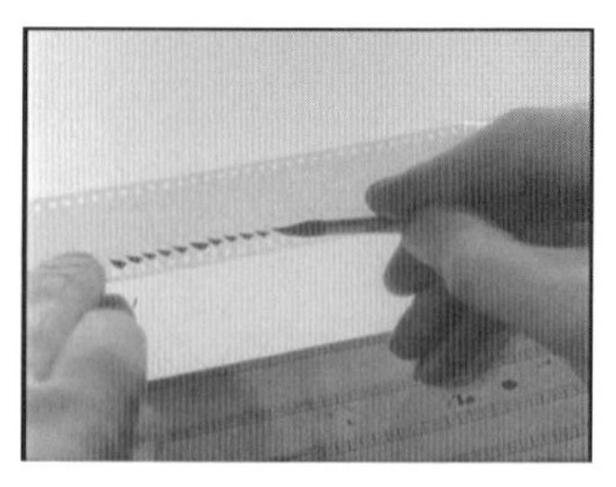

図 15-3　ニコライ・ヴォイノフによる「ペーパー・サウンド」の実験（左）とフィルムのサウンドトラックに音を描くノーマン・マクラーレン（右）[2]

イレクト・サウンド・プロダクション」を行うようになった。マクラーレンは，どのような筆致でどの程度の大きさの図形を描くとどのような音になるかを体系化し，周波数カードなるものを制作した。このカードを用いることでマクラーレンは，和音など複雑な音響操作はできなかったが，フィルムに描く＝書くことで自分の好きな音響を発生させることができた。マクラーレンの制作手法は，彼自身が出演して解説する『ペン・ポイント・パーカッション（pen point percussion)』（1951 年, 6 分）というドキュメンタリーに詳しい。

3　技術との関係を再考するアプローチ

✣透明化したメディアの意識化：レコードの場合

次に，音響再生産技術の「普通の使い方」を問い直すに留まらず，音響再生産技術がメディアとしてあたりまえの存在になった現在の状況を批評的に捉え返そうとする表現を紹介したい。これは，本書で扱ってきた音響メディア史を逆照射する可能性ももつだろう。本節では特にレコードを主題とする作品を紹介してみたい。

2）左は Smirnov（2013：182）より。右はドキュメンタリー『ペン・ポイント・パーカッション』（1951）より抜粋。

19世紀後半に発明された音響再生産技術は，記録済み音楽再生産機能を備えたレコードという音楽メディアとして，社会に受容されるようになった。最初のうちは記録された音楽と再生産された音楽は別物とみなされていたが，次第に，レコードというメディアが社会に受容されてあたりまえのものとなるにつれ，私たちは「再生される音」と「記録される音」を同一視するようになった（☞3章）。「レコードで再生されるカルーソーの歌声」はカルーソーの歌声となり，レコードというメディアはその存在が意識されない透明な存在になった。つまり，透明化し，自然化したのである。

ここで紹介する作品はレコードに対するある種のフェティシズムの現れでもあるだろう。ただし，以下の作品の眼目は，レコードという技術と媒体がもつ物質性を強調したり，レコードがメディアとして社会に浸透している現状を意識させたりすることで，レコードというメディアが透明化している現状を露わにし，レコードという技術が私たちに与えた影響を改めて反省的に吟味することにある。以下，いくつかの作品を，創作時にレコードのいかなる側面に焦点が置かれていたか，という観点から分類し，紹介してみよう。

✣レコードという物質

1989年の『ブロークン・ミュージック（Broken Music）』という展覧会は，レコードを用いた視覚美術作品をテーマに行われた最初の大規模な展覧会だった（Block & Glasmeier, 1989）。ルネ・ブロックによれば，この展覧会に集められた作品は，美術家がデザインしたレコード・ジャケット／レコードの物質的側面を使う作品／レコードの付録が付く書籍／美術家による音響作品の四種類だった。このうち，展覧会というコンテクストを離れてメディア論的観点から興味深いのは「レコードの物質的側面を使う作品」，つまり，ポリ塩化ビニールなど合成樹脂（プラスティック）の一種であるというレコードの物質的性質や，円盤型であるというその造形的性格を利用する作品だろう。というのも，この系統の作品だけがレコードのメディアとしての性格を問題にするからだ。

この系統の古典的事例に，ミラン・ニザの《ブロークン・ミュージック》(1963-79)（展覧会名の由来と思われる）がある。これは，1枚のレコードをいくつかの断片に分割し，その断片を別のレコードの断片と組み合わせることで新しい1枚のレコードとして組み立て，さらにはそれをレコード・プレイヤーで再生する，という作品である。例えば，4分割されたレコードを組み合わせて，ベートーヴェンの弦楽四重奏とボブ・ディランのしわがれ声と中期ビートルズのギターサウンドとマイルス・デイヴィスのマラソン・セッションとが，レコードの一周毎に一瞬ずつ再生されるレコードが作られたりする。この音自体が面白くないわけではない（むしろ面白いと私は感じる）が，私たちがこの作品から知ることは第一に，レコードに記録される音楽があくまでもレコードという物質に記録されたものに過ぎず，レコードという物質に依存していること，である。だからこそ，物質を分割すると，再生される音楽も同時に，音楽構造の論理とは無関係に分割されるのである。この作品は，レコードという媒体があくまでも物質であるという事実を私たちに意識させてくれる。

図 15-4　ミラン・ニザ《ブロークン・ミュージック》(1963-79)
(Block & Glasmeier, 1989：162-164)

❖レコードの音

またさらに，レコードの物質的側面を使う作品のヴァリエーションとして「（レコードに記録された音楽ではない）レコードの音」を用いる作品群がある。芸術の素材としてのレコードにもっとも体系的に取り組んできたクリスチャン・マークレーの作品を例に挙げよう。

彼は 70 年代後半にヒップホップとは違う文脈でレコードを演奏し始め，最初はミュージシャンとして有名になった。80 年代以降，視覚作品も制作し始め，《モザイク》（1987）という演奏＝再生できないレコード作品——《ブロークン・ミュージック》のように何枚かのレコードを分割して 1 枚に貼り合せたものだが溝を合わせずに組み合わせたもの——を制作した頃を境に，音や音楽にまつわる視覚美術の制作活動に重点を移し，視覚芸術の文脈で「サウンド・アーティスト」として有名になった。さらに，近年はいくつもの重要な映像作品を手がけており，《クロック》（2010）が 2011 年に第 54 回ヴェネティア・ビエンナーレ金獅子賞を受賞するなど，現代美術家として成功を収めている（中川, 2010；2011）。

彼にとって「レコードの音」は複数のレベルに存在している。第一に，レコードに記録された音楽。音楽家としての彼はこれを使って，音響コラージュを作ったり，即興演奏したりする。第二に，盤面についたチリや静電気のせいで生じるレコードの表面ノイズなど，レコード聴取時には無視されるべき「ノイズ」。例えば《レコード・ウィズアウト・ア・カヴァー》（1985）は，レコードの表面ノイズを聞かせるコンセプチュアルな作品である。彼はこうした音に注意をうながすことで，レコードというメディアが透明化していることを意識させる。第三に，レコードという物質そのものが発する音響。例えば彼の《レコード・プレイヤー》（1984）というパフォーマンス作品では，パフォーマーは市販のレコードをプレイヤーで再生す

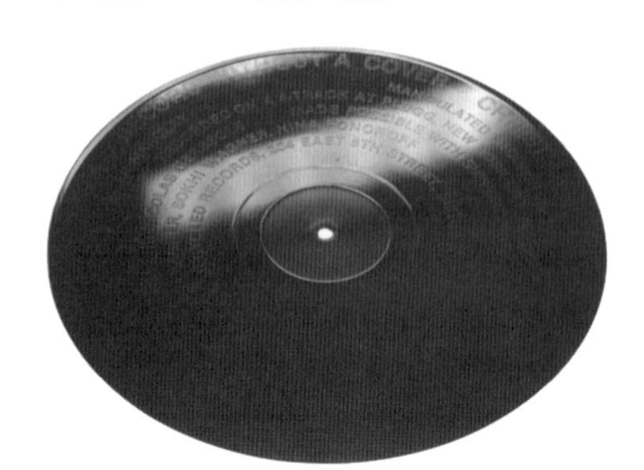

図 15-5　クリスチャン・マークレー《レコード・ウィズアウト・ア・カヴァー》（1985）（González, et al., 2005）

るのではなく，レコード同士をこすりあわせたりレコードを団扇のように振ったりすることで，音を生み出す。この作品ではパフォーマーはレコードという物質を使って遊んだり演奏したりするプレイヤーであり，確かに音はレコードから発せられているが，それは記録された音ではなく，合成樹脂が発する音である。

このように，マークレーはさまざまなレベルで，「（レコードに記録されたままの音楽ではない）レコードの音」に注意を向けさせる。マークレーによれば彼の創作活動は「レコーディング・テクノロジーというものがいかに僕達の音楽の知覚に影響を及ぼしたかということに対する批評行為」（マークレイ, 1996）である。彼は，レコードという媒体があくまでも物質であることを私たちに意識させることで，レコードというメディアがいかに透明化しているかを検証するのだ。

✣レコードと触覚

ポール・デマリニスというメディア・アーティストがいる。彼は自分の方法論を「メディア考古学」と呼ぶ（この言葉については後述）。

彼の作品の多くは，ある技術がメディアとして社会に受容された歴史や経緯を発掘して検証することで，その技術やメディアの具体性や個別性を確認させるものだからである。例えば彼の《エジソン効果》というシリーズは，初期蓄音機時代のレコードや蝋管をレーザー光線で読み取る作品群である。シリーズの1つ《アルとメリーのダンス》（1990）では，《美しく青きドナウ》が記録されたシリンダーをレーザー光線が読み取って音楽を再生する。しかし，シリンダーとレーザー光線の間には金魚鉢があり，その中では金魚が泳いでいる。それゆえ，金魚の位置次第ではレーザー光線によるシリンダーの記録の読み取りが阻害され，音楽の再生も中断する。この作品の構造は複雑で，デマリニスの狙いすべてを簡潔に説明するのは難しいが，デマリニスによればこの作品のポイントの1つは，非触覚的な音声読み取りシステムを可視化することで，発明当初の音響再生産技術が触覚的なメカニズムだったことを意識化させることにある（デマリーニス，1997，DeMarinis, 2011）。この作品が教えてくれることは，レコードという技術が，音声振動を機械的・物理的・触覚的に物質に刻みこむことで音声を記録する技術であること，またそれゆえ，発明当初の音響再生産技術と触覚性が極めて近い位置にあったこと，である。この《エジソン効果》というシリーズはさらに，レコードに音声を刻み込む行為（＝触覚的行為）と記録行為一般との関連，あるいは書くこと（＝触覚的行為）と記憶との関連の検証

図15-6　ポール・デマリニス《アルとメリーのダンス》（1990）（デマリーニス，1997）

をも視野に入れるコンセプチュアルなインスタレーションとして解釈できるかもしれない。デマリニスのメディア考古学的な作品は，メディアの起源を探ることで，透明化したメディアの基盤にあるもの――この場合，諸感覚の連関――を露わにしようとするのである。

❖レコードのメカニズム

最後に，城一裕という人物の《カッティング・レコード―予め吹き込むべき音響のない（もしくはある）レコード盤（cutting record—a record without（or with）prior acoustic information）》（2012年）という作品（?）あるいは実践を紹介しておきたい。「作品（?）」と「?」を付したのは，彼が自らをエンジニアや研究者やアーティストの中間に位置する存在とみなし，時にMakerあるいはプラクティショナーと自称する活動を行っており，これを「芸術作品」と呼ぶべきかどうか，逡巡するからである。これは，あらかじめ存在する音響を記録するのではなく，Adobe社のイラストレーター（Illustrator）というソフトで音の波形を描き，それをレーザーカッターやカッティングマシンを使って木や紙に刻み込むことで，本物のレコード・プレイヤーで再生できるレコードを作成する，という

図15-7　生成音楽WSによるワークショップ「紙のレコード」
（著者撮影，2013年12月22日，ヨコハマ創造都市センター）

作品，プロジェクト，発見，アイデアである。これは一個の自律した観賞対象としての物体ではない。また，城本人がいなくとも，公開されている説明書に従って作成すれば，誰でも作成できる（城, 2013a；城, 2013b；Jo, 2014；Jo & Ando, 2013）。

ということは，つまりこれは，グラモフォンムジークとは異なり，モホリ＝ナジの提言をまさにそのまま現実化した作品（？）なのである。この作品（？）にはいくつかのポイントがあるが（城他, 2014），ここでは，このレコードが電子音にしか聞こえない音を発することに注目したい。この作品（？）では，イラストレーターで音の波形を描くので，複雑な倍音構造をもつ自然音を作ることはぼ不可能である。そう考えると，このレコードが，倍音構造のない人工音，つまり電子音にしか聞こえない音を発するのは当然である。しかしそうだとしても，音響を電子的に処理するプロセスがまったく介在せず，機械的・物理的な凹凸を刻みこんだだけの紙のレコードが，プレイヤーで再生されると，分厚い低音の電子音（のようなもの）をリズミカルに発し始めるのは，不思議な光景である。私たちは何かに化かされたかのような奇妙な感覚を覚えてしまう。

ここで主題化されているのはつまり，アナログ・レコードの記録と再生のメカニズムなのである。ここでは，レコードとはつまるところ機械的なメカニズムであり，物理的な凸凹を針が擦って音を発生させることで音を記録再生産するシステムに過ぎないということが暴露されている。そもそも，通常のアナログ・レコードであってもその再生音そのものは電子的に合成された音ではない。にもかかわらず，「電子音」が「再生＝再現」されているように聞こえる。電子的に生成された電子音を「録音」したアナログ・レコードは，原理的には機械的に，「電子音」を「再生」している。つまり，「レコードが発する電子音」とは実は，電子的に生成された電子音ではなく機械的に生産された音であり，あるいは「私たちが電子音とみなす音」に過ぎないのである。この作品（?）が生み出す「電子音（のようなもの）」は，私たちに，レコードとはそもそも，聴き手が「……だとみなせる音」を生み出すシステムに過ぎないことを思い出させてくれる。あるいは，レコードとはそもそも，聴き手が「原音」を仮託できる音を生産するシステムに過ぎないことを教えてくれる。このようにして，この作品（?）はレコードにおける音響再生産のメカニズムを主題としているのである。

4 まとめ：メディア考古学

以上，透明化したメディアを意識化しようとする実践を紹介してきた。これらはポール・デマリニスやメディア論者のエルキ・フータモのいう「メディア考古学」的な作品とまとめられるかもしれない（フータモ, 2005；堀, 2005；フータモ, 2015）。「メディア考古学」とはさまざまな技術について，絶え間ない技術的発展の連続という進歩史観的なメディア史観や単純な技術決定論的な観点からではなく，より広範で多面的な文化的かつ社会的なコンテクストのなかでどのように機能し発展していったのかという観点からアプローチするものだといえよう。技術がある形態のメディアとして社会に定着する原因は，技術の「本質」だけにあるのではなく，さまざまな文化的で社会的なコンテクストにもある，とする考え方である。つまりいわば構築主義的なアプローチである。他にも例えば，1990年代以降のコンピュータ関連技術を対象にその起源を探るレフ・マノヴィッチ（2013）なども同様の問題関心を共有しているといえよう。また，本書（とくに第Ⅰ部）も，同様の問題関心のもと，音響技術が社会的に受容されるプロセスを追跡するものとして構想されている。

本章でここまで紹介してきたのは，このメディア考古学的な想像力のもとで展開された芸術実践だった。こうした芸術実践は，音響技術が日常生活に浸透した後に，透明化した音響メディアの状況を批判的に検証する作品として登場する，と考えられよう。それゆえこれらの作品には，音響メディア史を逆照射する可能性がある。本章を通じて私たちは，これらの作品が暴露してくれる，透明化したメディアの基盤にあるものを垣間見てきたといえるだろう。

透明化したメディアの存在を意識することで，隠れてしまった諸側面を明るみのもとに引き出すこと，そして技術の歴史に意識的になること，あるいは技術やメディアが無意識のうちに私たちに与えている影響に意識的になること――これが本章と本章で紹介した事例の目的である。さらにいえばその目的は，「自分自身を取り巻くこの世界の成り立ちと組成を知ること」である。これは，「すべては当然ではないと知ること」「今ある姿以外の姿となる可能性があると知ること」とも言い換えられよう。

技術はある偏りを帯びながらもメディアとして社会に受容される。本書で行ってきたことは，音響再生産技術がどのような偏差のもとで社会に受容されてきたか，その具体的様相を明らかにして物語ることだった。これ以上のさらなる問い――私たちがなぜ技術を必要とするのか，など――は，ここで語るべき問いではない。そうした根源的な問いはまた別の機会に語られるべきであろう。本章はその手前で立ち止まることとする。

◉ディスカッションのために

1　メディア考古学という観点を本章の記述に基づき整理し，身近な技術やメディアに対して適応してみよう。
2　メディアの透明化という事態に本章の記述について整理し，身近な技術やメディアに対して適応してみてよう。
3　本章（と14章）の議論を踏まえて，サンプリングという行為と「ヒップホップという文化」について議論してみよう。

【引用・参考文献】

川崎弘二／大谷能生［協力］(2006). 日本の電子音楽　愛育社

キットラー, F.／石光泰夫・石光輝子［訳］(2006). グラモフォン・フィルム・タイプライター（上）（下）筑摩書房（Kittler, F. (1986). *Grammophon, film, typewriter*. Berlin: Brinkmann U. Bose.）

コープ, D.／石田一志・三橋圭介・瀬尾史穂訳 (2011). 現代音楽キーワード事典　春秋社（Cope, D. (2000). *New directions in music*. (7th ed.) Prospect Heights, IL: Waveland Press.）

城　一裕・三輪眞弘・松井　茂 (2014). 音楽と録楽の未来　情報科学芸術大学院大学紀要 **5**, 89-106.

城　一裕 (2013a). カッティング・レコード―予め吹き込むべき音響のない（もしくはある）レコード盤の提案　音楽シンポジウム 2013　情報処理学会音楽情報科学研究会第 99 回研究発表会

城　一裕 (2013b).「紙のレコード」の作り方―予め吹き込むべき音響のないレコード編　slideshare〈http://www.slideshare.net/jojporg/131222-papaerecordjp (2014 年 12 月 8 日確認)〉

田中雄二 (2001). 電子音楽 in JAPAN　アスペクト出版社

デマリーニス, P. (1997). ソナタ代わりの小論《エジソン効果》シリーズ――休止期蓄音器用音盤をレーザー光線によって奏でる, 電気光学装置からなるオーディオ・インスタレーション――について　坂根巌夫［監修］アート＆サイエンスの共振　ポール・デマリーニス展―メディアの考古学　NTT インターコミュニケーションセンター (ICC), pp.17-22.

中川克志 (2010). クリスチャン・マークレイ試論―見ることによって聴く（An attempt at interpretation of Christian Marclay: Listening by means of seeing）　Cross sections **3**, 32-43.

中川克志 (2011). 音楽家クリスチャン・マークレイ試論―ケージとの距離　文学・芸術・文化 **22**(2), 107-130.

中川克志 (2012). 現代音楽の「現代」ってなに？　春秋 **543** (2012 年 11 月号), 5-8.

フータモ, E.／　藤原えりみ［訳］(1995). テクノロジーの過去が復活する　メディア・アート考古学序説　*InterCommunication* **14**〈http://www.ntticc.or.jp/pub/ic_mag/ic014/huhtamo/huhtamo_j.html (2015 年 2 月 5 日確認)〉

フータモ, E.／堀　潤之［訳］(2005). カプセル化された動く身体―シミュレーターと完全な没入の探求　*InterCommunication* **53** (Summer 2005) (Huhtamo, E. (1995). Encapsulated bodies in motion: Simulators and the quest for total immersion. P. Simon (ed.), *Critical* *issues in electronic media*. New York: State University of New York Press, pp.159-186.)

フータモ, E.／太田純貴［編訳］(2015). メディア考古学―過去・現在・未来の対話のために　NTT出版

堀　潤之 (2005). カプセル化された動く身体―シミュレーターと完全な没入の探求　解題（訳）　*InterCommunication* **53** (Summer 2005) 〈http://www003.upp.so-net.ne.jp/jhori/newmedia/huhtamo_intro.html (2015年2月5日確認)〉

マークレイ, C. (1996). クリスチャン・マークレイ　インタヴュー　瞬間と永遠のコントラストが僕を魅きつける　美術手帖　特集 サウンド・アート **48** (734) (12月号), 18-32.

増田　聡・谷口文和 (2005). 音楽未来形　洋泉社

マノヴィッチ, L.／堀　潤之［訳］(2013). ニューメディアの言語　みすず書房 (Manovich, L (2001). *The language of new media*. Cambridge, MA: The MIT Press.)

諸井　誠 (1954). 電子音楽の世界　音楽芸術 12.6 (1954年6月号): 40-45.

リルケ, R. M. (1919). 始源のざわめき (キットラー (2006). に所収, pp.103-104.)

ロベール, P.／昼間　賢・松井　宏［訳］(2009). エクスペリメンタル・ミュージック―実験音楽ディスクガイド　NTT出版 (原著2007年)

渡辺　裕 (1997). 11章　蓄音機と「機械音楽」　音楽機械劇場　新書館, pp.189-204.

渡辺　裕 (1999).「機械音楽」の時代―バウハウスと両大戦間の音楽文化　利光　功ほか［編］バウハウスとその周辺2―理念・音楽・映画・資料・年表　中央公論美術出版, pp.27-48.

Block, U., & Glasmeier, M. (1989). *Broken music: Artists' recordworks. exhibition catalogue*. Berlin: DAAD and gelbe Musik.

DeMarinis, P.／Beirer, I., Seiffarth, C., & Himmelsbach, S. (eds.). (2011). *Paul DeMarinis: Buried in noise. Bilingual edition*. Berlin: Kehrer Verlag.

González, J. A., Gordon, K., & Higgs, M. (2005). *Christian Marclay*. London: Phaidon.

James, R. S. (1986). Avant-garde sound-on-film techniques and their relationship to electro-acoustic music. *Musical Quarterly* **72**(1), 74-89.

Jo, K., & Ando, M. (2013). Cutting record: A record without (or with) prior acoustic information. Proceedings of NIME (New Interface for Musical Expression) 2013, pp.283-286.

Jo, K. (2014). The role of mechanical reproduction in (what was formally known as) the record in the age of personal fabrication. *Leonardo Music Journal* **24**, 65–67.

Kahn, D., & Whitehead, G. (eds.) (1992). *Wireless imagination: Sound, radio, avant-garde*. Cambridge, MA: MIT Press.

Kahn, D. (1999). *Noise, water, meat: A history of sound in the arts*. Cambridge, MA: MIT Press.

Kahn, D. (2013). *Earth sound earth signal energies and earth magnitude in the arts*. Berkeley, CA: University of California Press.

Katz, M. (2004). The rise and fall of Grammophonmusik. *Capturing sound: How technology changed music*. Berkeley, CA: University of California Press: pp.109–123.

Moholy-Nagy, L. (2004). Production-Reproduction. C. Cox, & D. Warner (eds.) *Audio culture: Readings in modern music*. New York: Continuum International Publishing Group. pp.331–332.（原著 1922 年）

Smirnov, A. (2013). *Sound in z-experiments in sound and electronic music in early 20th century Russia*. London: Koenig Books.

事項索引

ア行

カ行

タ行

ラ行

ワ行

人名索引

A-Z

ア行

カ行

サ行

タ行

ラ行

ワ行

執筆者紹介（五十音順）

谷口文和（たにぐち ふみかず）
京都精華大学ポピュラーカルチャー学部音楽コース准教授。東京藝術大学大学院音楽研究科博士後期課程単位取得退学。
著書に『音楽未来形―デジタル時代の音楽文化のゆくえ』（共著，洋泉社，2005 年），『メディア技術史―デジタル社会の系譜と行方』（分担執筆，北樹出版，2013 年）など。

中川克志（なかがわ かつし）
横浜国立大学大学院都市イノベーション研究院准教授。京都大学文学研究科博士課程単位取得満期退学。博士（文学）。
著書に『東西文化の磁場―日本近代の建築・デザイン・工芸における境界的作用史の研究』（分担執筆，国書刊行会，2013 年）。

福田裕大（ふくだ ゆうだい）
近畿大学国際学部准教授。京都大学大学院人間・環境学研究科博士後期課程修了。博士（人間・環境学）。
著書に『シャルル・クロ 詩人にして科学者―詩・蓄音機・色彩写真』（単著，水声社，2014 年），『メディア・コミュニケーション論』（分担執筆，ナカニシヤ出版，2010 年），『知のリテラシー 文化』（分担執筆，ナカニシヤ出版，2007 年）。

［シリーズ］メディアの未来❺

音響メディア史

2015年5月5日 初版第1刷発行
2021年3月30日 初版第3刷発行

著 者 谷口文和
中川克志
福田裕大

発行者 中西 良
発行所 株式会社ナカニシヤ出版
〠606-8161 京都市左京区一乗寺木ノ本町15番地
Telephone 075-723-0111
Facsimile 075-723-0095
Website http://www.nakanishiya.co.jp/
Email iihon-ippai@nakanishiya.co.jp
郵便振替 01030-0-13128

印刷・製本＝ファインワークス／装幀＝白沢 正

Printed in Japan.
ISBN978-4-7795-0951-3